危险化学品安全丛书
（第二版）

"十三五"
国家重点出版物出版规划项目

应急管理部化学品登记中心
中国石油化工股份有限公司青岛安全工程研究院 ｜ 组织编写
清华大学

危险化学品消防

卢林刚　杨守生　李向欣　等 编著

化学工业出版社
·北京·

内 容 简 介

《危险化学品消防》是"危险化学品安全丛书"（第二版）中的一个分册。

本书作者在引入最新的科研成果的基础上，结合编写团队十多年来教学和科研工作的经验和体会，编撰本书。本书共计9章，主要包括绪论、危险化学品的危险性分析、危险化学品防火原理及措施、危险化学品火灾扑救、危险化学品泄漏控制与处置、危险化学品消防事故处置装备、危险化学品事故现场急救、危险化学品消防安全管理、典型危险化学品消防实践等内容。本书内容全面，资料翔实，图文并茂，注重理论和实践的有机结合，突出最新技术和成果的运用，具有很强的理论性、实践性和可操作性。

《危险化学品消防》适合化工行业从事研发、设计、生产和安全等工作的科技人员和管理人员阅读，也可供高等院校化工、消防工程、安全工程、应急技术与管理等专业的高年级本科生、研究生参考。

图书在版编目（CIP）数据

危险化学品消防/应急管理部化学品登记中心，中国石油化工股份有限公司青岛安全工程研究院，清华大学组织编写；卢林刚等编著 . —北京：化学工业出版社，2020.11（2023.1重印）

（危险化学品安全丛书：第二版）

"十三五"国家重点出版物出版规划项目

ISBN 978-7-122-37700-5

Ⅰ.①危… Ⅱ.①应…②中…③清…④卢… Ⅲ.①化学品-危险物品管理-消防 Ⅳ.①TQ086.5

中国版本图书馆 CIP 数据核字（2020）第 168712 号

责任编辑：杜进祥　高　震　　　　　　文字编辑：林　丹　段曰超
责任校对：边　涛　　　　　　　　　　装帧设计：韩　飞

出版发行：化学工业出版社（北京市东城区青年湖南街 13 号　邮政编码 100011）
印　　装：北京科印技术咨询服务有限公司数码印刷分部
710mm×1000mm　1/16　印张 23¼　字数 403 千字　2023 年 1 月北京第 1 版第 2 次印刷

购书咨询：010-64518888　　　　　　　售后服务：010-64518899
网　　址：http://www.cip.com.cn
凡购买本书，如有缺损质量问题，本社销售中心负责调换。

定　　价：99.00 元　　　　　　　　　　　　　版权所有　违者必究

"危险化学品安全丛书"（第二版）编委会

主　任： 陈丙珍　清华大学，中国工程院院士

　　　　　曹湘洪　中国石油化工集团有限公司，中国工程院院士

副主任（按姓氏拼音排序）：

　　　　　陈芬儿　复旦大学，中国工程院院士

　　　　　段　雪　北京化工大学，中国科学院院士

　　　　　江桂斌　中国科学院生态环境研究中心，中国科学院院士

　　　　　钱　锋　华东理工大学，中国工程院院士

　　　　　孙万付　中国石油化工股份有限公司青岛安全工程研究院/应急管理部
　　　　　　　　　化学品登记中心，教授级高级工程师

　　　　　赵劲松　清华大学，教授

　　　　　周伟斌　化学工业出版社，编审

委　员（按姓氏拼音排序）：

　　　　　曹湘洪　中国石油化工集团有限公司，中国工程院院士

　　　　　曹永友　中国石油化工股份有限公司青岛安全工程研究院，教授级高
　　　　　　　　　级工程师

　　　　　陈丙珍　清华大学，中国工程院院士

　　　　　陈芬儿　复旦大学，中国工程院院士

　　　　　陈冀胜　军事科学研究院防化研究院，中国工程院院士

　　　　　陈网桦　南京理工大学，教授

　　　　　程春生　中化集团沈阳化工研究院，教授级高级工程师

　　　　　董绍华　中国石油大学（北京），教授

　　　　　段　雪　北京化工大学，中国科学院院士

　　　　　方国钰　中化国际（控股）股份有限公司，教授级高级工程师

　　　　　郭秀云　应急管理部化学品登记中心，主任医师

　　　　　胡　杰　中国石油天然气股份有限公司石油化工研究院，教授级高级
　　　　　　　　　工程师

　　　　　华　炜　中国化工学会，教授级高级工程师

嵇建军　中国石油和化学工业联合会，教授级高级工程师

江桂斌　中国科学院生态环境研究中心，中国科学院院士

姜　威　中南财经政法大学，教授

蒋军成　南京工业大学/常州大学，教授

李　涛　中国疾病预防控制中心职业卫生与中毒控制所，研究员

李运才　应急管理部化学品登记中心，教授级高级工程师

卢林刚　中国人民警察大学，教授

鲁　毅　北京风控工程技术股份有限公司，教授级高级工程师

路念明　中国化学品安全协会，教授级高级工程师

骆广生　清华大学，教授

吕　超　北京化工大学，教授

牟善军　中国石油化工股份有限公司青岛安全工程研究院，教授级高级工程师

钱　锋　华东理工大学，中国工程院院士

钱新明　北京理工大学，教授

粟镇宇　上海瑞迈企业管理咨询有限公司，高级工程师

孙金华　中国科学技术大学，教授

孙丽丽　中国石化工程建设有限公司，中国工程院院士

孙万付　中国石油化工股份有限公司青岛安全工程研究院/应急管理部化学品登记中心，教授级高级工程师

涂善东　华东理工大学，中国工程院院士

万平玉　北京化工大学，教授

王　成　北京理工大学，教授

王凯全　常州大学，教授

王　生　北京大学，教授

卫宏远　天津大学，教授

魏利军　中国安全生产科学研究院，教授级高级工程师

谢在库　中国石油化工集团有限公司，中国科学院院士

胥维昌　中化集团沈阳化工研究院，教授级高级工程师

杨元一　中国化学会，教授级高级工程师

俞文光　浙江中控技术股份有限公司，高级工程师

袁宏永　清华大学，教授

袁纪武　应急管理部化学品登记中心，教授级高级工程师

丛书序言

    人类的生产和生活离不开化学品（包括医药品、农业杀虫剂、化学肥料、塑料、纺织纤维、电子化学品、家庭装饰材料、日用化学品和食品添加剂等）。化学品的生产和使用极大丰富了人类的物质生活，推进了社会文明的发展。如合成氨技术的发明使世界粮食产量翻倍，基本解决了全球粮食短缺问题；合成染料和纤维、橡胶、树脂三大合成材料的发明，带来了衣料和建材的革命，极大提高了人们生活质量……化学工业是国民经济的支柱产业之一，是美好生活的缔造者。近年来，我国已跃居全球化学品第一生产和消费国。在化学品中，有一大部分是危险化学品，而我国危险化学品安全基础薄弱的现状还没有得到根本改变，危险化学品安全生产形势依然严峻复杂，科技对危险化学品安全的支撑保障作用未得到充分发挥，制约危险化学品安全状况的部分重大共性关键技术尚未突破，化工过程安全管理、安全仪表系统等先进的管理方法和技术手段尚未在企业中得到全面应用。在化学品的生产、使用、储存、销售、运输直至作为废物处置的过程中，由于误用、滥用或处理处置不当，极易造成燃烧、爆炸、中毒、灼伤等事故。特别是天津港危险化学品仓库"8·12"爆炸及江苏响水"3·21"爆炸等一些危险化学品的重大着火爆炸事故，不仅造成了重大人员伤亡和财产损失，还造成了恶劣的社会影响，引起党中央国务院的重视和社会舆论广泛关注，使得"谈化色变""邻避效应"以及"一刀切"等问题日趋严重，严重阻碍了我国化学工业的健康可持续发展。

    危险化学品的安全管理是当前各国普遍关注的重大国际性问题之一，危险化学品产业安全是政府监管的重点、企业工作的难点、公众关注的焦点。危险化学品的品种数量大，危险性类别多，生产和使用渗透到国民经济各个领域以及社会公众的日常生活中，安全管理范围包括劳动安全、健康安全和环境安全，涉及从"摇篮"到"坟墓"的整个生命周期，即危险化学品生产、储存、销售、运输、使用以及废弃后的处理处置活动。"人民安全是国家安全的基石。"过去十余年来，科技部、国家自然科学基金委员会等围绕危险化学品安全设置了一批重大、重点项目，取得了示范性成果，愈来愈多的国内学者投身于危险化学品安全领域，推动了危险化学品安全技术与管理方法的不断创新。

自 2005 年"危险化学品安全丛书"出版以来，经过十余年的发展，危险化学品安全技术、管理方法等取得了诸多成就，为了系统总结、推广普及危险化学品领域的新技术、新方法及工程化成果，由应急管理部化学品登记中心、中国石油化工股份有限公司青岛安全工程研究院、清华大学联合组织编写了"十三五"国家重点出版物出版规划项目"危险化学品安全丛书"（第二版）。

丛书的编写以党的十九大精神为指引，以创新驱动推进我国化学工业高质量发展为目标，紧密围绕安全、环保、可持续发展等迫切需求，对危险化学品安全新技术、新方法进行阐述，为减少事故，践行以人民为中心的发展思想和"创新、协调、绿色、开放、共享"五大发展理念，树立化工（危险化学品）行业正面社会形象意义重大。丛书全面突出了危险化学品安全综合治理，着力解决基础性、源头性、瓶颈性问题，推进危险化学品安全生产治理体系和治理能力现代化，系统论述了危险化学品从"摇篮"到"坟墓"全过程的安全管理与安全技术，丛书包括危险化学品安全总论、化工过程安全管理、化学品环境安全、化学品分类与鉴定、工作场所化学品安全使用、化工过程本质安全化设计、精细化工反应风险与控制、化工过程安全评估、化工过程热风险、化工安全仪表系统、危险化学品储运、危险化学品消防、危险化学品企业事故应急管理、危险化学品污染防治等内容。丛书是众多专家多年潜心研究的结晶，反映了当今国内外危险化学品安全领域新发展和新成果，既有很高的学术价值，又对学术研究及工程实践有很好的指导意义。

相信丛书的出版，将有助于读者了解最新、较全的危险化学品安全技术和管理方法，对减少事故、提高危险化学品安全科技支撑能力、改变人们"谈化色变"的观念、增强社会对化工行业的信心、保护环境、保障人民健康安全、实现化工行业的高质量发展均大有裨益。

中国工程院院士 陈丙珍

中国工程院院士

2020 年 10 月

丛书第一版序言

危险化学品，是指那些易燃、易爆、有毒、有害和具有腐蚀性的化学品。危险化学品是一把双刃剑，它一方面在发展生产、改变环境和改善生活中发挥着不可替代的积极作用；另一方面，当我们违背科学规律、疏于管理时，其固有的危险性将对人类生命、物质财产和生态环境的安全构成极大威胁。危险化学品的破坏力和危害性，已经引起世界各国、国际组织的高度重视和密切关注。

党中央和国务院对危险化学品的安全工作历来十分重视，全国各地区、各部门和各企事业单位为落实各项安全措施做了大量工作，使危险化学品的安全工作保持着总体稳定，但是安全形势依然十分严峻。近几年，在危险化学品生产、储存、运输、销售、使用和废弃危险化学品处置等环节上，火灾、爆炸、泄漏、中毒事故不断发生，造成了巨大的人员伤亡、财产损失及环境重大污染，危险化学品的安全防范任务仍然相当繁重。

安全是和谐社会的重要组成部分。各级领导干部必须树立以人为本的执政理念，树立全面、协调、可持续的科学发展观，把人民的生命财产安全放在第一位，建设安全文化，健全安全法制，强化安全责任，推进安全科技进步，加大安全投入，采取得力的措施，坚决遏制重特大事故，减少一般事故的发生，推动我国安全生产形势的逐步好转。

为防止和减少各类危险化学品事故的发生，保障人民群众生命、财产和环境安全，必须充分认识危险化学品安全工作的长期性、艰巨性和复杂性，警钟长鸣，常抓不懈，采取切实有效措施把这项"责任重于泰山"的工作抓紧抓好。必须对危险化学品的生产实行统一规划、合理布局和严格控制，加大危险化学品生产经营单位的安全技术改造力度，严格执行危险化学品生产、经营销售、储存、运输等审批制度。必须对危险化学品的安全工作进行总体部署，健全危险化学品的安全监管体系、法规标准体系、技术支撑体系、应急救援体系和安全监管信息管理系统，在各个环节上加强对危险化学品的管理、指导和监督，把各项安全保障措施落到实处。

做好危险化学品的安全工作，是一项关系重大、涉及面广、技术复杂的系统工程。普及危险化学品知识，提高安全意识，搞好科学防范，坚持化害为利，是各级党委、政府和社会各界的共同责任。化学工业出版社组织编写的"危险化学品安全丛书"，围绕危险化学品的生产、包装、运输、储存、营销、使用、消防、事故应急处理等方面，系统、详细地介绍了相关理论知识、先进工艺技术和科学管理制度。相信这套丛书的编辑出版，会对普及危险化学品基本知识、提高从业人员的技术业务素质、加强危险化学品的安全管理、防止和减少危险化学品事故的发生，起到应有的指导和推动作用。

李毅中

2005 年 5 月

前　言

　　危险化学品在发展生产、改变环境和改善生活中发挥着积极作用；同时固有的易燃、易爆、毒害和腐蚀等危险特性，使其在生产、储存、运输、销售、使用和废弃等环节极易发生火灾、爆炸、泄漏和中毒等事故，从而造成人员伤亡、财产损失及环境的重大污染。因此，危险化学品安全防范任务繁重。

　　做好危险化学品安全工作，是一项涉及面广、技术复杂、要求严格的系统工程。为了明确危险化学品的安全防范技能，掌握危险化学品的危险源识别、控制以及火灾、爆炸、泄漏中毒的应急处置的关键技术，预防和减少危险化学品事故的发生，本书作为"危险化学品安全丛书"（第二版）之一，从防和消两个角度来阐述危险化学品防火理论和危险化学品事故处理技术，从而在事故源头和消除事故危害两个层面保证危险化学品的安全。

　　本书共计9章，主要包括绪论，危险化学品的危险性分析，危险化学品防火原理及措施，危险化学品火灾扑救，危险化学品泄漏控制与处置，危险化学品消防事故处置装备，危险化学品事故现场急救，危险化学品消防安全管理，典型危险化学品消防实践等内容。本书内容全面，资料翔实，图文并茂，注重理论和实践的有机结合，突出最新技术和成果的运用，具有很强的理论性、实践性和可操作性。

　　本书由中国人民警察大学卢林刚教授（第一章）、李秀娟讲师（第二章）、金静副教授（第三章）、汤华清副教授（第四章）、李向欣教授（第五章、第七章）、梁强副教授（第六章）、王永明教授（第八章）、杨守生教授（第九章）编写，全书由卢林刚、李向欣统稿。

　　本书是编著者从事危险化学品消防多年来教学和科研工作的总结，尤其是"十二五"国家科技支撑计划课题"超大型油罐火灾防治与危险化学品事故现场处置技术""十三五"国家科技支撑计划课题"受限空间常见危险化学品突发事故应急处置技术与装备研发""十三五"国家重点研发计划课题"危险化学品泄漏事故消防处置特种装备研发及应用示范"、公安部技术研究计划项目（重点）"普适绿色高新洗消剂的研制"等科研成果的凝练，同时在编写过程中，传承丛书第一版理论知识体系，引入最新的科研成果。本书得到了中国人民警察大学、应急管理部消防救援局等单位领导、专家、学者的指导，化学工业出版社的领导和相关编辑对本书的出版给予了大力支持和帮助，在此一并表示衷心的感谢！

本书既可作为消防科技人员、管理人员、应急人员的阅读参考书，也可作为高等院校相关专业的教材。

由于编著者水平有限，不妥之处在所难免，敬请读者批评指正！

编著者

2020 年 11 月

目　录

第七章 危险化学品事故现场急救 259

第八章　危险化学品消防安全管理　283

第九章 典型危险化学品消防实践 ⬤323

第一章

绪　论

第一节　危险化学品基础知识

世界存在的 700 余万种化学物品，大约 3 万余种有明显的或潜在的危险性。这些危险化学品在一定的外界条件下是安全的，但当其受到某些因素的影响，就可能发生燃烧、爆炸、中毒等严重情况，给生命、财产造成危害。

一、危险化学品的概念

1. 化学品

化学品是指各种化学元素组成的单质、化合物和混合物，包括天然的或是人造的。按此定义，可以说人类生存的地球和大气层中所有有形物质，包括固体、液体和气体，都是化学品。目前，全世界已有的化学品中以商品上市的有 10 万多种，经常使用的有 7 万多种，每年全世界新出现的化学品有 1000 多种[1]。

2. 危险化学品

《危险化学品安全管理条例》将危险化学品定义为具有毒害、腐蚀、爆炸、燃烧、助燃等性质，对人体、设施、环境具有危害的剧毒化学品和其他化学品。

3. 易燃易爆化学物品

指《危险货物品名表》（GB 12268）中，以燃烧、爆炸为主要特性的压缩气体和液化气体，易燃液体，易燃固体，自燃物品和遇湿易燃物品，氧化剂和有机过氧化物，毒害品、腐蚀品中的部分易燃易爆化学品等。GB

12268—2012 已无该定义。

以上 3 个概念的关系如图 1-1 所示。

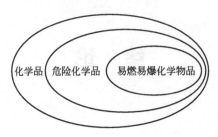

图 1-1　3 个概念的关系示意图

二、危险化学品的分类

1. 分类原则和依据

危险化学品的分类方法和标准不尽一致。危险化学品种类繁多，性质各异，而且一种危险化学品常常具有多重危险性。但是在多种危险性中，必有一种是主要的，即对人类危害最大的危险性。因此，在对危险化学品分类时，主要依据"择重归类"的原则，即根据该化学品的主要危险性来进行分类。

目前，国际通用的危险化学品标准有两个：一是联合国《关于危险货物运输的建议书　规章范本》规定了 9 类危险化学品的鉴定指标；二是联合国《全球化学品统一分类和标签制度》规定了 26 类危险化学品的鉴定指标和测定方法。我国对种类繁多的危险化学品按其主要危险特性实行分类管理，分类的主要依据有《危险货物分类和品名编号》（GB 6944—2012）和《化学品分类和危险性公示　通则》（GB 13690—2009）。其中，《危险货物分类和品名编号》主要是依据联合国《关于危险货物运输的建议书》编写的；《化学品分类和危险性公示　通则》主要是依据《全球化学品统一分类和标签制度》编写的。

2. 根据化学品危险性的形态分类

依据《化学品分类和危险性公示　通则》，结合联合国《全球化学品统一分类和标签制度》（Globally Harmonized System of Classification and Labeling of Chemicals，GHS），按照化学品危险性的形态，分别从理化危害、健康危害和环境危害三个方面对化学品进行分类，共设有 27 个危险性分类类别，包括 16 个理化危害分类类别、10 个健康危害分类类别、1 个环境危害分类类别。具体分类情况，见表 1-1。

表 1-1 化学品危险性分类

理化危害	健康危害	环境危害
爆炸物	急性毒性	危害水生环境物质
易燃气体	生殖毒性	
易燃气溶胶	生殖细胞致突变性	
氧化性气体	吸入危险	
高压气体	呼吸或皮肤敏化作用	
易燃液体	特定目标器官系统的毒性重复接触	
易燃固体	严重眼损伤或眼刺激	
自反应物质和混合物	特定目标器官系统的毒性单次接触	
发火液体	皮肤腐蚀或刺激	
发火固体	致癌性	
自热物质和混合物		
遇水放出易燃气体的物质和混合物		
氧化性液体		
氧化性固体		
有机过氧化物		
金属腐蚀剂		

(1) 理化危害 理化危害是与物质或混合物自身所具有的物理及化学特性相关联的。理化危害包括爆炸物、易燃气体、易燃气溶胶、氧化性气体、高压气体、易燃液体、易燃固体、自反应物质和混合物、发火液体、发火固体、自热物质和混合物、遇水放出易燃气体的物质和混合物、氧化性液体、氧化性固体、有机过氧化物、金属腐蚀剂。掌握物质和混合物潜在理化危害的分类标准，是分析判断危险化学品潜在危险性的前提。

(2) 健康危害 健康危害是根据物质或混合物潜在健康危险的分类标准来划分危害类别。健康危害包括急性毒性、生殖毒性、生殖细胞致突变性、吸入危险、呼吸或皮肤敏化作用、特定目标器官系统的毒性重复接触、严重眼损伤或眼刺激、特定目标器官系统的毒性单次接触、皮肤腐蚀或刺激、致癌性。了解健康危害分类，使得救援人员可以在处置危险化学品事故时预防危害传播，并有效救助受伤人员。

(3) 环境危害 环境危害包括危害水生环境物质。危害水生环境包括急性水生毒性和慢性水生毒性。急性水生毒性是指物质本身的性质可对在水中短时间接触该物质的生物体造成伤害。慢性水生毒性是指物质本身的性质可对在水中接触该物质的生物体造成有害影响，接触时间根据生物体的生命周期确定。掌握环境危害分类，可防止处置化学事故时次生灾害的发生，保护生态环境。

3. 根据危险化学品具有的危险性分类

依据《危险货物品名表》(GB 12268—2012)和《危险货物分类和品名编号》(GB 6944—2012),按危险货物具有的危险性或最主要的危险性将危险化学品分为 9 个类别:第 1 类 爆炸品;第 2 类 气体;第 3 类 易燃液体;第 4 类 易燃固体、易于自燃的物质、遇水放出易燃气体的物质;第 5 类 氧化性物质和有机过氧化物;第 6 类 毒性物质和感染性物质;第 7 类 放射性物质;第 8 类 腐蚀性物质;第 9 类 杂项危险物质和物品,包括危害环境物质。其中,第 1 类、第 2 类、第 4 类、第 5 类和第 6 类又分成不同项别。

三、危险化学品的标识

1. 化学品的编号

为了便于对化学品生产、储存、运输和销售的安全管理,有利于使用和查找,应当对化学品进行统一编号。常用的有以下几种。

(1) UN 编号 UN 编号是联合国危险货物编号,它是联合国危险货物运输专家委员会在联合国危险物品分类系统中指定给某危险物质或物品的代号。它是一组 4 位阿拉伯数,用以识别一种物质或一类特定物质。当使用这些代号时,代号前应加 "UN" 字样。该编号登记在联合国《关于危险货物运输的建议书 规章范本》(Recommendations on the Transport of Dangerous Goods Model Regulations) 中。

(2) CAS 号 CAS 号又称 CAS 登记号 (CAS Registry Number)。它由美国化学会的下设组织化学文摘服务社 (CASino, Chemical Abstracts Service) 为某种化合物、高分子材料、生物序列、混合物或合金所设的唯一的数字识别号码。目的是避免化学物质有多种名称的麻烦,使数据库的检索更为方便。CAS 号由几部分数字组成,各部分之间用短线连接。CAS 号在欧美通用,如今几乎所有的化学数据库都允许用 CAS 号检索。我国 "国家危险化学品注册登记中心" 也采用此编号,如一氧化碳的 CAS 号为 630-08-0。

2. 化学品标志

化学品标志是通过图案、文字说明、颜色等信息,鲜明与简洁地表征化学品的特性和类别,向安全作业人员传递安全信息等警示资料。

根据《危险货物包装标志》(GB 190—2009),9 类危险货物的标志图形共 21 种、19 个名称,其图形标示了 9 类危险货物的主要特性。在这些标志使用时，一般采用粘贴、钉附及喷涂等方法放置在货物的包装上。不同类型的包装，标志放置的位置不同。如箱状包装位于包装端面或侧面明显处；袋、捆包装位于包装明显处；桶形包装位于桶身或桶盖；集装箱成组货物粘贴在四个侧面。当某种物质或物品还有其他类别的危险性质时，包装上除了粘贴该类标志作为主标志外，还应粘贴表明其他危险性的标志作为副标志，副标志图形的下角不应标有危险货物的类项号。

3. 化学品安全标签

化学品安全标签是用于标示化学品所具有的危险性和安全注意事项的一组文字、象形图和编码组合。它可粘贴、挂拴或喷印在化学品的外包装或容器上，当与运输标志组合使用时，运输标志可以放在安全标签的另一面，也可以放在包装上靠近安全标签的位置上。它是根据《化学品安全标签编写规定》（GB 15258—2009）的要求编写的。

安全标签主要内容包括化学品标识、象形图、信号词、危险性说明、防范说明、供应商标识、应急咨询电话、资料参阅提示语及其他，安全标签样例及简化安全标签样例如图 1-2、图 1-3 所示。具体内容是：

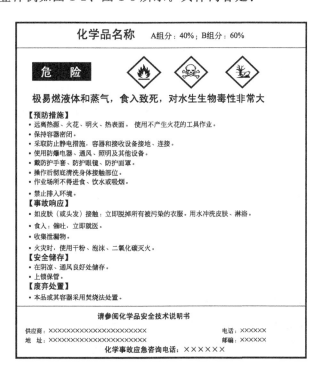

图 1-2　化学品安全标签的样例

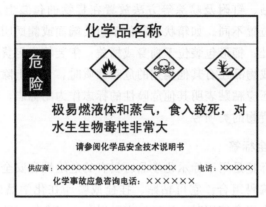

图 1-3 化学品简化安全标签的样例

（1）化学品标识　用中文和英文分别标明化学品的名称或通用名称。名称要求醒目、清晰，位于标签的正上方。名称应与化学品安全技术说明书中的名称一致。

（2）象形图　一种描述危险产品危险性质的图形，采用 GB 30000 系列规定的象形图。

（3）信号词　根据化学品的危险程度和类别，用"危险""警告"两个词分别进行危害程度的警示。信号词位于化学品名称的下方，要求醒目、清晰。根据 GB 30000 系列，选择不同类别危险化学品的信号词。

（4）危险性说明　简要概述化学品的危险特性（理化危险、健康危险和环境危害），居信号词下方。根据 GB 30000 系列，选择不同类别危险化学品的危险性说明。

（5）防范说明　表述化学品在处置、搬运、存储和使用作业中所必须注意的事项和发生意外时简单有效的救护措施。要求内容简明扼要、重点突出。该部分应包括安全预防措施、意外情况（如泄漏、人员接触或火灾等）的处理、安全储存措施及废弃处置等内容。

（6）供应商标识　供应商的名称、地址、邮编和电话等。

（7）应急咨询电话　填写化学品生产商或生产商委托的 24 小时化学灾害事故应急咨询电话。国外进口化学品安全标签上应至少有一家中国境内的 24 小时化学灾害事故应急咨询电话。

（8）资料参阅提示语　提示化学品用户应参阅化学品安全技术说明书。

（9）其他　生产企业名称、地址、邮编、电话。

4. 化学品安全技术说明书

化学品安全技术说明书是一份关于危险化学品燃爆、毒性和环境危害以及安全使用、泄漏应急处理、主要理化参数、法律法规等方面信息的综合性文件。它是根据国家标准《化学品安全技术说明书 内容和项目顺序》（GB/T 16483—2008）进行编写的。化学品安全技术说明书在国际上称作化学品安全信息卡，简称 MSDS（Material Safety Data Sheet）或 CSDS。

化学品安全技术说明书包括以下 16 个部分的内容：第一部分 化学品名称；第二部分 成分/组成信息；第三部分 危险性概述；第四部分 急救措施；第五部分 消防措施；第六部分 泄漏应急处理；第七部分 操作处理与储存；第八部分 接触控制/个体防护；第九部分 理化特性；第十部分 稳定性和反应活性；第十一部分 毒理学资料；第十二部分 生态学资料；第十三部分 废弃处理；第十四部分 运输信息；第十五部分 法规信息；第十六部分 其他信息。

四、理化指标

理化指标是指颜色、状态、气味、熔点、沸点、密度等能被感知或利用仪器测知的参数和对物质表征行为的描述，包括外观与性状、pH 值、熔点、沸点、相对密度（水＝1）、蒸气相对密度（空气＝1）、饱和蒸气压、燃烧热、临界温度、临界压力、闪点、爆炸极限等。

1. 外观与性状

外观与性状是对化学品外观和状态的客观描述。主要包括常温常压下该物质的颜色、气味和存在状态，同时还采集了一些难以分项的性质，如潮解性、挥发性等。物质的性状与人员暴露和健康可能有联系。

2. pH 值

表示氢离子浓度的一种方法。其定义是氢离子活度的常用对数的负值。

3. 相对密度

相对密度旧称比重，固体和液体的相对密度是在标准大气压、3.98℃时该物质的密度与纯水密度（999.972kg/m^3）的比值。它是表示该物质是漂浮在水面上还是沉下去的重要参数。气体的相对密度是指在标准状况下该气体的密度与空气密度的比值。当蒸气相对密度值小于 1 时，表示该蒸气比空气轻，能在相对稳定的大气中趋于上升。密度是有量纲的量，相对密度是无量纲的量。

4. 熔点

熔点是指在常压下该物质的固、液两相达到平衡时的温度。通常把晶体物质受热后由固态转化为液态时的温度作为该化合物的熔点。熔点是晶体化合物纯度的重要指标，根据熔点，可以推断出该物质在各种环境介质（水、土壤、空气）中的分布。由液态转为固态的温度称为凝固点，大多数情况下一个物体的熔点等于凝固点。

5. 沸点

在 101.3kPa 下物质由液态转变为气态的温度。在一定外压下，纯液体有机化合物都有一定的沸点，所以沸点是鉴定有机化合物和判断物质纯度的依据之一。沸点越低的物质，汽化越快，易迅速造成事故现场空气的高浓度污染。

6. 临界温度与临界压力

一些气体在加温加压下可变为液体，压入高压钢瓶或储罐中。能够使气体液化的最高温度叫临界温度，液化所需的最低压力叫临界压力。

7. 溶解性

溶解性指在常温常压下该物质在溶剂中的溶解度，分别用混溶、易溶、溶于、微溶表示其溶解度。化学品的溶解性常常导致其毒性的挥发，从而导致上呼吸道黏膜的损伤。

8. 腐蚀性

狭义的腐蚀是指金属与环境间的物理和化学相互作用，使金属性能发生变化，导致金属、环境及其构成系统受到损伤的现象。腐蚀是一种化学变化，包括湿腐蚀和干腐蚀两类。湿腐蚀指金属在有水存在下的腐蚀，干腐蚀则指在无水存在下的干气体中的腐蚀。

此外，闪点、燃点、爆炸极限等概念见第二章第一节。

第二节　危险化学品安全现状与危害控制

一、危险化学品安全现状

1. 国内总体形势

国内市场常见的危险化学品总数达 5000 多种，涉及危险化学品的生产规模与储存量持续扩大，重大危险源不断增多，如 1000 万吨/年的炼油装置、100 万吨/年的乙烯生产装置、单罐容量 100000m³ 的原油储罐等。据北京市、上海市、汕头市、南宁市和无锡市五个城市普查，有 10230 个重大危险源，在这些重大危险源中 90％涉及危险化学品，而且 95％以上的危险化学品涉及异地运输[2]。全国已有大量长距离输油输气管道，如西气东输管道。在进出口贸易中，一些有严重危害的化学品向境内转移。化工产业园区化，据统计全国已有国家和省级化工园区 100 多个。

2. 危险化学品安全现状

（1）危险化学品种类繁多，涉及众多行业和领域　目前，列入《危险化学品名录》的危险化学品有 3823 种，列入《剧毒化学品目录》的剧毒化学品有 335 种。这些危险化学品分布在石油、天然气、化工、食品、造纸、农药、自来水处理等行业和领域，与人民群众的生产生活密切相关。

（2）危险化学品从业单位量大面广，分布集中　我国危险化学品从业单位约 40 万家，涉及生产、存储、运输、经营、使用、废弃等各环节，危险化学品单位主要分布在东南沿海一带。

（3）总体形势平稳，个别环节反弹　近年来，我国安全生产形势总体平稳，危险化学品安全生产形势却十分严峻。尤其是在生产、使用、存储和运输环节发生的事故所占比例较大，且造成人员伤亡数量大。如天津港"8·12"瑞海公司危险品仓库特别重大火灾爆炸事故，山东省青岛市"11·22"中石化东黄输油管道泄漏爆炸特别重大事故，河北省张家口市"11·28"盛华化工有限公司氯乙烯重大爆燃事故，江苏省盐城市响水县"3·21"天嘉宜化工有限公司化学储罐爆炸事故。

（4）监管力量分散，尚未形成合力　危险化学品是安全生产工作的重点领域之一，监管环节多，涉及部门多。部分企业安全生产主体责任不落实；一些企业安全基础管理工作薄弱，从业人员素质低，违法、违规生产经营现象突出；法制建设不健全，执法检查力度不够；监管力量薄弱，部门监管尚未形成合力。

（5）行业管理弱化，发展缺少规划　随着我国经济的发展，大批新建项目投入生产，生产规模迅速扩大，但化工发展缺少整体规划和行业指导，呈现盲目扩张，缺乏规范管理，导致化工行业准入门槛低。由于缺少规划，化工企业布局不合理，造成大量危险化学品产地远离市场，需要长途运输，易发生事故。由于我国化工行业基础差，大多数化工企业规模小、集中度低、装备水平低、事故风险大。

二、危险化学品固有危险性

危险化学品固有危险性包括燃爆危害、健康危害和环境危害。

1. 燃爆危害

燃爆危害是指危险化学品引起燃烧、爆炸的危害程度。危险化学品中的爆炸品、压缩气体、液化气体、易燃液体、易燃固体、自燃固体、遇湿易燃物品、氧化剂和有机过氧化物等都属于易燃易爆危险品，而这些物品在生产或使用的过程中往往处于温度、压力的非常态条件，因此，如果这些物质在生产、储存、使用、经营以及运输时管理不当、失去控制，很容易引起火灾爆炸事故，导致燃爆危害。而燃烧爆炸带来的生产设施破坏和人员伤亡过程有着明显不同。火灾是在起火后逐渐蔓延扩大，随着时间的延续，损失数量迅速增大，损失大约与时间的平方成正比例；而爆炸是猝不及防的，可能是瞬间发生，造成严重的设备损失、厂房倒塌、人员伤亡。危险化学品的燃爆事故通常伴随发热、发光、压力上升、真空和电离等现象，具有很强的破坏作用，其破坏形式主要有高温破坏作用、爆炸的直接破坏作用、爆炸冲击波的破坏作用以及中毒和环境污染等。

2. 健康危害

健康危害是指接触危险化学品后能对人体产生危害的程度。在危险化学品中，具有毒性、刺激性、致畸性、致癌性、致突变性、腐蚀性、麻醉性和窒息性的物质在使用过程中对人员健康产生危害的事故频繁发生。在工业生产过程中，相当一部分有毒危险化学品主要是经过皮肤、黏膜吸收而引起中毒，其化学危害可能导致职业病。此外，化学品灼伤也是化工生产中常见的职业性伤害，是化学物质对皮肤、黏膜刺激、腐蚀及化学反应热引起的急性损害，常见的致伤物有硫酸、盐酸等。

3. 环境危害

环境危害是指化学品对环境影响的危害程度。危险化学品主要通过生成废物排放、事故外泄和人类活动中废弃物排放等进入生态环境。化工有关的环境危害主要是对大气的危害、对土壤的危害和对水体的污染。

三、危险化学品生产特点及危险性

（1）原材料、产品种类繁多，状态多变，火灾爆炸危险性大。统计资料表明，石油化工生产所涉及的原料、中间体和产品有 400 多万种，其中绝大多数具有易燃易爆、有毒有害、腐蚀性等特点。生产中所使用的原料、辅助材料、中间体、产品具有多种状态，且互相变换。气、液、固、气液、气固、液固、气固液等都有可能存在，加之温度、压力、物流速度及流量等操作控制条件的诸多变化，工艺过程复杂，使其生产过程具有较大的火灾爆炸危险性。

（2）生产设备类型多样，结构繁简不一，动态设备与静态设备并存。不同设备结构不同，同种设备结构也千差万别。如塔设备按其功能有精馏塔、吸收塔、萃取塔、中和塔等。

（3）工艺控制参数精确，生产操作严格。许多工艺在高温、高压、高速、低温、低压、临界甚至超临界状态下进行，工艺参数前后变化大，控制要求严格。例如，硝铵生产、氨生产造气炉的炉内温度高达 1100℃，氨合成的压力达到 30MPa，有的氨生产需要氧气，而空气分离装置温度要低到 -190℃，有的化工产品生产过程在负压的情况下进行。

（4）生产装置规模大型化，物料处理量大，产品产率高。装置的大型化有效提高了生产效率，但规模越大，生产、储存的危险物料越多，潜在的危险性也越大，事故后果更严重。

（5）生产过程高度连续自动化。化工生产从原料到产品输出具有高度的连续性，采用自动化程度较高的控制系统，前后生产单元之间环环相扣，相互制约，某一环节出现故障，常常会影响整个生产的正常运行。自动控制系统和检测仪器仪表维护保养不周，往往因为误操作、误报警引起事故，甚至导致事故扩大。

（6）整个生产过程必须在密闭的设备、管道中进行，不允许有泄漏。对包装物、包装规格以及储存、装卸、运输都有严格的要求。

四、化工单元操作的危险性

化工单元操作是指各种化工生产中以物理过程为主的处理方法，主要包括加热、冷却、加压操作、负压操作、冷冻、物料输送、熔融、干燥、蒸发与蒸馏等。

1. 加热

加热是促进化学反应和物料蒸发、蒸馏等操作的必要手段。加热的方法一般有直接火加热（烟道气加热）、蒸汽或热水加热、载体加热以及电加热等。温度过高会使化学反应速度加快，若是放热反应，则放热量增加，一旦散热不及时，温度失控，发生冲料，甚至会引起燃烧和爆炸。升温速度过快不仅容易使反应超温，而且还会损坏设备。当加热温度接近或超过物料的自燃点时，应采用惰性气体保护；若加热温度接近物料分解温度，此生产工艺称为危险工艺，必须设法改进工艺条件，如负压或加压操作。

2. 冷却

在化工生产中，把物料冷却至大气温度以上时，可以用空气或循环水作为冷却介质；冷却温度在15℃以上，可以用地下水；冷却温度在0～15℃之间，可以用冷冻盐水。还可以借某种沸点较低的介质的蒸发从需冷却的物料中取得热量来实现冷却，常用的介质有氟利昂、氨等。此时，物料可被冷却至-15℃左右。冷却操作时，冷却介质不能中断，否则会造成积热，系统温度、压力骤增，引起爆炸。开车时，应先通冷却介质；停车时，应先停物料，后停冷却系统。有些凝固点较高的物料，遇冷易变得黏稠或凝固，在冷却时要注意控制温度，防止物料卡住搅拌器或堵塞设备及管道。

3. 加压操作

凡操作压力超过大气压的都属于加压操作。加压操作所使用的设备要符合压力容器的要求，加压系统不得泄漏，否则在压力下物料以高速喷出，产生静电，极易发生火灾爆炸。所用的各种仪表及安全设施（如爆破泄压片、紧急排放管等）都必须齐全好用。

4. 负压操作

负压操作即低于大气压的操作。负压系统的设备也和压力设备一样，必须符合强度要求，以防在负压下把设备抽瘪。负压系统必须有良好的密封，否则一旦空气进入设备内部，形成爆炸混合物，易引起爆炸。当需要恢复常压时，应待温度降低后，缓缓放进空气，以防自燃或爆炸。

5. 冷冻

在工业生产过程中，蒸气、气体的液化，某些组分的低温分离，以及某些物品的输送、储藏等，常需将物料降到比水或周围空气更低的温度，这种操作称为冷冻或制冷。一般来说，冷冻范围在-100℃以内的称冷冻；而-100～-200℃或更低的温度，则称深度冷冻，简称深冷。某些制冷剂如氨易燃且有毒，应防止制冷剂泄漏。对于制冷系统的压缩机、冷凝器、蒸发器以及管路，应注意耐压等级和气密性，防止泄漏。

6. 物料输送

在工业生产过程中，经常需要将各种原材料、中间体、产品以及副产品和废弃物由前一个工序输往后一个工序，由一个车间输往另一个车间，或输往储运地点，这些输送过程就是物料输送。气流输送系统除本身会产生故障之外，最大的问题是系统的堵塞和由静电引起的粉尘爆炸。粉料气流输送系统应保持良好的严密性。其管道材料应选择导电性材料并有良好的接地，如采用绝缘材料管道，则管外应采取接地措施。输送速度不应超过该物料允许的流速，粉料不要堆积在管内，要及时清理管壁。用各种泵类输送易燃可燃液体时，流速过快能产生静电积累，其管内流速不应超过安全速度。输送有爆炸性或燃烧性物料时，要采用氮气、二氧化碳等惰性气体代替空气，以防造成燃烧或爆炸。输送可燃气体物料的管道应经常保持正压，防止空气进入，并根据实际需要安装逆止阀、水封和阻火器等安全装置。

7. 熔融

在化工生产中常常需将某些固体物料（如苛性钠、苛性钾、萘等）熔融之后进行化学反应。碱熔过程中的碱屑或碱液飞溅到皮肤上或眼睛里会造成灼伤。碱熔物中若含有无机盐等杂质，应尽量除掉，否则这些无机盐因不熔融会造成局部过热、烧焦，致使熔融物喷出，容易造成烧伤。熔融过程一般在150～350℃下进行，为防止局部过热，必须不间断地搅拌。

8. 干燥

干燥是利用热能使固体物料中的水分（或溶剂）除去的单元操作。干燥的热源有热空气、过热蒸汽、烟道气和明火等。干燥过程中要严格控制温度，防止局部过热，以免造成物料分解爆炸。在过程中散发出来的易燃易爆气体或粉尘不应与明火和高温表面接触，防止燃爆。在气流干燥中应有防静电措施，在滚筒干燥中应适当调整刮刀与筒壁的间隙，以防止产生火花。

9. 蒸发

蒸发是借加热作用使溶液中所含溶剂不断汽化，以提高溶液中溶质的浓度，或使溶质析出的物理过程。蒸发按其操作压力不同可分为常压、加压和减压蒸发。凡蒸发的溶液皆具有一定的特性。如溶质在浓缩过程中可能有结晶、沉淀和污垢生成，这些都能导致传热效率的降低，并产生局部过热，促使物料分解、燃烧和爆炸，因此要控制蒸发温度。为防止热敏性物质的分解，可采用真空蒸发的方法，降低蒸发温度，或采用高效蒸发器，增加蒸发面积，减少停留时间。

10. 蒸馏

蒸馏是借液体混合物各组分挥发度的不同使其分离为纯组分的操作。蒸馏操作可分为间歇蒸馏和连续蒸馏；按压力分为常压、减压和加压（高压）蒸馏。在安全技术上，对不同的物料应选择正确的蒸馏方法和设备。在处理难于挥发的物料（常压下沸点在150℃以上）时应采用真空蒸馏，这样可以降低蒸馏温度，防止物料在高温下分解、变质或聚合。在处理中等挥发性物料（沸点为100℃左右）时，采用常压蒸馏。对于沸点低于30℃的物料，则应采用加压蒸馏[3]。

五、危险化学品危害控制

1. 操作控制

操作控制的目的是通过采取适当的措施，消除或降低工作场所的危害，防止工人在正常作业时受到有害物质的侵害。采取的主要措施是替代、变更工艺、隔离、通风、个体防护和卫生等。

（1）替代　选用无毒或低毒的化学品替代已有的有毒有害化学品是消除化学品危害最根本的方法。世界各国都为之付出巨大投资。我国近几年也投入大量人力和物力，研制使用水基涂料或水基黏合剂替代有机溶剂基涂料或黏合剂；使用水基洗涤剂替代溶剂基洗涤剂；用高闪点化学品替代低闪点化学品等。

（2）变更工艺　虽然替代作为操作控制的首选方案很有效，但是目前可供选择的替代品往往是很有限的，特别是因技术和经济方面的原因，不可避免地要生产、使用危险化学品，这时可考虑变更工艺，如改喷涂为电涂或浸涂、改人工装料为机械自动装料、改干法粉碎为湿法粉碎等。有时也可以通过设备改造来控制危害。

（3）隔离　隔离就是将工人与危险化学品分隔开来，是控制化学危害的有效措施。最常用的隔离方法是将生产或使用的化学品用设备完全封闭起来，使工人在操作中不接触化学品。如隔离整个机器，封闭加工过程中的扬尘点，都可以有效地限制污染物扩散到作业环境中去。

（4）通风　通风是控制作业场所中的有害气体、蒸气或粉尘最有效的措施。借助于有效的通风，使气体、蒸气或粉尘的浓度低于最高容许浓度。通风分局部通风和全面通风两种。对于点式扩散源，可使用局部通风。使用局部通风时，应使污染源处于通风罩控制范围内。为了确保通风系统的高效率，通风系统设计的合理性十分重要。对于已安装的通风系统，要经常加以维护和保养，使其有效地发挥作用。对于面式扩散源，要使用全面通风。全面通风亦称稀释通风，其原理是向作业场所提供新鲜空气，抽出污染空气，进而稀释有害气体、蒸气或粉尘，从而降低其浓度。采用全面通风时，在厂房设计时就要考虑空气流向等因素。因为全面通风的目的不是消除污染物，而是将污染物分散稀释，所以全面通风仅适合于低毒性、无腐蚀性污染物存在的作业场所。

（5）个体防护和卫生　在无法将作业场所中有害化学品的浓度降低到最高容许浓度以下时，必须使用合适的个体防护用品。个体防护用品既不能降低工作场所中有害化学品的浓度，也不能消除工作场所的有害化学品，而只是一道阻止有害物进入人体的屏障。个体防护用品的失效就意味着保护屏障的消失，因此，个体防护用品的使用不能视为控制危害的主要手段，而只能作为一种辅助性措施。在选择呼吸防护用品时应考虑有害化学品的性质、作业场所污染物可能达到的最高浓度、作业场所的氧含量、使用者的面型和环境条件等因素。需要强调的是，没有哪一种防护用品能保护作业人员免受各种危害的伤害。

（6）作业人员的个人卫生　除了以上控制措施外，作业人员养成良好的卫生习惯也是消除和降低化学品危害的一种有效方法。保持好个人卫生，就可以防止有害物附着在皮肤上，防止有害物通过皮肤渗入体内。

2. 管理控制

管理控制是指按照法律和标准建立起来的管理程序和措施，是预防作业场所中化学品危害的一个重要方面。管理控制主要包括：危害识别、安全标签、安全技术说明书、安全储存、安全传送、安全处理与使用、废物处理、接触监测、医学监督和培训教育。

（1）登记注册　登记注册是化学品安全管理最重要的一个环节。我国登记注册的执行机构是"化学品登记注册中心"，其职责是对企业申报的化学品安全登记表及危险性数据填报单进行分类、审查和建档；对新化学品和未分类化学品进行燃爆和毒性试验，并进行分类；对危险化学品安全卫生数据进行评议和审核；制订各类危险化学品的预防和防护措施，降低企业化学品安全管理盲目性。

（2）分类管理　分类管理实际上就是根据某一化学品（化合物、混合物或单质）的理化、燃爆、毒性、环境影响数据确定其是否是危险化学品，并进行危险性分类。

（3）化学品安全教育　安全教育是化学品安全管理的一个重要组成部分。安全教育的目的是通过培训使工人能正确使用安全标签和安全技术说明书，了解所使用的化学品的燃烧爆炸危害、健康危害和环境危害，掌握必要的应急处理方法和自救、互救措施，掌握个体防护用品的选择、使用、维护和保养，掌握特定设备如急救、消防、溅出和泄漏控制设备和材料的使用。安全教育的作用是使化学品的管理人员和接触化学品的工人能正确认识化学品的危害，自觉遵守规章制度和操作规程，从主观上预防和控制化学品危害。

第三节　危险化学品事故应急

一、危险化学品事故的定义和分类

随着国家经济的快速发展，我国已进入危险化学品生产和使用大国的行列，当前能够生产出的化学品种类达 40000 余种，其中有 3000 多种被列为危险化学品，全国范围内有近 30 万家相关的生产经营单位，其中安全保障能力较差的小化工企业占 80%。据统计，2006～2018 年我国共发生危险化学品事故 1649 起，造成 2468 人死亡。由此可见，我国危险化学品安全形势不容乐观[4-7]。

通过近几年危险化学品事故类型和事故性质统计总结分析，发现其突发事故具有如下规律：①事故呈逐年上升多发趋势；②事故高发于年初、7～10 月份和年末；③因缺少应急技术和装备，造成了严重的社会危害；④事故主要涉及易燃易爆和腐蚀品，多以液氯、甲醇、硫酸、盐酸等工业原料为主；⑤事故危害多为泄漏扩散及其引发的次生灾害所致；⑥事故的发生以道路运输、使用、生产和储存等环节为主；⑦事故通常引发人员伤亡、财产损失和社会恐慌。

危险化学品事故是指一切由危险化学品造成的对人员和环境危害的事故。具体来说，是指与危险化学品有关的单位在生产、使用、经营、存储、运输和废弃过程中，由于某些意外情况或人为破坏，致使有毒有害化学物质突发地发生大量泄漏，有时伴随燃烧或爆炸，在较大范围内造成比较严重的环境污染，对国家和人民的生命财产安全造成严重危害的事故。

危险化学品事故不同于一般的事故，可以从不同角度进行分类，常用的有以下几种：

1. 按事故的表现形态分类

（1）泄漏型危险化学品事故　泄漏型危险化学品事故是指由于容器、管道或化工装置破裂、阀门失灵、密封破坏等原因，有毒物质大量泄漏、挥发和扩散，造成人员伤害和环境污染的事件。这类事故的特点是中毒人员多，死亡大多是中毒后迟发引起，多在中毒几天后死亡。

（2）燃烧爆炸型危险化学品事故 燃烧爆炸型危险化学品事故是指具有爆炸危险性的化学品，由于某种原因，突然引起爆炸，使有毒物质泄漏并燃烧，造成人员伤害和环境污染的事件。这类事故的特点是现场死伤人员多，中毒人员可能有烧伤、骨折复合伤，伤情复杂。

（3）布洒型危险化学品事故 布洒型危险化学品事故是指由于人为布洒化学物质，造成人员中毒、伤害或环境污染的事件。这类事故往往与恐怖活动有关，发生人员中毒、死亡的时间、地点、规模难以预料。例如：日本"沙林"毒气事件，就是奥姆真理教的教徒在日本地铁上人为布洒沙林毒气，共有5511人中毒，其中12人死亡[8]。

2. 按照事故的严重程度分类

（1）一般性化学中毒事故 一般性化学中毒事故是指由于工艺设备落后或违反操作规程，引起少数人员中毒伤亡，一般中毒10人或死亡3人以下，事故的范围局限在单位以内，只需事故单位自救就能迅速控制的化学事故。

（2）重大灾害性化学事故 重大灾害性化学事故是指发生突然，危及周围居民，并造成中毒10人以上、100人以下，或死亡3人以上、30人以下的化学事故。重大灾害性化学事故需要动员部分社会力量并组织专业人员实施救援处置。从化学物质泄漏量的角度分析，几吨以下毒物泄漏的重大化学事故是目前我国化学事故中发生概率最高的，而且也需动员部分社会力量和组织专业人员实施化学救援的事故。

（3）特大灾害性化学事故 特大灾害性化学事故是指有大量有害物质泄漏，短时间内造成大量人员中毒伤亡，中毒100人以上或死亡30人以上的化学事故。事故危害已跨区、县，并呈进一步扩展态势，使城市的生产、交通及人民生活等综合功能遭受破坏，社会秩序紊乱。

3. 按照有毒物质释放形式分类

（1）直接外泄型危险化学品事故 直接外泄型危险化学品事故是指由于某种原因使生产、使用、储存或运输过程中的化学有毒物质直接向环境释放而造成的事故。

（2）次生释放型危险化学品事故 次生释放型危险化学品事故是指某些本来没有毒性或毒性很小的化学品燃烧、爆炸后次生出有毒有害物质并向环境释放而造成的事故。

二、危险化学品事故特点

1. 突然性强，防护困难

危险化学品事故的发生往往出乎人们预料，常在意想不到的时间、地点发生。在短时间内有大量有毒有害物质外泄，引起燃烧、爆炸，产生的有毒气体只要吸上几口就可致人死命，而且有毒气体可迅速向居民区扩散，对居民安全造成影响，引起社会动荡。特别是无防护的居民对有毒气体防护十分困难，可通过呼吸道、眼睛、皮肤黏膜等多种途径引起呼吸、消化等多系统的中毒。因此，不仅对毒物要进行呼吸道防护，有时还要进行全身防护。不同的毒物防护措施、救治方法又不一样，有的毒物还需要特效药物才能救治。

2. 扩散迅速，受害范围广

危险化学品事故发生后，有毒有害化学品通过扩散可严重污染空气、地面道路、水源和工厂生产设施。危害最大的是有毒气体，可迅速往下风方向扩散，在几分钟或几十分钟内扩散至几百米或数千米远，危害范围可达几十平方米至数平方千米，引起无防护人员中毒。

挥发性的有毒液体污染地面、道路和工厂设施时，除可引起污染区人员和参加救援的人员直接中毒外，还可因染毒伤员的污染服装或车辆在染毒区域向外行驶而扩散，造成间接中毒。如果污染发生在江河湖海，有的可呈油膜漂浮在水面，进一步污染江中助航设施和两岸码头，还可沉入江底成为污染源。这些事故均可造成大量人员中毒伤亡和使国家财产蒙受损失。特别是可在短时间内出现大批相同中毒症状的伤员，而且伤情复杂，有中毒、烧伤，以及冲击造成的挫伤、骨折、内脏出血、破裂等复合伤，休克发生率高，各大、中医院很可能出现超负荷，医务人员和病床不足。此外，医院还可能因对这类伤员的处理毫无经验或缺乏大量特效急救药品而不知所措。

3. 污染环境，洗消困难

有毒气体通过风吹、日晒等可很快逸散。但有毒气体在高低、疏密不一的居民区、围墙内易滞留。能够长期污染环境的主要是有毒液体和一些高浓度、水溶性的有毒气体。一般有毒的液体化学品都为油状液体，水溶和水解速率慢，挥发度又小，都有一股特殊而令人感到不愉快的气味。一旦污染形成，由于油状液体挥发度小，黏性大，不易消毒，所以毒性的持续时间就长。若化学事故发生在低温季节或通风不良的地形，则毒性可持续几小时或几十小时，甚至更长，洗消困难。

4. 社会波及面广，社会影响大

城市特大危险化学品事故一旦发生，势必影响城市的综合功能运转，交通被迫管制，居民必须疏散撤离，生活秩序受到破坏，企业生产将停产、打乱或重建。除了动员企业本身、本地区社会力量进行救援外，邻近省市也将动用物力、财力及人力进行救援。事故处置的好坏会直接影响政府的形象，且事故处置后还有许多遗留问题亟待进一步解决。

三、危险化学品事故处置的任务

危险化学品事故处置就是指当危险化学品可能造成重大人员伤亡、财产损失和环境污染等危害时，为及时控制危险源，抢救受害人员，指导群众防护和撤离，消除危害后果而组织的救援活动。危险化学品事故处置的任务包括：

1. 控制危险源

及时控制造成事故的危险源是处置工作的首要任务，只有及时控制住危险源，防止事故的继续扩展，才能及时、有效地进行救援。在控制危险源的同时，对事故造成的危害进行检测和监测，确定事故的危害区域、危害性质及危害程度。特别是对于发生在城市或人口稠密地区的事故，应尽快组织工程抢险队与事故单位技术人员一起及时控制事故继续扩展。

2. 抢救受害人员

抢救受害人员是应急的重要任务。人作为人类社会首要和根本的主体，减少灾害对其伤害，自然是应急救援的首要目标。在应急行动中，及时、有序、有效地实施现场急救与安全转送伤员是降低伤亡率，减少事故损失的关键。这是在救援过程中体现"以人为本，救人第一"的理念。

3. 指导群众防护，组织群众撤离

由于危险化学品事故发生突然、扩散迅速、涉及面广、危害大，应及时指导和组织群众采取各种措施进行自身防护，并向上风方向迅速撤离出危险区域或可能受到危害的区域。在撤离过程中应积极组织群众开展自救和互救工作。

4. 转移危险化学品及物资设备

对于事故和事故危险区域内的危险化学品应积极组织转移，防止发生二次事故或扩大灾情；同时对于重要物资和设备，应采取有效措施转移或抢救，以降低事故的财产损失。

5. 做好现场清消，消除危害后果

对事故外逸的有毒有害物质和可能对人和环境继续造成危害的物质，应及

时组织人员予以清除和洗消，消除有毒有害物质可能带来的危害，防止对人的继续危害和对环境的污染。此外，对危险化学品事故造成的危害进行监测、处置，直至符合国家环境保护标准。

6. 查清事故原因，估算危害程度

事故发生后应及时调查事故的发生原因和事故性质，估算出事故的危害波及范围和危险程度，查明人员伤亡情况，做好事故调查。

四、危险化学品事故救援形式

1. 事故单位的自救

一般性化学事故危害范围小，危害程度轻，不需要组织社会力量进行救援。事故单位熟悉事故的现场情况，完全可以依靠自身力量进行自救、互救，特别是应尽快控制危险源，使中毒人员尽快脱离毒区得到急救。事故单位自救是危险化学品事故应急救援最基本、最重要的救援形式，这是因为事故单位最了解事故的现场情况，即使事故危害已经扩大到事故单位以外区域，事故单位仍需全力组织自救，特别是尽快控制危险源。化学品生产、使用、储存、运输等单位必须成立应急救援专业队伍，负责事故时的应急救援。同时，生产单位对本企业产品必须提供应急服务，一旦产品在国内外任何地方发生事故，通过提供的应急电话能及时与生产厂取得联系，获取紧急处理信息或得到其应急救援人员的帮助。

2. 对事故单位的社会性救援

这里的救援主要指对重大的灾害性化学事故而言。虽然事故危害局限于事故单位，但危害程度大，或者是危害范围已超出事故单位，涉及邻近单位并影响周围地区，依靠本单位及消防部门的力量已不能控制事故和及时消除事故后果。因此，必须组织地区或相邻单位和社会力量进行联防救援。

3. 对较大危害区域的社会救援

这类事故通常已发展成特大的灾害性化学事故，危害范围大，危害程度重，甚至已产生次生灾害。如引起地下燃料管道大面积的燃烧、爆炸，人员伤亡惨重，国家财产遭受严重损失，影响的范围已远远超出了事故单位，已经跨区、县，城市工厂的生产，商店的经营，居民的交通、生活等城市综合功能已不能正常运转，必须动员、组织力量，采取断然措施，协同进行综合性的社会救援。

第四节 危险化学品消防发展趋势

一、危险化学品消防研究动态

从 20 世纪 70 年代开始，英国、美国等发达国家便开始对危险化学品事故的预防与处置方面开展深入系统的研究。我国自 20 世纪 80 年代也开始了对危险化学品事故防控规律的研究，在数十年的研究发展下，取得了很大进展，并将研究成果广泛运用于事故预防与事故处置中。本部分将从危险化学品安全管理的法律法规建设、危险化学品事故应急救援体系建设、危险化学品事故后果分析、危险化学品事故应急处置方面来阐述，并介绍卢林刚课题组在该领域取得的优秀成果。

1. 危险化学品安全管理的法律法规建设

国内外对于危险化学品安全管理的法律法规建设都给予高度重视，并将其视为预防危险化学品事故发生的关键所在。20 世纪 80 年代初期，国家科学技术委员会提出了要对危险化学品进行评价和采取措施防范的思想，讨论制定了危险化学品评价和控制技术研究等国家科技项目，并制定了众多危险化学品的行业标准，此举为危险化学品的评价、控制和检测管理提供了重要依据。1996年，我国颁布了《工业场所安全使用化学品规定》，规范了工业场所化学品的使用，有效改善了人们对于化学品安全的认识。1997 年，我国的危险化学品研究工作发展得相对成熟一些之后，劳动部选择北京、上海等 6 座城市开展了重大危险源普查的试点工作，并且取得了很好的效果。在此之后，在南京、重庆、泰安等地也开展了重大危险化学品检查、监测、控制等工作[9]。与危险化学品有关的法律法规，比如 GB 18218—2018《危险化学品重大危险源辨识》《危险化学品安全管理条例》和《安全生产法》等都对危险化学品的安全管理、检测和控制提出了明确的规定。国家安全生产监督管理局在《危险化学品目录》中列出了危险化学品名单[10]，将常规的化学品与危险化学品进行有效区分，使得监督执法人员开展安全管理工作更加有针对性，工作效率得到了很大提高，并在促进企业安全管理、防止重大灾害性事故中起到一定的作用，有利于事故的预防和控制。

国外发达国家强化危险化学品的管理，在安全管理方面的法律法规已相当完善。英国颁布了 8 项相关的法律法规，美国在国内实行的相关法律法规达几十部。国际上最典型的法规为 GHS 制度、CLP 法规、REACH 法规等，这些法规在使用对象与适用类别上存在一定的差异性[11,12]。

我国与西方工业发达国家相比，化工工业基础差，起步晚，生产设备质量差且损耗严重，因此在生产中还存在众多的事故隐患，在研究领域也没有创造出适合我国工业国情的危险化学品控制系统。

2. 危险化学品事故应急救援体系建设

危险化学品事故的频发，促使世界各国加强化学事故应急救援体系建设。其基本历程是：①酝酿阶段：1976 年以前是化学事故应急救援体系的第一阶段。②起步阶段：1976~1986 年间，各国政府开始关注化学品的管理，颁布了一系列法令来加强对化学品的管理，可称作第二阶段。③完善阶段：1986~2000 年间，由于国际上化学事故频发，尤其是 1984 年印度的博帕尔异氰酸甲酯储罐泄漏的严重后果，引起各国的广泛重视；在各国政府，危险化学品生产商、运输商和经营商以及各类提供产品和信息服务的中介组织积极参与下，化学事故应急救援体系逐步完善。目前，化学事故应急救援体系正向全球一体化（Globally Harmonized System of Classification and Labeling of Chemicals，GHS）发展。随着 GHS 的实施，化学品安全标签、技术说明书等将形成新的国际标准。该标准虽非强制性，但与世界贸易组织（WTO）相结合后，将自动成为世界普遍采用的国际标准。总之，美国、日本、澳大利亚、欧盟各国等都有自己运行良好的应急救援管理体制，包括应急救援法规、管理机构、指挥体系、应急队伍、资源保障和公民知情权以及提高灾情透明度等方面，形成了比较完善的应急救援体系；非常重视危险化学品安全管理，组建了专门机构，建立了较为完善的法律、法规，形成了较为科学的化学事故应急救援体系。我国在探索化学事故应急救援体系建设过程中，既参考了美国、俄罗斯等的经验做法，又结合了我国国情，是名副其实的中国特色的化学应急救援体系。

3. 危险化学品事故后果分析

国外对危险化学品事故危害后果的研究起步较早。目前，常见的化学事故应急响应的扩散模型及相应的模拟软件有美国能源部劳伦斯-利弗莫尔国家实验室开发的 SLAB、美国海岸警备队和气体研究所开发的 DEGADIS、美国国家海洋和大气局开发的 ALOHA、哈兹迈特公司提出的 ARCHIE、丹麦气象研究所提出的 DERMA、美国萨瓦纳河技术中心和美国能源部共同建立的 LP-DM 等。国外一些权威的技术资料也提供确定安全距离的有效方法，如北美运输部编写的《应急救援指南》（Emergency Response Guidebook，ERG）中提供了数千种危险化学品的紧急隔离距离和下风向疏散距离。我国在此方面的研究起步较晚。在确定危险化学品事故后果时，大多数是基于经验。国内有关专家、学者翻译的北美运输部编写的《应急救援指南》的数据，香港特别行政区灾害防救委员会通过的《灾害疏散避难作业原则》，台湾行政当局灾害防救委员会和环境保护署联合颁布的《毒性化学物质灾害疏散避难作业原则》（Toxic Chemical Disaster Evacuation Operation Principle，TCDEOP）[12]，这些技术资料提供了事故后果的量化数据。很多国家和行业标准、规范针对其行业特点对化工厂的安全距离做了详细规定，如《石油化工企业设计防火规范》《原油和天然气工程设计防火规范》《石油库设计规范》《铝镁粉加工粉尘防爆安全规程》《烟花爆竹工厂设计规范》《氢气使用安全技术规程》《乙炔站设计规范》等。

4. 危险化学品事故应急处置

危险化学品事故危险性高、处置难点大、技术要求强，因此，世界各国非常重视危险化学品事故发生机理、处置技术、方法以及装备的研究。

在危险化学品事故致灾理论研究方面，灾害系统理论认为致灾因子在孕灾环境的作用下对承灾体进行打击，当打击强度超过了承灾体的承受能力，则发生灾害[13]；Henich 提出了事故因果连锁理论；轨迹交叉理论认为事故是人的不安全行为和物的不安全状态在时间和空间上交叉所导致的；Cibson 提出了"能量意外释放论"。因此，在危险化学品事故的致因理论方面主要是从单一维度事故链的角度进行考虑，轨迹交叉理论也仅通过二维视角研究事故机理，较少通过多维视角来对事故的机理进行分析。

在危险化学品危险性预测方面，20 世纪 80 年代欧美一些国家利用现场扩散实验探究气体及液体的扩散规律，例如 Maplin Sands 实验、气体瞬时和连续性扩散实验、Burro 实验和 Coyote 实验等[14]。我国化工部劳动保护研究所提出了 5 种泄漏模式和 6 种扩散模式，并且系统地总结了 11 种不同的泄漏源泄漏模式和扩散模式[15]；为了提高空气质量预测的便捷性，胡晨燕等结合高斯扩散模型开发了一套系统软件，能对空气质量进行有效预测[16]；陈宏坤等认为扩散模型的整合是发展趋势，扩散模型图形化计算机操作的实现必须借助强大的空间分析和空间数据操作能力，即以动态链接库的方式将各种相关组件和环境模型嵌入到集成环境中[17]。

在危险化学品事故应急处置的侦检、防护、堵漏和洗消等关键环节，国内外重视针对性装备的研发。例如在堵漏环节，快速封堵技术是危险化学品泄漏处置的重要技术。1927 年，弗曼奈特技术公司研究开发了多重管道堵漏专用密封注剂；1928 年压密封技术出现，封堵技术在此之后得到了飞速发展。1956 年之后，国内外对于各种泄漏部位的处置方法和相配套使用的密封注剂进行研制，最终研制出来并日趋完善，并且使注剂式带压密封技术的发展有了由中低温到高温高压的飞跃式进步。例如：20 世纪 50 年代后期，我国钢铁行业的技师们研发了顶压焊技术，该技术主要用于泄漏的金属容器、管道的焊接。70 年代初期，我国生产的合成胶黏剂产品达到了 600 多种，"带压粘接封堵技术"应运而生。该项技术主要由磁力压固粘接法、顶压粘接法、T 形巧栓法、填塞粘接法、引流粘接法、紧固粘接法等方法构成。70 年代中期，超低温和超高温动态密封方法也涌现出来。80 年代后期，适用于压力管道或者储罐的专用封堵工具有捆绑充气式、管道外封式等，还出现了用模子、硬橡胶或金属螺钉和螺纹密封胶黏剂进行封堵的方法[18]；针对储罐泄漏液体喷射，研究者又开发了储罐破裂专用的捆绑紧固法、充气橡胶塞加压充气封堵的方法。到了 90 年代，注剂式带压密封技术已经占领市场。但这些传统的封堵工具仍存在一些弊端，封堵严密的结构太复杂，结构简单的密封不严；大多数封堵装置不易加工制造和操作；胶黏剂配方无严格标准，但对其粘接强度与稳定性却要求较高；封堵装置比较笨重，不便携带，有的封堵装置则因封堵不严而造成二次泄漏，产生更大的损失[19]。

洗消是危险化学品事故处置过程中必不可少的环节。目前，洗消研究主要侧重于洗消技术和特种洗消剂的开发。现有的洗消技术包括物理洗消技术和化学洗消技术。其中，化学洗消技术主要包括以下几种：中和洗消技术、氧化还原洗消技术、催化络合洗消技术、表面活性洗消技术等[20]。通过这些技术研究开发了一系列洗消剂，如针对强酸（硫酸 H_2SO_4、盐酸 HCl、硝酸 HNO_3）大量泄漏，利用有机超碱体系（DS_2）和苛性碱（氢氧化钠）进行酸碱中和反应的原理消除；以氯化、氧化为洗消机制的次氯酸盐（三合二、次氯酸钙）和有机氯胺洗消剂，可将硫醇、硫化氢、磷化氢、硫磷农药、含硫磷的某些军事毒剂等低价态的硫磷化合物迅速氧化成高价态的无毒化合物；美国 Sandia 国家实验室（SNL）采用氧化技术，成功开发出 Decon100 型洗消剂；利用催化或络合剂促使洗消剂与有毒化学物质快速络合，加速毒物变成无毒物或低毒物，这类洗消剂能促使有毒的农药（包括毒性较大的含磷农药）水解，其水解产物是无毒的；敌腐特灵是发生化学品灾害事故后应用广泛且效果良好的洗消剂，对酸、碱、氧化剂和还原剂等腐蚀性化学物质以及芥子气、刺激性毒剂等化学毒物均具有显著的抗损伤作用，适用于人员洗消[21]。

现有洗消剂腐蚀性强、环境污染大；而高效环保洗消剂研发滞后，洗消技术应用基础研究欠缺。针对典型危险化学品泄漏事故现场洗消技术难题，卢林刚课题组经过 8 年攻关，通过理论研究、技术创新、实验分析、环评测试和实战应用等，研制出适用于不同场景下氨气、氯气洗消的多组分细水雾和非水基吸附反应型洗消剂[22-25]；发明了新型溢油洗消剂，使泄漏的油品快速成胶并漂浮在水面上，易于回收利用[26]；研发了敌腐特灵替代品，打破了国外技术垄断[27]；研发了芳香类危险化学品洗消的臭氧氧化和高效吸附协同洗消新技术[28-31]。这一系列高效、环保、广谱的新型洗消剂，可以大幅度提升应急救援人员危险化学品事故现场的洗消能力。

在个人呼吸防护方面，以前我国个人呼吸装备的防护效率低，适用面窄，技术过度依赖进口，缺少自主知识产权。针对典型危险化学品事故个人呼吸防护难题，基于纳米 TiO_2 可见光催化降解技术，卢林刚课题组研发出吸附苯系物滤毒罐[32]、常见毒害气体的滤毒罐[33]；采用溶合润湿技术，创新性地研发了一种防毒防烟口罩[34]。防护面罩过滤效率达 97％以上，实现了对低浓度毒气的有效防护；危险化学品事故中佩戴防护面罩可有效防护毒气的伤害，提高救援人员的战斗力，为人员逃生争取更多的时间[35]。同时，创新编制了《危险化学品事故应急洗消及个人防护指南》，规范了应急救援人员现场洗消及其个人防护措施。

二、危险化学品消防的发展趋势

危险化学品消防涵盖的内容越来越丰富，任务越来越重。为了切实提升我国危险化学品事故的防控能力，从防、消两个角度提出了更高的要求，今后一段时期，主要侧重于以下领域的研究：

1. 完善危险化学品事故应急救援体系

危险化学品事故一旦发生，需要通过科学的应急救援体系（管理体系和技术体系）将各种损失降到最低。今后我国应进一步重视危险化学品安全管理，增大人力、物力、财力的投入，组建专门机构，建立完善的法律、法规，制定科学合理的应急预案，健全事故应急技术体系，形成科学的化学事故应急救援体系。

2. 危险化学品的危险辨识与评估

加强危险化学品风险的识别，并应用新的评估方法和手段了解、掌握危险化学品存在的危险性，不仅能定性，重要的是实现量化方法。加强多灾种耦合事故的全过程风险识别与评估，为危险化学品风险管控提供依据。

3. 危险化学品事故发生规律研究

近年来危险化学品事故频发，尤其是多灾种、重特大危险化学品事故的频发，给人们的生命及财产造成重大损失。应加强新技术手段，如大数据、云计算等，深入挖掘事故发生、发展的基本规律，探究事故发生的机理，对事故处置提供决策支持。

4. 危险化学品防火技术研究

根据危险化学品的危险特性，结合防火原理，针对危险性大、风险高的危险化学品场所，尤其是超大型储罐、新建化工园区等，研发防火隔爆的设备，应用新的技术手段，开发防火、防爆新技术。

5. 典型危险化学品及场所火灾扑救技战术方法研究

针对典型危险化学品及场所火灾的新形势、新特点，传统的灭火技战术方法不能有效发挥灭火救援过程中的人机效能，因此，应根据危险化学品事故发生规律、特点，增强安全防护意识，做好过程优化，发挥新技术、装备的优势，不断创新火灾扑救的新战术、新技术。

6. 危险化学品事故处置新型技术装备的研究

为了充分发挥技术装备在危险化学品事故处置过程中的作用，不断改进现有技术装备，研发智能化、自动化、模块化、安全可靠的危险化学品新型技术、装备，开发新型灭火剂、洗消剂等消防药剂。

7. 消防安全管理模式的创新

随着我国消防救援队伍改革的不断升华，充分发挥消防力量在日常消防管理中的作用，是一个不断借鉴和摸索的过程。因此，今后应结合危险化学品消防新形势，根据消防专业化、职业化建设过程，积极探索危险化学品消防安全管理新模式，切实提高我国危险化学品消防安全管理水平。

参考文献

[1] 李向欣. 危险化学品槽罐车道路交通事故应急处置 [M]. 北京：蓝天出版社，2015.

[2] 公关部消防局. 危险化学品事故处置研究指南 [M]. 武汉：湖北科学技术出版社，2010：3-5.

[3] 孙玉叶，夏登友. 危险化学品事故应急救援与处置 [M]. 北京：化学工业出版社，2008.

[4] 吴宗之，张圣柱，张悦，等. 2006—2010 年我国危险化学品事故统计分析研究 [J]. 中国安全生产科学技术，2011，7 (7)：5-9.

[5] 李健，白晓昀，任正中，等. 2011—2013 年我国危险化学品事故统计分析及对策研究 [J]. 中国安全生产科学技术，2014，10 (6)：142-147.

[6] 胡馨升，多英全，张圣柱，等. 2011—2015 年全国危险化学品事故分析 [J]. 中国安全生产科学技术，2018，14（2）：180-185.

[7] 王亚鹏，王运斗，赵欣，等. 2016 年典型危化品事故统计分析与防控对策建议 [J]. 职业卫生与应急救援，2017，35（4）：323-327.

[8] 卢林刚，李向欣，赵艳华. 化学事故抢险与急救 [M]. 北京：化学工业出版社，2018.

[9] 赵耀江. 危险化学品安全管理与安全生产技术 [M]. 北京：煤炭工业出版社，2006.

[10] 曾琪，喻春梅. 我国危险化学品管理的研究现状及趋势 [J]. 四川职业技术学院学报，2015，25（6）：29-31.

[11] 万敏，陶强，崔鹏，等. 危险化学品安全管理的国内外主要政策法规比对分析 [J]. 中国安全生产科学技术，2013，9（04）：119-123.

[12] 李向欣. 有毒化学品泄漏事故应急疏散决策优化模型研究 [J]. 安全与环境学报，2009，9（1）：123-126.

[13] 郄子君. 基于关键承灾体的区域复杂灾害情景建模研究 [D]. 大连：大连理工大学，2018.

[14] Ermak D L, Chan S T. Recent developments on the FEM3 and SLAB atmospheric dispersion models [R]. Livemore, CA, USA: Lawrence Livemore National Lab, 1986.

[15] 杨东吉. 基于移动实验室的毒气泄漏事故监测路径研究 [D]. 哈尔滨：哈尔滨理工大学，2012.

[16] 胡晨燕，徐斌，施介宽. 基于 Matlab 的某化工区区域环境空气质量模型系统的建立 [J]. 上海电力学院学报，2009，25（6）：557-560.

[17] 陈宏坤，李兴春，李春晓. GIS 与大气污染扩散模型的整合研究 [J]. 油气田环境保护，2007，（1）：47-49，62.

[18] 胡忆沩. 带压密封技术发展简介 [J]. 润滑与密封，2008，33，（2）：112-115.

[19] 赵良. 带压堵漏技术实例 [M]. 郑州：河南科学技术出版社，2007.

[20] 卢林刚，徐晓楠. 洗消剂及洗消技术 [M]. 北京：化学工业出版社，2014.

[21] 聂志勇，孙海鹏，孙晓红，等. 化学应急洗消技术及装备研究进展 [J]. 军事医学，2016，40（4）：267-271.

[22] 邵高耸，卢林刚，张义铎. 一种多级孔氨气洗消剂的实验研究 [J]. 化工新型材料，2014，42（5）：102-107.

[23] 邵高耸，卢林刚，张义铎. 膦酸钛多孔材料对氨气的静态吸附性能 [J]. 消防科学与技术，2014，33（2）：124-127.

[24] 卢林刚，战世翠，李焕群. 几种不同试剂洗消氨水的实验 [J]. 消防科学与技术，2018，37（7）：884-887.

[25] 姚柯如，邵高耸，李建华，等. HX 分子筛改性处理及其氨气吸附性能研究 [J]. 武警学院学报，2015，31（10）：5-8.

[26] 邵高耸，卢林刚，王会娅，等. 一种吸油洗消剂及其制备方法和应用：中国，ZL 201610332484.9 [P]. 2016-05-19.

[27] 卢林刚，刘鲁楠，伊斐，等. 敌腐特灵洗消剂对氢氧化钠的洗消效能评价 [J]. 消防科学与技术，2018，37（1）：93-96.

[28] 卢林刚，李冠男，刘鲁楠，等. 新型改性膨润土吸附剂的制备及对苯酚的吸附性能 [J]. 河北师范大学学报（自然科学版），2015，39（1）：53-57.

[29] 卢林刚，李向欣，石兴隆. 新型改性膨润土洗消剂对苯胺和硝基苯洗消性能的实验研究 [J]. 消

防科学与技术，2019，38（6）：853-856.

[30] 李向欣，卢林刚，石兴隆. 改性钠基膨润土制备及对苯胺吸附性能的优化 [J]. 科学技术及工程，2019，19（16）：388-392.

[31] 邵高耸，李建华，卢林刚，等. 危险化学品多功能高效洗消剂的制备方法与应用：中国，ZL 201310175910.9 [P]. 2013-05-04.

[32] 王永明，王勇，卢林刚，等. 负载 TiO_2 的 ACF 吸附降解苯的研究 [J]. 分子科学学报，2015，31（1）：59-62.

[33] 李建华. 新型复合滤料层个人防护氨气滤毒罐 [J]. 消防科学与技术，2012，31（6）：563-565.

[34] 李建华. 溶合润湿型火灾疏散防毒防烟口罩 [J]. 消防科学与技术，2015，34（12）：1661-1663.

[35] 王永明，邱源，李彩云，等. 负载纳米 TiO_2-ACF 新型防毒口罩实验研究 [J]. 实验室技术与管理，2014，31（11）：74-76.

第二章

危险化学品的危险性分析

第一节　危险化学品的特性参数

一、火灾特性参数

可燃固体的燃烧方式多种多样[1-3]，有蒸发式燃烧、分解式燃烧、表面燃烧、阻燃及动力爆炸。因此，火灾类型各不相同，需要对一些火灾参数进行研究和探讨[4-6]。

1. 闪点和燃点

某些低熔点的可燃固体发生闪燃的最低温度就是闪点。燃点是指将可燃固体加热到一定温度，遇明火发生持续燃烧时固体的最低温度。闪点和燃点是评价固体火灾危险性的重要参数。一般情况下，闪点和燃点越低，火灾危险性越大。

2. 热分解温度

固体热分解温度指可燃固体受热分解的初始温度，它是评定受热能分解固体火灾危险性的主要参数之一。可燃固体的热分解温度越低，火灾危险性越大。

3. 自燃点

自燃点是指可燃物质在助燃性气体中加热而没有外来火源的条件下起火燃烧的最低温度，亦称发火温度。当可燃物与混合的助燃性气体配比改变时，可燃物自燃点也随之改变，混合气配比接近理论计算值时，自燃点最低；混合气体中氧气浓度增加时，自燃点降低；压力越大，自燃点越低。可燃物的自燃点不是物质的固有常数，而与物质的物理状态、测定方法、测定条件等有关。自燃点越低的物质，越容易燃烧，因而火灾危险性越大。不过固体材料作装饰材料使用时，一般是达不到其自燃点的。因而在这种情况下，不用自燃点作为确定其火灾危险性的依据[7]。

4. 极限氧指数

极限氧指数是在规定实验条件下刚好维持物质燃烧时的混合气体中的最低氧含量（体积分数）。极限氧指数是评价各种物质相对燃烧性能的一种办法，极限氧指数越小的聚合物，燃烧时对氧气的需求量越小，或者说燃烧时受氧气浓度的影响越小，因而火灾危险性越大。极限氧指数的测定方法简单、易于实现，但测试结果并不能反映真实条件下材料的火灾行为，因而不能作为评定实际使用条件下火灾危险性的依据。

5. 燃烧速度

燃烧速度除与化学反应速度有关外，还取决气流向碳粒表面输送氧气的快慢，即物理混合速度。而物理混合速度取决于空气与燃料的相对速度、气流扰动情况、扩散速度等。

二、爆炸特性参数

1. 爆炸极限

可燃物质（可燃气体、蒸气和粉尘）与空气（或氧气）均匀混合形成预混气，遇明火发生爆炸的最高或最低的浓度，称为爆炸极限。爆炸下限浓度越低，爆炸上限浓度越高，则燃烧爆炸危险性越大。在低于爆炸下限时不爆炸也不着火；在高于爆炸上限时不会爆炸，但能燃烧。这是由于前者的可燃物浓度不够，过量空气的冷却作用阻止了火焰的蔓延；而后者则是空气不足，导致火焰不能蔓延。当可燃物的浓度大致相当于反应浓度时，具有最大的爆炸威力（即根据完全燃烧反应方程式计算的浓度比例）。

2. 最小点火能

最小点火能也称为引燃能、最小火花引燃能或临界点火能，是指使可燃气体和空气的混合物起火所必需的能量临界值，是引起一定浓度可燃物质燃烧或爆炸所需要的最小能量。目前采用毫焦（mJ）作为最小点火能的单位。

3. 着火温度

着火温度指燃气与空气的混合物开始进行燃烧反应的最低温度。热力着火不仅与燃料的物理化学性质有关，而且与系统的热力学条件有关。放热强烈时，放热曲线将向上移动，从而使着火温度（着火点）下降。着火温度与系统所处热力学状况有关，即使是同一种燃气，着火温度也不是常数。燃气可燃成分浓度增加，着火温度降低。升高压力将使反应物浓度增加，放热强烈，因而使反应速率增加。

4. 最大允许氧含量

根据 IEC31H《粉尘/空气混合物最低可爆浓度测定方法》规定，最大允许氧含量（LOC）是指使粉尘/空气混合物不发生爆炸的最低氧气浓度，粉尘爆炸猛烈程度随氧含量减小而下降，当氧气浓度不足以维持粉尘爆炸火焰自行传播时，粉尘爆炸就不会发生。

5. 爆炸压力

爆炸压力是指在封闭的外壳或局限化空间内爆炸后产生的气体在高温作用下迅速膨胀所具有的压力。爆炸压力往往高于外壳所能承受的压力。这是由于许多爆炸初压到终压的时间非常短，往往在容器外壳破裂之前就已形成高压，容器的几何形状对爆炸压力有一定的影响。

三、毒性特性参数

化学物的毒性可以用一些毒性参数表示，常用的毒性参数有以下几个方面。

1. 致死剂量或浓度

药物的不同用量会起到不同的效果，所谓用量就是"剂量"，即用药的分量。剂量太小，达不到体内的有效浓度，起不到治疗作用，这种小剂量就称为"无效量"。当剂量增加到出现最佳作用时，这个剂量就叫作治疗量，即"常用量"，也就是治病时所需要的分量。在常用量的基础上再增加剂量，直至即将出现中毒反应为止，这个量就称为"最大治疗量"，也就是"极量"。用药超过极量时，就会引起中毒，这就是"中毒量"。在中毒量的基础上再加大剂量，就会引起死亡，此剂量即称为致死剂量或浓度。

2. 阈剂量

阈剂量指药物使受试对象（人或动物）出现某种可观察到的药理效应，包括生理、生化反应或潜在的病理学改变时的最低剂量[8]，又称为最小有作用剂量（minimal effect level，MEL）[9]，即低于阈剂量效应不发生，达到阈剂量效应即将发生。阈剂量（或阈浓度）以下的剂量为阈下剂量（或阈下浓度）。在阈下剂量的作用下，用现代检查方法不能观察到机体的任何异常生理、生化反应或潜在的病理学改变[10]。

3. 最大无作用剂量

最大无作用剂量是指在一定时间内，一种外源化学物质按一定方式或途径与机体接触，根据目前认识水平，用最灵敏的实验方法和观察指标，未能观察到任何对机体的损害作用的最高剂量，也称为未观察到损害作用的剂量（No observed effect level，NOELs）。一般所说的阈下剂量就是指最大无作用剂量[11]。理论上讲，最大无作用剂量与最小有作用剂量应该相差极微，但实际中由于受到损害作用观察指标和检测方法灵敏度的限制，两者之间存在一定的剂量差距。最大无作用剂量是根据亚慢性试验的结果确定的，是评定毒物对机体损害作用的主要依据，是确立有害物质在环境中的最大容许浓度的毒理学依据，而阈剂量又是确定最大无作用剂量的依据。

4. 蓄积系数

蓄积系数又称为蓄积因子或积累系数，是指多次染毒使半数动物出现毒性效应的总有效剂量 $[ED_{50}(n)]$ 与一次染毒的半数有效量 $[ED_{50}(l)]$ 之比值，毒性效应包括死亡。蓄积系数法是以生物效应为指标，用经验系数（K）评价蓄积作用的方法。

第二节　燃烧特性分析

一、燃烧条件

燃烧必须同时具备下列三个条件：

（1）具备一定数量的可燃物　在一定条件下，可燃物若不具备足够的数量，就不会发生燃烧。例如在同样温度（如 20℃）下，用明火瞬间接触汽油和煤油时，汽油会立刻燃烧起来，煤油则不会。这是因为汽油的蒸气量已经达到了燃烧所需浓度（数量），而煤油的蒸气量没有达到燃烧所需浓度，虽有足够的空气（氧气）和点火源的作用，也不会发生燃烧。

（2）有足够数量的氧化剂　要使可燃物质燃烧，或使可燃物质不间断燃烧，必须供给足够数量的空气（氧气），否则燃烧不能持续进行。实验证明，氧气在空气中的浓度降低到 14%~18% 时，一般的可燃物质就不能燃烧。

（3）点火源要达到一定的能量　要使可燃物发生燃烧，点火源必须具有足以将可燃物加热到能发生燃烧的温度（燃点或自燃点）。对不同的可燃物来说，燃点或自燃点不同，所需的最低点火能也不同。如一根火柴可点燃一张纸而不能点燃一块木头；又如电、气焊火花可以将达到一定浓度的可燃气与空气的混合气体引燃爆炸，但却不能将木块、煤块引燃。

二、燃烧形式

可燃物质和助燃物质存在的相态、混合程度和燃烧过程不尽相同，其燃烧形式是多种多样的。由于绝大多数火灾事故是在大气条件下发生的，因此人们主要研究可燃物质在空气中的燃烧情况，可燃物质的聚集状态分为气态、液态和固态三种形态，在空气中燃烧时一般有五种燃烧形式，即扩散燃烧、蒸发燃烧、分解燃烧、表面燃烧和混合燃烧。

1. 扩散燃烧

当可燃气体（如氢、乙炔、汽油蒸气等）从管口、管道和容器的裂缝等处流向空气时，由于可燃气体分子和空气分子互相扩散、混合，当浓度达到可燃极限范围时，形成火焰使燃烧继续进行下去的现象，称为扩散燃烧。扩散燃烧的速度取决于扩散速度，一般燃烧较慢。在扩散燃烧中，由于与可燃气体接触的氧气量偏低，通常会产生不完全燃烧的炭黑。

2. 蒸发燃烧

可燃性液体，如汽油、酒精、乙醚、苯等，它们的燃烧就是由于液体蒸发产生的蒸气被点燃起火而形成的。蒸气点燃产生了火焰，所放出的热量进一步加热液体表面，从而促使液体持续蒸发，使燃烧继续下去。萘、硫黄等在常温下虽为固体，但在受热后会升华产生蒸气或熔融后产生蒸气，同样是蒸发燃烧。

3. 分解燃烧

指在燃烧过程中可燃物首先遇热分解，再由热分解产物和氧反应产生火焰的燃烧，如木材、煤、纸等固体可燃物的燃烧属于此类，油、脂等高沸点液体和蜡、沥青等低熔点固体烃类的燃烧也属此类。木材在空气中燃烧时，火源加热木材首先使木材失去水分而干燥，然后发生热分解，放出可燃性气体，该气体被点燃产生火焰，并放出热量，燃烧放出的热量不断地加热木材，使木材不断地分解，从而使燃烧继续下去。其他固体可燃物的分解燃烧大体也是如此。

4. 表面燃烧

当可燃固体燃烧至分解不出可燃气体时，便没有火焰，燃烧继续在所剩固体的表面进行，称为表面燃烧。燃烧在空气和固体表面接触部位进行。例如木材燃烧，最后分解不出可燃气体，只剩下固体炭，燃烧在空气和固体炭表面接触部分进行，能产生红热的表面，不产生火焰。铝、镁、铁等金属燃烧即属表面燃烧，无气化过程，无须吸收蒸发热，燃烧温度较高。

5. 混合燃烧

可燃气体与助燃气体在容器内或空间中充分扩散混合，其浓度在爆炸范围内，此时遇火源即会发生燃烧，这种燃烧在混合气所分布的空间中快速进行，称为混合燃烧。混合燃烧速度由化学反应控制，温度高，速度快，也称动力燃烧，一般爆炸反应属于这种形式。

三、燃烧特征

燃烧是一种放热、发光的化学反应，在燃烧过程中，物质会改变原有的性质而变成新的物质，因此燃烧反应通常具有如下三个特征：

1. 生成新的物质

物质在燃烧前后性质发生了根本变化，生成了与原来完全不同的新物质。化学反应是这个过程的本质，如木材燃烧后生成木炭、灰烬以及 CO_2 和水蒸气。

2. 放热

凡是燃烧反应都有热量生成。这是因为燃烧反应都是氧化还原反应。氧化还原反应在进行时总是有旧键的断裂和新键的生成，断键时要吸收能量，成键时又放出能量。在燃烧反应中，断键时吸收的能量要比成键时放出的能量少，所以燃烧反应都是放热反应。

3. 发光和（或）发烟

大部分燃烧现象伴有发光和（或）发烟的现象，但也有少数燃烧只发烟而无光产生。燃烧发光是由燃烧时火焰中白炽的炭粒等固体粒子和某些不稳定的中间物质的生成所致。

四、热辐射危害

在火灾的全盛期，火焰温度通常在 1000℃ 以上，辐射传热是传播的主要形式[12]，在它的作用范围内，可以导致大多数可燃物（如木材、纺织品、可燃液体等）达到自燃点温度而燃烧起来。例如，油罐着火时，火焰对油面辐射传热是石油产品发生突沸现象的能量来源；在着火油罐周围百米以内的其他油罐会受到严重的影响而温度升高，也有可能因接受辐射热而发生火灾或爆炸事故，继而产生多米诺骨牌效应，造成事故范围和破坏程度增大。热辐射作为油罐扬沸火灾的主要危害之一，可直接或间接造成人员伤亡和油罐间火灾蔓延。

第三节　爆炸特性分析

一、爆炸的分类

1. 按照物质产生爆炸的原因和性质分类

按物质产生爆炸的原因和性质不同，通常将爆炸分为物理性爆炸、化学性爆炸和核爆炸三种，物理性爆炸和化学性爆炸最为常见。

（1）物理性爆炸　物理性爆炸是由物理变化（温度、体积和压力等因素）引起的。在物理性爆炸的前后，爆炸物质的性质及化学成分均不改变。锅炉的爆炸是典型的物理性爆炸，其原因是过热的水迅速蒸发放出大量蒸汽，蒸汽压力不断提高，当压力超过锅炉的极限强度时，就会发生爆炸。

（2）化学性爆炸　化学性爆炸是指由于物质急剧氧化或分解，温度、压力增加或两者同时增加而形成的爆炸现象。化学性爆炸前后，物质的化学成分和性质均发生了根本变化。这种爆炸速度快，爆炸时产生大量热能和很大的气体压力，并发出巨大的声响。

（3）核爆炸　由于原子核裂变或聚变反应，释放出核能所形成的爆炸，称为核爆炸，原子弹、氢弹、中子弹的爆炸都属核爆炸。核爆炸是剧烈核反应能量迅速释放的结果，可能是由核裂变、核聚变或者是这两者的多级串联组合所引发。

2. 按照爆炸反应的相分类

按照爆炸反应的相不同，爆炸可分为：

（1）气相爆炸　包括可燃性气体和助燃性气体混合物的爆炸、气体的分解爆炸、液体被喷成雾状物在剧烈燃烧时引起的爆炸、飞扬悬浮于空气中的可燃粉尘引起的爆炸等。

（2）液相爆炸　包括聚合爆炸、蒸发爆炸以及由不同液体混合所引起的爆炸。例如硝酸和油脂、液氧和煤粉等混合时引起的爆炸；熔融的矿渣与水接触或钢水包与水接触时，由于过热快速蒸发引起的蒸汽爆炸等。

（3）固相爆炸　包括爆炸性化合物及其他爆炸性物质的爆炸（乙炔和铜的爆炸）、金属迅速气化而引起的爆炸等。

3. 按照爆炸的瞬时燃烧速度分类

按照瞬时燃烧速度的不同，爆炸可分为：

（1）轻爆　爆炸时的燃烧速度为每秒数米，爆炸时无多大破坏力，声响也不太大，如无烟火药在空气中的快速燃烧、可燃气体混合物在接近爆炸浓度上限或下限时的爆炸即属于此类。

（2）爆炸　爆炸时的燃烧速度为每秒十几米至数百米，爆炸时能在爆炸点引起压力激增，有较大的破坏力，有震耳的声响。可燃性气体混合物在多数情况下的爆炸，以及被压火药遇火源引起的爆炸即属于此类。

（3）爆轰　爆炸的燃烧速度为每秒 $1000 \sim 7000\text{m}$，爆炸时的特点是突然引起极高压力，并产生超音速的"冲击波"。由于在极短时间内燃烧产物急速膨胀，像活塞一样挤压其周围气体，反应所产生的能量有一部分传给被压缩的气体层，于是形成的冲击波由它本身的能量支持，迅速传播并能远离爆轰的发源地而独立存在，同时可引起该处的其他爆炸性气体混合物或炸药发生爆炸，从而发生一种"殉爆"现象。

二、爆炸的特征

1. 反应过程的放热性

这是化学反应能否成为爆炸反应的最重要的基础条件，也是爆炸过程的能量来源，没有这个条件，爆炸过程就根本不能发生，当然反应也就不能自行延续，因此也就不可能出现爆炸过程的自动传播。

2. 反应过程的高速度

混合爆炸物质是预先充分混合、氧化剂和还原剂充分接近的体系，许多炸药的氧化剂和还原剂共存于一个分子内，所以它们能够发生快速的逐层传递的化学反应，使爆炸过程能以极快的速度进行，这是爆炸反应区别于一般化学反应的一个最突出的特点。一般化学反应也可以是放热的，而且有许多化学反应放出的热量甚至比爆炸物质爆炸时放出的热量大得多，但未能形成爆炸现象，其根本原因就在于反应速率慢。

3. 反应过程必须形成气体产物

在通常大气条件下，气体密度比固体和液体要小得多，具有可压缩性。爆炸物质在爆炸瞬间生成大量气体产物，由于爆炸反应速率极快，它们来不及扩散膨胀，都被压缩在爆炸物质原来所占有的体积内，爆炸过程在生成气体产物的同时释放出大量的热量，这些热量也来不及逸出，都加热了生成的气体产物，这样就形成高温高压状态的气体。这种气体作为工质，瞬间膨胀就可以做功，由于功率巨大，就能对周围物体、设备、房屋造成巨大的破坏作用。

三、爆炸的破坏作用

1. 爆炸的破坏形式

（1）直接的爆炸作用是爆炸对周围设备、建筑和人群的直接作用，它直接造成机械设备、装备、容器和建筑的毁坏和人员伤亡。机械设备和建筑物的碎片飞出，会在相当范围内造成危险，碎片击中人体则造成伤亡。

（2）冲击波的破坏作用，也称爆破作用。爆炸时产生的高温高压气体产物以极高的速度膨胀，像活塞一样挤压周围空气，把爆炸反应释放出来的部分能量传给这个压缩的空气层。空气受爆炸影响而发生扰动，这种扰动在空气中传播就成为冲击波。冲击波可以在周围环境中的固体、液体、气体介质（如金属、岩石、建筑材料、水、空气）中传播。在传播过程中，可以对这些介质产生破坏作用，造成周围环境中的机械设备、建筑物的毁坏和人员伤亡。

（3）通常爆炸气体扩散只发生在极其短促的瞬间，对一般可燃物质而言，不足以造成起火燃烧，而且有时冲击波还能起到灭火作用。但建筑物内留存的大量热量会把从被破坏设备内部不断逸出的可燃气体或可燃蒸气点燃，使建筑内的可燃物全部起火，加重爆炸的破坏。可燃气（或可燃粉尘）与空气的混合物爆炸时一般引起大面积火灾。

2. 爆炸破坏作用的影响因素

（1）爆炸物的数量和性质　爆炸物的数量越多，爆炸威力越大，其破坏作用也就越大。

（2）爆炸时的条件　指爆炸物的温度、初期压力、混合均匀程度以及点火源和起爆能等。其中，爆炸物的温度和初期压力对爆炸的发生具有重要影响，温度越高，压力越大，其破坏作用也越大。对于多组分混合而成的爆炸物，混合均匀程度高的爆炸破坏作用大。

（3）爆炸位置　发生在设备内、厂房内和厂房外的爆炸，其作用各不相同。当爆炸发生在均匀介质的自由空间时，从爆炸中心点起，在一定范围内，破坏力的传播是均匀的，并使这个范围内的物体粉碎、飞散。

第四节　毒性分析

一、毒物分类

1. 根据来源分类

（1）工业毒物　工业毒物是指工业生产过程中使用或生成的毒物，如氯气、氨气、二氧化硫、甲醛、苯、光气、有机磷（氯）农药等。

按照毒害作用的对象和症状，工业毒物又可分为呼吸系统中毒物、神经系统中毒物、血液系统中毒物、消化系统中毒物和泌尿系统中毒物五类，如表 2-1 所示。

表 2-1　工业毒物的分类

类别	症状	常见毒物
呼吸系统中毒物	单纯性窒息	氮气、二氧化碳、烷烃等
	化学性窒息	一氧化碳、氰化物
	刺激肺部	氯气、二氧化氮、溴、氟、光气等
	刺激上呼吸道	氨、二氧化硫、甲醛、醋酸乙酯、苯乙烯
神经系统中毒物	闪电样昏倒	窒息性气体、苯、汽油
	震颤	汞、汽油、有机磷（氯）农药等
	震颤麻痹	锰、一氧化碳、二硫化碳
	阵发性痉挛	二硫化碳、有机氯
	强直性痉挛	有机磷、氰化物、一氧化碳
	瞳孔缩小	有机磷、苯胺、乙醇
	瞳孔扩大	氰化物
	神经炎	铅、砷、二硫化碳
	中毒性脑炎	一氧化碳、汽油、四氯化碳
	中毒性精神病	四乙基铅、二硫化碳等
血液系统中毒物	溶血症	三硝基苯、砷化氢
	碳氧血红蛋白血症	一氧化碳
	高铁血红蛋白血症	苯胺、二硝基苯、三硝基苯、亚硝酸盐、氮氧化物
	造血功能障碍	苯
消化系统中毒物	腹痛	铅、砷、磷、有机磷等
	中毒性肝炎	四氯化碳、硝基苯、有机氯、砷、磷等
泌尿系统中毒物	中毒性肾炎	镉、溴化物、四氯化碳、有机氯等

（2）军事毒剂　军事毒剂是指被研究制造出来用于战争的毒物，如生化毒剂、化学战剂等。按照毒害作用，军事毒剂主要有神经性毒剂、糜烂性毒剂、全身中毒性毒剂、失能性毒剂、窒息性毒剂和刺激剂六类，如表 2-2 所示。

表 2-2　军事毒剂的分类

军事毒剂类别	军事毒剂品种
神经性毒剂	沙林、维埃克斯、梭曼、塔崩
糜烂性毒剂	芥子气、路易氏气
全身中毒性毒剂	氢氰酸、氯化氰
失能性毒剂	毕兹
窒息性毒剂	光气
刺激剂	西埃斯、西阿尔、苯氯乙酮、亚当氏气

2. 根据毒物的理化性质、分类方法及途径分类

（1）挥发性毒物　此类毒物一般分子量较小，结构简单，具有较大的挥发性。常见的有氢氰酸、氰化物、甲醇、乙醇、苯酚、硝基苯和苯胺。

（2）气体毒物　此类毒物在常温、常压下为气体。常见的有一氧化碳、液化石油气、天然气和硫化氢等。

（3）水溶性毒物　此类毒物主要包括一些易溶于水的物质。常见的有强酸、强碱和亚硝酸盐等。

（4）金属毒物　此类毒物包括一些金属和类金属化合物。常见的有砷、汞、铅、镉、铊等。

（5）不挥发性有机毒物　此类毒物大部分为分子量较大、结构复杂的一些药物。常见的有催眠安定药、兴奋剂、致幻剂及有显著生理作用的天然药物及动物毒素，如生物碱、强心苷等。

（6）农药　农药的种类很多，其中一部分对人、畜有较大毒性，易引起中毒。常见的有有机杀虫剂、除草剂、杀鼠剂等，其中大部分为有机农药。

二、毒性作用

1. 速发与迟发作用

速发作用指某些化学物质与机体接触后在短时间内出现的毒效应。迟发作用指机体接触化学物质后，经过一定的时间间隔才表现出来的毒效应。

2. 局部与全身作用

局部作用指发生在化学物质与机体直接接触部位处的损伤作用。全身作用是指化学物质吸收入血后，经分布过程到达体内其他组织器官所引起的毒效应。

3. 可逆与不可逆作用

可逆作用指停止接触化学物质后，造成的损伤可以逐渐恢复。不可逆作用是指停止接触化学物质后，损伤不能恢复，甚至进一步发展加重。

4. 一般毒性和特殊毒性

一般毒性是指化学物质在一定的剂量范围内经一定的接触时间，按照一定的接触方式可能产生的某些毒作用。特殊毒性是指接触化学物质后引起的不同于一般毒作用规律或引起特殊病理改变的毒作用。

5. 过敏性反应

过敏性反应也称变态反应，是一种有害的免疫介导反应。该反应与一般的毒性反应不同，需要有致敏和激发两次接触，不呈典型的 S 形剂量-反应曲线。

6. 特异体质反应

特异体质反应是指某些人有先天性的遗传缺陷，因而对于某些化学物质表现出异常的反应性。

三、中毒

1. 呼吸系统

在工业生产中，呼吸道最易接触毒物，特别是刺激性毒物，一旦吸入，轻者引起呼吸道炎症，重者发生化学性肺炎或肺水肿。常见引起呼吸系统损害的毒物有氯气、氨、二氧化硫、光气、氮氧化物，以及某些酸类、酯类、磷化物等[13]。

2. 神经系统

神经系统由中枢神经（包括脑和脊髓）和周围神经（由脑和脊髓发出，分布于全身皮肤、肌肉、内脏等处）组成。有毒物质可损害中枢神经和周围神经。主要侵犯神经系统的毒物称为"亲神经性毒物"，可引起神经衰弱综合征、周围神经病、中毒性脑病等。

3. 血液系统

在工业生产中，有许多毒物能引起血液系统损害。苯的氨基和硝基化合物（如苯胺、硝基苯）可引起高铁血红蛋白血症，患者的突出表现为皮肤、黏膜青紫；氧化砷可破坏红细胞，引起溶血；苯、三硝基甲苯、砷化合物、四氯化碳等可抑制造血机能，引起血液中红细胞、白细胞和血小板减少，发生再生障碍性贫血；苯可致白血病已得到公认。

4. 消化系统

有毒物质对消化系统的损害很大。如：汞可致汞毒性口腔炎；氟可导致"氟斑牙"；汞、砷等毒物经口侵入可引起出血性胃肠炎；铅中毒，可有腹绞痛；黄磷、砷化合物、四氯化碳、苯胺等物质可致中毒性肝病。

5. 循环系统

苯、有机磷农药以及某些刺激性气体和窒息性气体对心肌有损害，其表现为心慌、胸闷、心前区不适、心率快等；急性中毒可出现休克。长期接触一氧化碳可促进动脉粥样硬化等。

6. 泌尿系统

经肾随尿排出是有毒物质排出体外的最重要的途径，加之肾血流量丰富，易受损害。泌尿系统各部位都可能受到有毒物质损害，如慢性铍中毒常伴有尿路结石、杀虫脒中毒可出现出血性膀胱炎等，但常见的还是肾损害。

7. 骨骼损害

长期接触氟可引起氟骨症。磷中毒首先表现为牙槽嵴的吸收，随着吸收的加重发生感染，严重者发生下颌骨坏死。长期接触氯乙烯可致肢端溶骨症，即指骨末端发生骨缺损。镉中毒可发生骨软化。

8. 眼损害

生产性毒物引起的眼损害分为接触性和中毒性两类。前者是毒物直接作用于眼部所致；后者则是全身中毒在眼部的改变。接触性眼损害主要为酸、碱及其他腐蚀性毒物引起的眼灼伤。眼部的化学灼伤重者可造成终身失明，必须及时救治。

9. 皮肤损害

职业性皮肤病是最常见、发病率最高的职业性伤害，其中化学性因素引起者占多数。根据作用机制不同，引起皮肤损害的化学物质分为：原发性刺激物、致敏物和光敏感物。常见皮肤致敏物有金属盐类（如铬盐、镍盐）、合成树脂类、染料、橡胶添加剂等。

10. 化学灼伤

化学灼伤是化工生产中的常见急症，是化学物质对皮肤、黏膜刺激、腐蚀，以及化学反应热引起的急性损害。按临床分类有体表（皮肤）化学灼伤、呼吸道化学灼伤、消化道化学灼伤、眼化学灼伤。常见的致伤物有酸、碱、酚类、黄磷等。某些化学物质在致伤的同时可经皮肤、黏膜吸收引起中毒，如黄磷灼伤、酚灼伤、氯乙酸灼伤，甚至引起死亡。

11. 职业性肿瘤

在工作环境中长期接触致癌因素，经过较长的潜伏期而患某种特定的肿瘤，称为职业性肿瘤。《职业病分类和目录》中规定石棉所致肺癌、间皮瘤，联苯胺所致膀胱癌，苯所致白血病，氯甲醚、双氯甲醚所致肺癌，砷及其化合物所致肺癌、皮肤癌，氯乙烯所致肝血管肉瘤，焦炉逸散物所致肺癌等为法定的职业性肿瘤。

第五节　危险反应分析

一、与空气反应

1. 氧化热的作用导致自燃

由于氧化反应热的作用，磷、磷化氢、三烷基铝等一遇空气立即自燃；油脂类物品如植物油、润滑油等不饱和油脂浸附在破布、纸或其他纤维类物质上，由于大大增加了与空气的接触面积，加速氧化放热反应，加之纤维类物质导热性差，导致热量蓄积而发生自燃。

2. 氧化热引燃附近可燃物

有些物品与空气发生氧化反应，虽然该类物品本身不可燃，但放出的氧化热可引燃附近的可燃物，如连二亚硫酸钠。

3. 产生更危险的有机过氧化物的反应

放置在空气中的烃类及其有机化合物能与空气中的氧气发生氧化反应，形成不安定的或爆炸性的有机过氧化物，有可能发生喷料或爆炸。

二、与水反应

1. 与水反应，发生燃爆

这类危险品与水反应，产生 H_2、CH_4 或 C_2H_2 等易燃气体，在反应热的作用下，发生燃爆事故。例如，碱金属（锂、钠、钾等）；金属碳化物（碳化钙、碳化钾、碳化钠和碳化钡等）；金属氢化物（氢化钠、氢化锂等）。

2. 反应热引燃可燃物

有些物品本身不可燃，但当与水混合时，释放出的反应热足以引燃相同条件下的纸、木材或其他可燃物。无机过氧化物如过氧化钠、过氧化钾和过氧化锶等本身不可燃，但它们与水起剧烈反应并释放出氧气及大量反应热，如果该反应发生时尚存在有机物质或其他可氧化物质，便可能发生火灾。

3. 与水反应，使危险性增大

酐类如乙酐、丙酐、马来酸酐等酐和水发生剧烈反应，变为闪点较低的酸类，危险性增大。氢化铝、硼氢化物、金属粉末（如锌粉、铝粉）等危险品与水反应，产生热量较小，不能直接使反应产生的氢气燃爆，但若遇其他火源便着火。金属磷化物，如磷化钙、磷化锌等，与水反应生成磷化氢，磷化氢在空气中易自燃。

三、聚合反应

聚合反应均为放热和热动力不稳定过程，聚合反应的单体大多数是易燃易爆物质，且多数在高温、高压（甚至是超高压）的条件下进行。反应初期需要加热，而当开始聚合时，则又需要冷却。如果操作不当，配比错误，特别是超量投料、温度过高，会使反应剧烈，形成"暴聚"，压力急剧上升，发生冲料，引起火灾爆炸事故。一些单体具有较大的化学活泼性，如果聚合反应失去阻聚剂或发生暴聚，反应就会失去控制而引发爆炸事故。

四、分解反应

分解反应虽然多数是吸热反应，但有的分解反应具有放热性质，因为分解反应失控而引起的火灾爆炸案例并不少见。在日本平冢市化工厂曾发生臭氧化物分解引起的爆炸事故。

1. 分解反应失控引起爆炸

某些在储存中易于发生自燃分解的物质，如处于密闭的空间或容器之内，可因分解放热，聚热升温使内压上升而引起爆炸。也有可能因其他物料误打入或窜入而发生分解反应，使内压上升。易发生这类事故的危险物品主要有马来酸酐、氨基肟盐酸盐、臭氧化物等。马来酸酐分解时生成 CO_2、聚合物，并放出反应热，放出的反应热又加速分解反应，导致储存容器内压力不断上升，最后发生爆炸事故。

2. 气体分解反应引起爆炸

有些可燃气体在没有助燃气体情况下也会发生气体爆炸,这是由于气体本身能进行分解反应。易引起分解爆炸的气体有乙炔、环氧乙烷、乙烯、四氟乙烯、丙烯、臭氧、氮氧化物等。这些气体在一定压力条件下,遇火源会发生分解反应,同时放出热量,分解产物由于升温、体积膨胀而发生爆炸。初始压力越高,越易发生分解爆炸,所需的引燃能量越小。

3. 爆炸物分解引起爆炸

有些爆炸物在受震动的情况下,可发生分解放热反应,由于反应热的作用引起爆炸,例如雷汞、乙炔银等。

4. 分解反应导致水蒸气爆炸

有些危险品在储运过程中发生分解反应生成水,放出反应热,反应热使生成的水瞬间全部变为水蒸气,呈现出爆炸现象。例如,过氧化氢在储运过程中,由于受铁、铜和其他金属(铝除外)或其盐类的污染,会发生分解反应,产生水、氧气并放出热量。放出的热量足以使水全部变为水蒸气,可发生水蒸气爆炸事故。

5. 分解反应引起自燃

分解反应引起自燃是由于分解热蓄积。例如,硝化棉类的脂肪族多元硝酸酯在常温下即可发生缓慢的自燃分解,分解产物二氧化氮又能加速硝化棉的分解;硝化棉本身是多孔物质,具有蓄热保温作用,使得温升加快,当达到180℃时,硝化棉就可自燃。

6. 高温下发生分解反应引起爆炸

有些危险品在高温下发生分解反应,导致爆炸事故。许多有机过氧化物受热(如火灾情况下)可以分解,如丁酮过氧化物、过苯甲酸叔丁酯、过氧化苯甲酰等,分解速度取决于特定过氧化物的分子式和温度。

五、混合接触自发进行的化学反应

1. 反应猛烈引起燃烧或爆炸

大多数氧化剂遇酸分解,反应很猛烈,易引起燃烧和爆炸。

2. 反应热蓄积引起自燃

互相接触能自燃的两种物质,一般情况下一种是强氧化剂,另一种是强还原剂,混合后由于强烈的氧化还原反应而自燃。常见的无机氧化剂有硝酸盐、亚硝酸盐、氯酸盐、高氯酸盐、亚氯酸盐、高锰酸盐、过氧化物、浓硫酸、浓硝酸、浓盐酸、氟、氯、溴、氧等；还原剂常见的有苯胺类、醇类、醛类、醚类、石油产品、木炭、金属粉末及有机高分子化合物等。

3. 反应生成易自燃物质

危险品混合接触，发生反应生成具有自燃特性的物质，极易着火。例如，二氯乙烯遇醇和氢氧化钠反应，生成具有自燃特性的一氯乙炔。

4. 反应生成易燃易爆物质

有些易燃固体与氧化剂混合，易生成易燃易爆物质，这类反应引起的事故很多。例如氯酸盐与铵盐混合生成氯酸铵，很容易发生爆炸。银盐（铜盐、汞盐）与乙炔混合生成乙炔盐，经撞击发生爆炸。

第六节　各类危险化学品的危险特性

一、爆炸品

1. 爆炸性

爆炸物品都具有化学不稳定性，在一定外因的作用下，能以极快的速度发生猛烈的化学反应，产生的大量气体和热量在短时间内无法逸散开来，致使周围的温度迅速升高和产生巨大的压力而引起爆炸[14]。例如，黑火药的爆炸反应就具备化学爆炸的三个特点：反应速度快，瞬间即进行完毕（最大爆炸速度约5000m/s）；产生大量气体（280L/kg）；放出大量的热（3015kJ/kg），火焰温度高达2500℃左右。

2. 敏感度

爆炸物品本身的化学组成和性质决定了其有发生爆炸的可能性，除此之外，如果没有必要的外界作用，爆炸是不会发生的。也就是说，任何一种爆炸品的爆炸都需要外界供给它一定的能量即起爆能。不同的炸药所需的起爆能也不同，某一炸药所需的最小起爆能即为该炸药的敏感度。

3. 殉爆

殉爆是指炸药A爆炸后，能够引起与其相距一定距离的炸药B（从爆药）爆炸，这种现象叫作炸药的殉爆。能引起从爆药100%殉爆的两炸药之间的最大距离L叫殉爆距离；而100%不能引起从爆药殉爆的两炸药之间的最小距离

R 叫最小不殉爆距离，或叫殉爆安全距离，殉爆安全距离大于殉爆距离。

4. 毒害性

有些炸药，如苦味酸、TNT、硝化甘油、雷汞、氮化铅等，本身都具有一定的毒性，且绝大多数炸药爆炸时能够产生 CO、CO_2、NO、HCN 等有毒或窒息性气体，可从呼吸道、食道甚至皮肤等进入体内，引起中毒。

二、气体

1. 易燃易爆性

可燃气体的主要危险性是易燃易爆，所有处于燃烧浓度范围之内的可燃气体遇着火源都能发生着火或爆炸，有的可燃气体遇到极微小能量着火源即可引爆[15]。可燃气体在空气中着火或爆炸的难易程度，除受着火源能量大小的影响外，取决于其化学组成，而其化学组成又决定着可燃气体的燃烧浓度范围的大小、自燃点的高低、燃烧速度的快慢和发热量的多少。

2. 扩散性

处于气体状态的任何物质都没有固定的形状和体积，且能自发地充满任何容器。由于气体的分子间距大，相互作用力小，所以非常容易扩散。压缩、液化气体也毫无例外地具有这种扩散性。压缩、液化气体的扩散性受气体本身相对密度的影响。气体的相对密度是指气体与空气密度之比。

3. 可缩性和膨胀性

气体的体积会因温度的升降而胀缩，其胀缩的幅度比液体要大得多。气体在固定容积的容器内被加热的温度越高，其膨胀后形成的压力就越大。如果盛装压缩或液化气体的容器（如钢瓶）在储运过程中受到高温、暴晒等热源作用，容器内的气体就会急剧膨胀，产生比原来更大的压力，当压力超过了容器的耐压强度时，就会引起容器的膨胀或爆炸，造成伤亡事故。

4. 带电性

由静电产生的原理可知，任何物体的摩擦都会产生静电。压缩气体或液化气体也是如此，如氢气、乙烯、乙炔、天然气、液化石油气等从管口或破损处高速喷出时都能产生静电。这主要由于气体中含有固体颗粒或液体杂质，在压力下高速喷出时与喷嘴或破损处产生了强烈的摩擦。杂质和流速影响流体静电荷的产生。带电性是评定可燃气体火灾危险性的参数之一，掌握了可燃气体的带电性，可采取相应的防范措施，如设备接地、控制流速等。

5. 腐蚀性、毒害性和窒息性

（1）**腐蚀性** 腐蚀性主要体现在一些含氢、硫元素的气体，如硫化氢、硫氧化碳、氨、氢等，都能腐蚀设备，削弱设备的耐压强度，严重时可导致设备产生裂隙、漏气，引起火灾等事故。

（2）**毒害性** 压缩、液化气体除氧气和压缩空气外，大都具有一定的毒害性。《危险货物品名表》列入管理的有 51 种剧毒气体，其中毒性最大的是氰化氢，当其在空气中的浓度达到 $300mg/m^3$ 时，能够使人立即死亡；$200mg/m^3$ 时，10min 后死亡；$100 mg/m^3$ 时，一般在 1h 后死亡。

（3）**窒息性** 压缩、液化气体除氧气和压缩空气外，都有窒息性。一般压缩、液化气体的易燃易爆性和毒害性易引起人们的注意，而往往忽视窒息性，尤其是那些不燃无毒的气体，如氮气，二氧化碳，氦、氖、氩、氪、氙等惰性气体。

6. 氧化性

氧化性气体是燃烧得以发生的最重要的因素之一。氧化性气体主要包括两类：一类是明确为助燃气体，如氧气、压缩空气、一氧化二氮、三氟化氮等；另一类为有毒气体，如氯气、氟气等。这些气体本身都不可燃，但氧化性很强，与可燃气体混合时都能着火或爆炸。如氯气与乙炔气接触即可爆炸，氯气与氢气混合见光可爆炸，氟气遇氢气即爆炸，油脂接触氧气能自燃，铁在氧气中也能燃烧。

三、易燃液体

1. 高度的易燃性

液体的燃烧是通过其挥发出的蒸气与空气形成可燃性混合物，在一定比例范围内遇火源点燃而实现的，因而实质上是液体蒸气与氧化合的剧烈反应。易燃液体都具有高度的易燃性。如二硫化碳闪点为 $-30℃$，最小点火能为 $0.015mJ$；甲醇闪点为 $11.11℃$，最小点火能为 $0.215mJ$。

2. 蒸气的爆炸性

由于任何液体在任一温度下都能蒸发，所以在存放易燃液体的场所也都蒸发有大量的易燃蒸气，其蒸气常常在作业场所或储存场地弥漫，当挥发出的这种易燃蒸气与空气混合，达到爆炸浓度范围时，遇明火就发生爆炸。易燃液体的挥发性越强，这种爆炸危险就越大。同时，这些易燃蒸气可以任意飘散，或在低洼处聚积（油品蒸气的相对密度在 1.59～4 之间），这就使易燃液体的储存工作具有更大的火灾危险性。

3. 受热膨胀性

易燃液体也和其他液体一样，有受热膨胀性。对易燃液体来说，蒸气压力越大，表明蒸发速度越快，蒸发在气相空间的蒸气分子数目就越多，故闪点越低，火灾危险性就越大。

4. 流动性

流动性是任何液体的通性，由于易燃液体易着火，故其流动性的存在就更增加了火灾危险性。如易燃液体渗漏会很快向四周扩散，由于毛细管和浸润作用，能扩大其表面积，加快挥发速度，提高空气中的蒸气浓度，易于起火蔓延。

5. 带电性

多数易燃液体是电介质，在灌注、输送、喷流过程中能够产生静电，当静电荷聚集到一定程度，则放电发火，有引起着火或爆炸的危险。液体的带电能力取决于介电常数和电阻率。一般地，介电常数小于 10（特别是小于 3）、电阻率大于 $10^6 \Omega \cdot cm$ 的易燃液体都有较大的带电能力。

6. 毒害性

易燃液体大都本身或其蒸气具有毒害性，有的还有刺激性和腐蚀性。其毒害性的大小与其本身化学结构、蒸发的快慢有关。不饱和烃类化合物、芳香族烃类化合物和易蒸发的石油产品比饱和的烃类化合物、不易蒸发的石油产品的毒害性要大。

四、易燃固体、易于自燃的物质、遇水放出易燃气体的物质

1. 易燃固体的危险特性及影响因素

（1）易燃固体的危险特性　易燃固体物质的主要特性是容易被氧化，受热容易分解或升华，遇明火常会引起强烈连续的燃烧。由于化学组成和结构不同，其燃烧现象亦有所不同。

（2）影响易燃固体危险特性的因素　影响易燃固体危险特性的因素除与其本身的化学组成和分子结构有关外，还与下列因素有关。

a. 单位体积的表面积。同样的固体物质，单位体积的表面积越大，其火灾危险就越大；反之则小。

b. 热分解温度。由多种元素组成的固体物质，如硝化纤维及其制品、硝

基化合物、某些合成树脂和棉花等，其火灾危险性还取决于热分解温度。一般规律是：热分解温度越低，燃速越快，火灾危险性就越大；反之则越小。

c. 含水率。固体的含水率不同，其燃烧性也不同。如硝化棉含水率在35％以上时，就比较稳定；若含水率在20％就有着火危险，稍经摩擦、撞击或遇其他火种作用，都易引起着火。又如二硝基苯酚，干的或未浸湿时有很大的爆炸危险性，所以列为爆炸品管理；但含水率在15％以上时，就主要表现为着火而不易发生爆炸，故列为易燃固体管理。若二硝基苯酚完全溶解在水中时，其燃烧性能大大降低，主要表现为毒害性，所以将这样的二硝基苯酚列为毒害品管理。

2. 易于自燃的物质的危险特性及影响因素

（1）易于自燃的物质的危险特性　易于自燃的物质的危险特性主要表现在以下几个方面：

a. 遇空气氧化自燃性。易于自燃的物质大部分非常活泼，具有极强的还原性，接触空气后能迅速与空气中的氧化合，并产生大量的热，达到其自燃点而着火，接触氧化剂和其他氧化性物质反应更加强烈，甚至爆炸。

b. 遇湿易燃危险性。硼、锌、锑、铝的烷基化合物为自燃物品，化学性质非常活泼，具有极强的还原性，遇氧化剂、酸类反应剧烈。除在空气中能自燃外，遇水或受潮还能分解而自燃爆炸。如三乙基铝在空气中能氧化而自燃，三乙基铝遇水还能发生爆炸。

c. 积热自燃性。硝化纤维胶片、废影片、X光片等，这类物品本身含有硝基根，化学性质不稳定，在常温下就能缓慢分解，慢到用普通方法无法观测，产生的热量也较少，在通风较好的条件下产生的热量能够及时散失到周围介质中，故不会有自燃危险。但当堆积在一起或通风不好时，分解反应产生的热量无法散失，放出的热量越积越多，便会自动升温，达到其自燃点而自燃，火焰温度可达1200℃。

（2）影响自燃的因素

a. 氧化剂。易于自燃的物质必须在一定的氧化介质中才能发生自燃，有些易于自燃的物质由于本身含有大量的氧，在没有外界氧化剂供给的条件下也会氧化分解直至自燃起火。物质分子中含氧越多，越易发生自燃。

b. 温度。温度升高能加速易于自燃的物质的氧化反应速率，加快自燃。

c. 湿度。湿度对易于自燃的物质有着明显的影响，因为一定的水分能起到促使生物过程的作用和积热作用，可加速易于自燃的物质的氧化过程而自燃。如硝化纤维及其制品和油纸、油布等浸油物品，在有一定湿度的空气中均会加速氧化反应，造成温度升高而自燃。

d. 含油量。对涂（浸）油的制品，如果含量小于3％，氧化过程中放出的热量少，一般不会发生自燃。因此，在危险化学品管理中，对于含油量小于3％的涂油物品不列入危险化学品管理。

e. 杂质。某些杂质的存在，会影响易于自燃的物质的氧化过程，使自燃的危险加大。如浸油的纤维含有金属粉末时就比没有金属粉末时易自燃。绝大多数易于自燃的物质与残酸、氧化剂等氧化性物质接触，会很快引起自燃。

f. 其他因素。除上述因素外，易于自燃的物质的包装、堆放等对其自燃性也有影响。如油纸、油布严密包装、紧密卷曲、折叠堆放，都会因积热不散、通风不良而引起自燃。

（3）物质自燃的热量来源 物质自发反应放出的热量，也叫自行放热，包含物质反应放出的氧化热、分解热、水解热、聚合热、发酵热等多种放热效应，其中由氧化热、分解热和发酵热引起的自燃事故较多。

3. 易于自燃的物质的危险特性

遇水放出易燃气体的物质都具有遇水分解、产生可燃气体和热量、引起火灾的危险或爆炸性。这类物质引起着火有两种情况：一是遇水发生剧烈的化学反应，释放出的高热能把反应产生的可燃气体加热至自燃点，不经点燃也会着火燃烧，如金属钠、碳化钙等；二是遇水能发生化学反应，但释放出的热量较少，不足以把反应产生的可燃气体加热至自燃点，当可燃气体接触火源时也会立即着火燃烧，如氢化钙、保险粉等。

五、氧化性物质和有机过氧化物

1. 氧化性物质的危险性

（1）强烈的氧化性 氧化性物质多为碱金属、碱土金属的盐或过氧化基组成的化合物。其特点是氧化价态高，金属活泼性强，易分解，有极强的氧化性，本身不燃烧，但与可燃物作用能发生着火和爆炸。

（2）受热撞击分解性 在现行列入氧化性物质管理的危险化学品中，除有机硝酸盐类外，都是不燃物质，但当受热、被撞或摩擦时分解出氧，若接触易燃物、有机物，特别是与木炭粉、硫黄粉、淀粉等混合时，能引起着火和爆炸。

（3）可燃性 绝大多数氧化性物质是不燃的，但也有少数具有可燃性，主要是有机硝酸盐类，如硝酸胍、硝酸脲等。另外，还有过氧化氢尿素、高氯酸醋酐溶液、二氯异氰尿素或三氯异氰尿素、四硝基甲烷等。这些有机氧化性物质不仅具有很强的氧化性，与可燃性物质相结合都可引起着火或爆炸，而且本身也可燃。也就是说，这些氧化性物质不需要外界的可燃物参与即可燃烧。

（4）与可燃液体作用自燃性　有些氧化性物质与可燃液体接触能引起自燃。如高锰酸钾与甘油或乙二醇接触、过氧化钠与甲醇或醋酸接触、铬酸与丙酮或香蕉水接触等，都能自燃起火。在储存这些氧化性物质时，一定要与可燃液体隔绝，分仓储存，分车运输。

（5）与酸作用分解性　氧化性物质遇酸后，大多数能发生反应，而且反应常常是剧烈的，甚至引起爆炸。如过氧化钠、高锰酸钾与硫酸，氯酸钾与硝酸接触都十分危险。混合反应后生成的过氧化氢、高锰酸、氯酸等都是一些性质很不稳定的氧化剂，极易分解出氧，易引起着火或爆炸。

（6）与水作用分解性　有些氧化性物质，特别是活泼金属的过氧化物，遇水或吸收空气中的水蒸气和二氧化碳能分解放出原子氧，致使可燃物质燃爆。如过氧化钠与水和二氧化碳的反应放出活性很高的原子氧；漂粉精（主要成分是次氯酸钙）吸水后，不仅能放出氧，还能放出大量的氯；高锰酸锌吸水后形成的液体，接触纸张、棉布等有机物，能立即引起燃烧。

（7）强氧化剂与弱氧化剂作用分解性　中强氧化性物质与弱氧化性物质接触能发生复分解反应，产生高热而引起着火或爆炸。因为弱氧化性物质虽然具有氧化性，但遇到比其氧化性强的氧化性物质时，又呈还原性。

（8）腐蚀毒害性　不少氧化性物质具有一定的毒性和腐蚀性，能毒害人体、烧伤皮肤，储运中要注意防护。

2. 有机过氧化物的危险特性

（1）分解爆炸性　由于有机过氧化物都含有过氧基—O—O—，该基团极不稳定，对热、震动、冲击或摩擦都极为敏感，所以当受到轻微的外力作用时即分解。如过氧化二乙酰，纯品制成后存放 24h 就可能发生强烈的爆炸；过氧化二苯甲酰含水率在 1% 以下时，稍有摩擦即能引起爆炸；过氧化二碳酸二异丙酯在 10℃ 以上时不稳定，达到 17.22℃ 时即分解爆炸；过氧乙酸（过醋酸）纯品极不稳定，在 -20℃ 时也会爆炸，浓度大于 45% 的溶液在存放过程中仍可分解出氧气，加热至 110℃ 时即爆炸。

（2）易燃性　有机过氧化物不仅极易分解爆炸，而且特别易燃，有的非常易燃。如过氧化叔丁醇的闪点为 26.67℃，过氧化二叔丁酯的闪点只有 12℃。有机过氧化物当受热、与杂质（如酸、重金属化合物、胺等）接触或摩擦、碰撞而发热分解时，可能产生有害或易燃气体或蒸气，许多有机过氧化物易燃，而且燃烧迅速而猛烈，当封闭受热时极易由迅速的爆燃转为爆轰。

（3）伤害性　有机过氧化物的伤害性体现在特别容易伤害眼睛，如过氧化环己酮、叔丁基过氧化氢、过氧化二乙酰等，都对眼睛有伤害作用。其中有些与眼睛即使短暂接触，也会对角膜造成严重的伤害。因此，应避免眼睛接触有机过氧化物。

3. 混合危险性物质

（1）氧化剂和还原剂的混合　当强氧化剂与还原剂混合时，容易发生混合危险或形成爆炸性危险性混合物。常见的无机氧化剂有硝酸盐、亚硝酸盐、氯的含氧酸盐、高锰酸盐、过氧化物、发烟硫酸、浓硫酸、浓硝酸、发烟硝酸、液氧、氧气、液氯、卤素单质和氮氧化合物等。常见的还原剂（可燃剂）有苯胺类、醇、醛、醚、有机酸、石油产品、木炭、金属粉及有机高分子化合物等。

（2）生成不稳定物质的混合　大多数氧化剂遇酸分解，反应是很猛烈的，能引起燃烧或爆炸。强酸（如硫酸）和氯酸盐、高氯酸盐等混合时，能够生成氯酸、高氯酸等游离酸或无水的 Cl_2O_5、Cl_2O_7 等。它们具有极强的氧化性，若与有机物接触，则会发生爆炸。

（3）氧化剂与酸混合时也可发火　通常情况下，氧化剂与酸混合时，会放出毒性及刺激性气体，所以氧化剂不得与酸一起放置。常温下，小量氧化剂与还原剂（可燃剂）相混时看不出放热。但是大量氧化剂（如过硫酸铵、漂白粉等）与还原剂相混，会因反应积热而发火。

六、毒性物质

1. 毒害性

（1）中毒的途径　毒性物质的主要危险性是毒害性。毒害性则主要表现为对人体及动物的伤害。但伤害是有一定途径的。引起人体及动物中毒的主要途径是呼吸道、消化道和皮肤三个方面。

（2）影响毒害性的因素　毒性物质毒害性的大小主要取决于它们的化学组成和化学结构。如有机化合物的饱和程度对毒害性有一定的影响，乙炔的毒害性比乙烯大，乙烯的毒害性比乙烷大等。有些毒性物质毒害性的大小，则与分子上烃基的碳原子数有关。

2. 火灾危险性

（1）遇湿易燃性　无机毒性物质中金属氰化物和硒化物本身不燃，但都有遇湿易燃性。如钾、钠、钙、锌、银、汞、铜等金属的氰化物，遇水或受潮都能放出极毒性且易燃的氰化氢气体；硒化镉遇酸或酸雾能放出易燃且有毒的硒化氢气体。

（2）氧化性　在无机毒性物质中锑、汞和铅等金属的氧化物大都本身不燃，但都具有氧化性。如五氧化二锑本身不燃，但氧化性很强，380℃时即分解；四氧化铅、红色氧化汞、黄色氧化汞等本身都不燃，但都是弱氧化剂，与可燃物接触后，易引起着火或爆炸，并产生毒性极强的气体。

（3）易燃性　在《危险货物品名表》所列的1049种毒性物质中有很多是透明或油状的易燃液体，有的是低闪点或中闪点液体。如溴乙烷闪点小于−20℃，三氟丙酮闪点小于−1℃，三氟醋酸乙酯闪点为−1℃，异丁基腈闪点为3℃，四羰基镍闪点小于4℃。卤代烷及其他卤代物如卤代醇、卤代醛、卤代酯类，以及有机磷、硫、氯、砷、硅、腈、胺等都是甲、乙或丙类液体，这些物质既有相当的毒害性，又有一定的易燃性。

（4）易爆性　毒性物质当中的芳香族含2、4两个硝基的氯化物，萘酚、酚钠等化合物遇高热、撞击等都可引起爆炸，并分解出有毒气体。如2,4-二硝基氯化苯毒性很高，遇明火或受热至150℃以上有引起爆炸或着火的危险性。

七、放射性物质

放射性物质系指放射性比活度大于7.4×10^4Bq/kg的物品，或大于0.002μCi/g的物品。比活度是指单位质量放射性核素的活性，对于一种放射性核素均匀分布的物质来说，是指该物质的每单位质量的活度。

1. 放射性

放射性物质可放出α射线、β射线、γ射线、中子流，各种放射性物品放出射线种类和强度不尽一致。人体受到各种射线照射时，因射线性质不同而造成的危害程度也不同。如果上述射线从人体外部照射时，β射线、γ射线和中子流对人的危害很大，剂量大时易使人患放射病，甚至死亡。

2. 毒害性

许多放射性物质毒性很大，如钋210、镭226、镭228、钍228、钍230等都是剧毒的放射性物质，钠22、钴60、锶90、碘131、铅210等为高毒的放射性物质，均应注意。

3. 不可抑制性

不能用化学方法中和使其不放出射线，而只能设法把放射性物质清除，或者用适当的材料予以吸收屏蔽。

4. 易燃性

放射性物质除具有放射性外，多数具有易燃性，有的燃烧十分强烈，甚至引起爆炸。如独居石遇明火能燃烧；硝酸铀、硝酸钍等遇高温分解，遇有机物、易燃物都能引起燃烧，且燃烧后均可形成放射性灰尘，污染环境，危害人体健康。

5. 氧化性

有些放射性物质不仅具有易燃性，而且大部分兼有氧化性。如硝酸铀、硝酸钍都具有氧化性。硝酸铀的醚溶液在阳光的照射下能引起爆炸。

八、腐蚀性物质

腐蚀性物质系指能灼伤人体组织，并对金属等物品造成损坏的固体或液体。腐蚀性物质挥发的蒸气能刺激眼睛、黏膜，吸入会中毒，有些腐蚀性物质还具有可燃性和易燃性。

腐蚀性物质的危险特性主要表现为以下三个方面。

1. 腐蚀性

（1）对人体的伤害　腐蚀性物质的形态有液体和固体（晶体、粉状）。当人们直接接触这些物品后，就会引起灼伤或发生破坏性创伤，以至溃疡等。

（2）对有机物质的破坏　腐蚀性物质能夺取木材、衣物、皮革、纸张及其他一些有机物质中的水分，破坏其组织成分，甚至使之炭化。如有时封口不严的浓硫酸坛中进入杂草、木屑等有机物，浅色透明的酸液会变黑，就是这个道理。

（3）对金属的腐蚀性　在腐蚀性物质中，不论是酸性还是碱性，对金属均能产生不同程度的腐蚀作用。但浓硫酸不易与铁发生作用。不过，当储存日久，吸收空气中的水分后，浓度变稀时，也能继续与铁发生作用，使铁受到腐蚀。

2. 毒害性

在腐蚀性物质中，有一部分能挥发出有强烈腐蚀和毒害性的气体，如溴素、氟化氢等。氟化氢在空气中浓度达到 $0.05\%\sim0.025\%$ 以上时，即使短时间接触，也是有害的。甲酸在空气中的最高允许浓度为 5×10^{-6}。又如硝酸挥发的二氧化氮气体、发烟硫酸挥发的三氧化硫气体等，都对人体有相当大的毒害作用。

3. 火灾危险性

（1）氧化性　无机腐蚀性物质大都本身不燃，但都具有较强的氧化性，有的还是氧化性很强的氧化剂，与可燃物接触或遇高温时，都有着火或爆炸的危险。如硫酸、浓硫酸、发烟硫酸、三氧化硫、硝酸、发烟硝酸、氯酸（浓度 40% 左右）、溴素等无机腐蚀性物质的氧化性都很强，与可燃物如甘油、乙醇、木屑、纸张、稻草、纱布等接触，都能氧化自燃而起火。

（2）易燃性　有机腐蚀性物质大都可燃，且有的非常易燃。如有机酸性腐蚀性物质中的溴乙酸闪点为 $1℃$；硫代乙酰闪点小于 $1℃$；甲酸、冰醋酸、甲基丙烯酸、苯甲酰氯、己酰氯等遇水易燃，其蒸气可形成爆炸性混合物。有机碱性腐蚀性物质甲基肼在空气中可自燃；1,2-丙二胺遇热可分解出有毒的氧化氮气体。其他有机腐蚀性物质，如苯酚、甲酚、甲醛、松焦油、焦油酸、苯硫酚、蒽等，不仅本身可燃，且都能蒸发出有刺激性或有毒的气体。

（3）遇水分解易燃性　有些腐蚀性物质，特别是多卤化合物如五氯化磷、五氯化锑、五溴化磷、四氯化硅、三溴化硼等，遇水分解、放热、冒烟，放出具有腐蚀性的气体，这些气体遇空气中的水蒸气可形成酸雾。氯磺酸遇水猛烈分解，可产生大量的热和浓烟，甚至爆炸；有的腐蚀性物质遇水能产生高热，接触可燃物时会引起着火，如无水溴化铝、氧化钙等；更加危险的是烷基醇钠类，本身可燃。

九、杂项危险物质和物品

危险物质是指《国际海运危险货物运输规则》第 9 类危险货物，包括在运输中会产生其他类别不包括的危险的物质、温度等于或超过 $100℃$ 的液态物质、温度等于或超过 $240℃$ 进行运输或交付运输的固体、物质本身是或含有一定量已列入《经修正的 MARPOL1973/1978》附则三的海洋污染物的物质。危险物质的级别和组别是根据其性能参数来划分的[16]，这些性能参数包括：危险物质的闪点、燃点、引燃温度、爆炸极限、最小点燃电流比、最小引燃能量、最大试验安全间隙等。如腐蚀性物质、易爆物质、放射性物质、致癌物质、诱变物质、致畸物质或危害生态环境的物质等。

参考文献

[1] 刘海娜，曹健，王黎. 国内外危险化学品安全管理比对分析 [J]. 环境保护与循环经济，2014，(7)：73-75.

[2] 曲艳东，李瑞勇，翟诚，等. 国内外危险化学品安全管理体系探讨 [J]. 中国安全生产科学技术，2009，(5)：42-45.

[3] 甘学. 危险化学品仓库的安全管理策略研究 [J]. 煤炭与化工，2015，38 (6)：158-160.

[4] 陈金合，慕晶霞，李永兴，等. 国内危险化学品管理概述 [J]. 安全、健康和环境，2011，(12)：38-40.

[5] 李云. 天津市危险化学品安全管理情况调查及对策建议 [J]. 化工管理，2015，(26)：1-2.

[6] 曹敬灿，梁文艳，张立秋，等. 危险化学品污染事故统计分析及建议研究 [J]. 环境科学与技术，2013，36 (12)：428-431.

[7] 刘丽. 危险化学品企业安全生产管理常见问题及对策分析 [J]. 科技创新与应用，2015，(21)：280.

[8] 熊武一，周家法，等. 军事大辞海·下 [M]. 北京：长城出版社，2000.

[9] 张桥. 卫生毒理学 [M]. 北京：人民卫生出版社，2003.

[10] 袁世全，冯涛. 中国百科大辞典 [M]. 北京：华夏出版社，1990.

[11] 叶少剑，黄念芳. 戊巴比妥钠多种药理效应的阈剂量观察 [J]. 实验与实习，2014，24 (32)：94-95.

[12] 谭家磊，宗若雯，支有冉. 油罐扬沸火灾热辐射危害研究 [J]. 安全与环境学报，2009，9 (1)：130-134.

[13] 周志俊. 化学毒物危害与控制 [M]. 北京：化学工业出版社，2007.

[14] 张晓蕾. 2014—2016 年我国化学品事故统计分析研究 [J]. 石化技术，2018，25 (12)：13-15.

[15] 马良，杨守生. 危险化学品消防 [M]. 北京：化学工业出版社，2005.

[16] 马广文. 交通大辞典 [M]. 上海：上海交通大学出版社，2005.

第三章

危险化学品防火原理及措施

第一节　燃烧控制

对于危险化学品，从燃烧理论上讲，控制点火源、可燃物和助燃物其中的一种便可以控制其火灾爆炸事故的发生。但在实践中，由于受到生产、运输以及储存等方面的限制，只对点火源、可燃物和助燃物其中的一种采取控制措施是远远不够的，往往需要采取两方面甚至全方面措施进行控制，以提高安全度。此外，还应考虑一些额外的辅助措施，旨在降低危险化学品火灾爆炸事故发生时的危害，最大限度地减少损失[1]。

一、点火源的控制

在危险化学品的防火防爆工作中，为了更好地促进安全技术水平的提升，在控制火灾爆炸危险物基础上还应切实注重点火源控制，由于整个危险化学品生产中可能遇到的点火源较多，这就需要紧密结合实际情况切实强化安全处理。点火源主要分为四大类：第一类是化学热源，主要是由化学反应所释放的热量而形成的火源；第二类是机械火源，主要是机械物理做功时产生的热量而形成的热源；第三类是热火源，主要是由热量的传导所致；第四类是电火源，主要是由电火花而形成的点火源。

1. 对明火进行严格的消除和控制

明火是指真正在自然界燃烧的火，也是可以看见的火，如生产、生活中的炉火、烛火、焊接火、烟头火、撞击火、摩擦打火、机动车辆排气管火星以及烟囱飞火等。这些明火是危险化学品火灾爆炸事故的常见原因，故必须对其加以严格的消除和控制，主要措施和方法有：

（1）对在危险化学品生产厂区内存在的以及可能存在明火的部位建立健全各种明火使用、管理和责任制度，并认真实施检查和监督。

（2）对于甲、乙、丙类生产车间、仓库等位置应严禁动用明火，如果需要使用明火时，应经过安全保卫部门或者防火责任人的批准，并需在使用过程中严格落实各项防范措施。

（3）使用气焊、电焊、喷灯等进行施工作业时，焊接地点应与易燃易爆危险场所保持一定的距离；若需在内部进行焊接时，必须按危险等级办理相关证件，并需准备好灭火器材以及采取相应的防护措施，在确保安全的情况下才可进行施工作业。

（4）维修用火主要是指焊割及熬炼用火等，需加强对维修用火的管控。

（5）为防止烟囱飞火导致易燃易爆危险品产生火灾或爆炸的危险，在生产过程中，物料需充分燃烧，烟囱应达到足够的高度，必要时应对其安装火星熄灭器。

2. 对撞击火花和摩擦热进行控制

撞击产生火花是由于高速运动的物体存在着能量，即动能，较为坚硬的物体速度达到一定值时如发生撞击，伴随着物体运动速度快速降低，动能迅速转化为内能，如果不能快速以热量的形式散发出去，可能在短时间内产生高温，能量集中就会以火花的形式表现出来。上述情况可能产生大量热量，其产生的热量超过大多数可燃物的最小点火能量，足以点燃可燃性气体、蒸气和粉尘等物质，从而成为点火源，故应严加防范，主要防范措施有：

（1）当金属机件摩擦、钢铁工具相互撞击或与地面撞击时可产生火花，引起火灾爆炸事故。在相关作业过程中应小心谨慎地使用金属以及铝合金装备、器具，严禁在未保证安全的条件下进行搬运或者拆迁大机电设备，对待小件工具物品也要做到轻拿轻放。在有爆炸危险的甲、乙类生产厂房内，禁止穿带钉子的鞋，铺筑地面材料时选择使用磨、碰、撞击不产生火花的材料。

（2）在金属导管或容器受到外界撞击或者内部压力不均衡而导致突然开裂时，内部可燃的气体或溶液高速喷出，喷出的物质中夹带着铁锈以及其他金属粒子与管壁冲击摩擦升温进而变为高温粒子，产生的能量便可引起火灾爆炸事故。因此，针对易燃易爆危险品生产物料的金属设备系统，在其内外壁表面需进行防锈处理，并需对其定期进行耐压试验，经常性检查其外观完好状况，若发现缺陷，应及时加以处理，以防止危险的发生。

（3）当机械轴承产生缺油、润滑不均的情况时，零件之间会摩擦生热，产生的热量聚集，当附近有可燃物时，会产生着火的危险。故应要求机械轴承等转动部位保持良好的润滑，及时补充润滑油，并需定期处理清扫可燃污垢，以防止火灾的发生。

（4）为防止在倾倒和抽取可燃液体时铁制器皿或工具与金属盖相碰产生碰撞火花引起可燃蒸气燃爆事故的发生，应使用铜锡合金或者铝皮等不易着火的材料将容易产生碰撞火花的部位遮盖起来。搬运盛装易燃易爆化学物品的金属容器时，严禁抛掷、拖拉、摔滚，必要时可加防护橡胶套垫进行预防。

3. 防止和控制高温物体作用

高温物体，一般是指在一定环境中能够向可燃物传递热量并能导致可燃物着火的具有较高温度的物体。在危险化学品生产中，加热装置、高温物料输送管线及机泵等，其表面温度均较高，要防止可燃物落在上面，引燃着火。可燃物要远离高温物体。如果高温管线及设备与可燃物较近，高温表面应有隔热措施。高温物体的表面温度高、体积大、散发热量较多，会引起与其接触的可燃物发生燃烧。预防措施如下：

（1）照明灯具的外壳或表面具有较高的温度，要注意通风、散热，必要时加设隔热保护装置。

（2）高温设备和管道表面应设有隔热保护层。

（3）加热温度超过物料自燃点的工艺过程，应严防物料外泄或空气渗入设备系统。

（4）若在厂房内部散发可燃粉尘、纤维，集中采暖的温度不应过高。

（5）禁止易燃易爆危险化学品与高温设备、管道表面直接接触或距离过近。

4. 防止电气火花

电火花是电极间的击穿放电，电弧则是大量电火花汇集的结果。电气火花是常见的电能转变为热能的点火源。电气火花有：电气线路和电气设备在开关断开、接触不良、短路、漏电时产生的火花，以及静电火花和雷电放电火花等。一般电火花的温度很高，特别是电弧，温度可达 3600～6000℃。

电气火花防范措施主要有：采用安全防爆设备、消除静电、降低接地电阻等。

5. 防止日光照射和聚光作用

当直射的日光通过凸透镜、玻璃瓶或者含有气泡的瓶子时，会使得日光聚集形成高温进而引起可燃物着火。某些化学物质，例如氢和氯、氯和乙烯或含有乙炔的混合物，在日光照射下便可以发生反应，甚至导致爆炸的发生。化学物质乙醚在日光下长时间存放可生成有爆炸危险的过氧化物。危险化学品硝化棉及其制品在较高环境温度下会发生分解聚热，进而引起自燃火灾的发生。若阳光足够充足使得室外温度达到一定程度，储存较低沸点液体的铁桶可能发生爆裂起火。在烈日暴晒下，会使得压缩和液化气体的储罐和钢瓶内部压力产生一定的变化，压力激增引起罐体爆炸进而引发火灾。因此，应采取下列措施加以防范：

（1）不准使用椭形玻璃瓶盛装易燃液体，在使用玻璃瓶储存易燃液体时不准露天放置。

（2）受热易蒸发或者受热易分解的易燃易爆物质严禁露天存放，应当存放在可以遮挡住阳光的库房内部。

（3）乙醚等不可见光的物质必须存放在金属桶内或者暗色的玻璃瓶中，防止分解发生危险，在天气较为炎热的情况下需要进行冷藏储运。

（4）在用食盐电解法制取氯气和氢气时，应当控制在反应过程中产生氯气的量，并需要控制液氯废气中氢的含量，防止氯和氢混合物发生爆炸。在使用电石法制备乙炔时，如果使用次氯酸钠等含氯物质作为清洁剂，其有效氯含量应加以控制。

6. 防止静电

对于化工生产中的静电需要进行特别的防护，主要就是设法消除或者控制静电产生和积累的条件[2]，主要方法有工艺控制法、泄漏法、中和法。

二、可燃物的控制

物质是燃烧的基础，对可燃物进行控制就是使可燃物达不到燃烧或者爆炸所需要的数量、浓度，进而消除发生燃爆的物质基础，以防止或减少火灾和爆炸的发生。

1. 使用难燃和不燃的物质来代替可燃物质

在化工生产中可以在适当的条件下使用不燃的液体代替可燃的液体作为生产过程中的溶剂，也可以使用燃烧性能较差的液体代替易燃溶剂，从而显著提高生产作业过程中的安全性。例如，在溶解脂肪、树脂、油类物质、橡胶类物质或是油漆类物质时，溶剂若选择可燃或易燃的，在使用过程中会产生很大的危险，这种情况下，可以使用四氯化碳来替代危险性较大的溶剂。

2. 爆炸危险场所加强通风

爆炸危险场所是指能够散发可燃气体、蒸气以及粉尘，并容易与空气混合形成爆炸性混合物的场所。为了防止在爆炸危险场所泄漏和扩散的可燃物料不断积累最终达到爆炸极限，需要在这种爆炸危险场所采取有效的通风措施，通风口的位置设置以及通风方式的选择则需要仔细考虑。若可燃气体或蒸气密度与空气相比较小的时候，需要将排风口设置在室内建筑的上部；若可燃气体或蒸气密度与空气相比较大的时候，需要将排风口设置在室内建筑的下部。

3. 对产生的有害杂质以及副反应进行控制

在许多的化学反应中，由于物料本身纯度并不是100％，所以会在其中掺杂着很多的杂质，这些杂质的存在往往会导致副反应的发生，有些副反应会产生一些可燃性气体，导致生成爆炸性混合物进而发生爆炸。故在化工生产过程中，原料内部的杂质是防火安全的重点关注对象。

（1）对原料中的有害杂质进行限制　在生产中所用的原料、半成品等都需要确保其纯度。例如：在使用乙炔和氯化氢生产氯乙烯的过程中，原料氯化氢中就会存留一定量有害的游离氯，这些游离氯会与乙炔发生反应最终生成四氯乙烷并发生着火甚至爆炸，故需要严格控制氯化氢中的游离氯不能超过0.005％。

（2）对反应系统中有害杂质的积累进行控制　在一些反应系统中，在最开始会产生一些杂质，少量存在的这些杂质不会对反应过程造成较大的影响，但是经过长时间的不断积累，会引发爆炸的危险。例如：在甲醇生产中，有一种方法是高压合成，若反应过程中氧气的含量过多会导致整个系统发生剧烈的爆炸，所以在甲醇中氧气的含量不能过多，宜控制在13％以下，在整个循环系统中应当加入一定的惰性介质。在甲醇分离器之后设置放空管，控制排气量以防止其他爆炸性物质的积累。

（3）添加稳定剂保护　生产过程中有些危险性物质在遇到空气中的氧气时会产生燃烧或者爆炸，有的危险品在长时间储存的过程中会自身发生变质，在化学变化中生成一些更加危险的物质。故在生产和储存某些易于自燃和爆炸的物质时可采取添加稳定剂的方法对其进行保护，如在硝化棉的储存过程中，酒精和水可作为其稳定剂；一些危险化学品在常温的条件下呈现液态，例如氰化氢，若其中有水存在，在长时间的存放条件下氰化氢就会生成氨，而氨可以作为催化剂促进聚合反应的发生，在反应过程中会产生聚合热，长时间热量的积累会导致蒸气压的不断上升，最终导致爆炸的发生。所以在储存类似物质的时候需要严格地控制其中的含水量使其低于 1%；为了提高氰化氢的稳定性，通常在储存氰化氢的容器中加入浓度为 0.001%～0.5% 的浓硫酸或是甲酸等酸性物质作为稳定剂，同时需要储存在低温处以防止着火或是爆炸。再如黄磷等物质需要放置在水中，金属钾和钠等物质需要存放于煤油之中等，都是为了防止与空气接触进而发生自燃起火。

（4）注意反应过程中不完全反应物的产生　在化工生产中，注意反应过程中需要使反应物反应完全，若在化工生产中含有较多的未完全反应的物质，很有可能会引起其他副反应，严重的情况下会产生一系列的事故。例如在氯化生产过程中，若没有完全进行反应，则会导致大量一氯化物出现，这些一氯化物在 100℃左右的条件下就会发生异构化反应而分解产生大量的气体和热量，最终可能导致爆炸的发生。

4. 负压操作

在压力增大的过程中，混合气体的爆炸极限也会随之增大，故当将压力减小至"着火临界压力"的时候，便不会发生爆炸。通常负压操作用于以下场合：

（1）在高温条件下易分解、聚合以及结晶的硝基化合物、苯乙烯等物料。

（2）真空过滤有爆炸危险的物质。

（3）减压蒸馏原油，对原油中各种物质进行分离。

（4）负压输送松散、干燥、流动性较好的粉状可燃原料，有利于安全生产。

5. 对物料的投放进行控制

在反应设备中，需要控制好物料的投放，若不进行严格的控制，则会很容易形成爆炸性混合物。例如在氨氧化制取硝酸的生产过程中氨与空气中的氧气按比例混合发生氧化反应，反应的配比就会临近爆炸下限，若对氨或者空气的投放未进行严格的控制，则混合气体会达到爆炸极限甚至发生爆炸。因此，对于这些较为危险的反应，需要详细规划、计算各种物料的投放量，并对反应过程中各种物质的比率进行实时的监控，防止危险的发生。

6. 加强危险物质的消防安全

易燃易爆危险品在生产、储存的过程中，易产生可燃气体，产生的可燃气体会与空气形成爆炸性气体混合物，同时在受热条件下气体容器会产生膨胀爆炸。重点应防止可燃气体的泄漏，或者外部空气进入可燃气体的设备之中；凡是具有可燃气体泄漏危险的场所和设备，需要做到及时通风换气，防止可燃气体不断积累，在遇到火源的时候发生火灾以及爆炸[3]。

三、助燃物的控制

1. 密闭设备

在负压操作期间，若设备密闭性不好，会导致设备外部空气进入设备中，从而达到其爆炸上限，进而发生爆炸的危险。设备密闭性问题的产生部位通常是液位计、取样口、零件交界处以及管道等部位，在检查时，需对以上这几个重点部位进行仔细观察：

（1）保证设备的密闭性。

（2）正确选择密封的形式。

（3）注意对设备进行经常性检查、维护和保养。

2. 惰性气体保护

用惰性气体进行保护是为了防止爆炸性混合物的形成，在危险化学品生产的过程中通常使用的惰性介质除了氮以外还有二氧化碳等。

惰性气体通常适用于下列场合：

（1）易燃固体类的物质需要进行研磨、粉碎以及其他较为危险的处理方式时，可采取惰性气体进行保护。

（2）采取惰性介质对易燃液体进行压送。

（3）具有着火以及爆炸危险的工艺装置、管线等需要使用惰性介质进行保护。

（4）可燃气体混合物在反应过程中加惰性气体进行保护。

（5）对泄漏的易燃物料进行稀释。

（6）使用惰性气体对非防爆型的设备仪器进行保护[4]。

第二节　防爆安全装置

防爆安全装置是为阻止火灾蔓延和爆炸，预防火灾事故所设置的各种防护、检测、控制、联锁、报警等仪表和装置的总称。从作用上对其进行分类可以分为检测仪器（如压力表、真空计、物位计、温度计、流量计、酸度计、密度计及超压报警装置等）、阻火装置（如阻火器、安全液封、回火防止器、蒸汽幕、水幕、惰性气体幕等）、防爆泄压装置（如安全阀、呼吸阀、爆破片、放空管、通气孔等）、联锁装置（如紧急切断阀、止逆阀等）、紧急制动、组分控制装置（如气体组分控制装置、危险气体自动检测装置等）等。防爆安全装置是保证安全生产、正常运行的关键[5]。

一、阻火装置

阻火装置包括安全液封、水封井、阻火器、单向阀等，其作用是防止外部火焰蹿入有着火爆炸危险的设备、管道、容器内或防止火焰在设备和管道间扩展蔓延[6]。

1. 安全液封

安全液封阻止火灾蔓延的原理是让液体在进出气管之间，此时在液封两侧的任意一侧着火后，火焰无法继续传播，会在液封处被熄灭。通常安全液封分为两种，分别是敞开式和封闭式。

安全液封的管理使用要求：

（1）液封介质在冬季有可能结冻，应采取防冻措施，如加设保温管、添加防冻液等方法。止逆阀要采用防锈蚀金属制造，且材质不能与液体反应，水封外壳表面也应防止锈蚀。

（2）安全液封内的液位应根据设备内的压力保持规定高度，使用中要经常检查液位。

（3）在封闭式安全液封中的气体流动与敞开式安全液封大概相同，只是与大气不相互连通。

2. 水封井

水封井的原理是利用介质密度不同或封隔区域内外压力差异达到隔离目的，其作用主要有两方面：其一是隔离封堵，防止隔离介质漫流或外部介质混入，以达到防止环境污染或防火防爆作用；其二是起到安全保护的作用，相当于安全阀。为防止火势在工业下水道内蔓延扩大，各生产车间、装置、单元、建构筑物、罐组、管沟及电缆沟等下水道出口处，工业生产装置的围堰下水道出口及下水道的支管与干管连接处均应设置安全水封井；油罐组的水封井应设在防火堤外；建筑物内由于防火防爆的要求不同而分隔开不同的房间时，每个房间的下水道出口应单独设置水封井。

3. 阻火器

阻火器是用来阻止易燃气体和易燃液体蒸气火焰蔓延的一种安全装置。一般安装在输送可燃气体的管道中，或者通风的槽罐上。主要是由能够通过气体的许多细小、均匀（或不均匀）的通道（或孔隙）的不燃性固体材料组成，结构简单，安装方便，造价低廉，因此应用比较广泛[6]。

阻火器主要由壳体和滤芯两部分组成。壳体应具有足够的强度，以承受爆炸产生的冲击压力。滤芯是阻止火焰传播的主要构件，常用的有金属网型滤芯和波纹型滤芯两种。金属网型滤芯用直径 0.23~0.315mm 的不锈钢网或铜网多层重叠组成。国内的阻火器通常采用 16~22 目金属网，有 4~12 层。阻火器一般采用铸铁和含镁量不大于 0.5%的铸铝合金制成，也可按设计要求采用其他材料；安装于管道中的阻火器壳体应采用铸钢焊接，阻火器芯件和安装于管道中的阻火器芯壳及芯件压环应采用不锈钢材料；安装于管端的阻火器芯壳及芯件压环，宜采用铸铁或铸铝。

阻火器的工作原理：

（1）传热作用　燃烧所需要的必要条件之一就是要达到一定的温度，即着火点。低于着火点，燃烧就会停止。依照这一原理，只要将燃烧物质的温度降到其着火点以下，就可以阻止火焰的蔓延。当火焰通过阻火元件的许多细小通道之后将变成若干细小的火焰。设计阻火器内部的阻火元件时，则尽可能扩大细小火焰和通道壁的接触面积，强化传热，使火焰温度降到着火点以下，从而阻止火焰蔓延[5]。

（2）器壁效应　燃烧与爆炸并不是分子间直接反应，而是受外来能量的激发，分子键遭到破坏，产生活化分子，活化分子又分裂为寿命短但却很活泼的自由基，自由基与其他分子相撞，生成新的产物，同时也产生新的自由基再继续与其他分子发生反应。当燃烧的可燃气通过阻火元件的狭窄通道时，自由基与通道壁的碰撞概率增大，参加反应的活性自由基数量将会减少。

阻火器通道尺寸减小，自由基与反应分子之间的碰撞概率随之减小，而自由基与通道壁的碰撞概率反而增大，这样就促使自由基反应减弱。当通道尺寸减小到某一数值时，这种器壁效应就造成了火焰不能继续传播的条件，火焰即被阻止。因此，器壁效应是防止火焰的主要机理[5]。

阻火器按照的结构形式分类[6]，具体如表 3-1 所示。

表 3-1　阻火器分类表

阻火器类型	结构特点	优点	缺点	适用范围
金属网型	阻火层由单层或多层不锈钢丝网重叠起来组成	结构简单,容易制造,造价低	阻爆范围小,其阻火层易损害从而失去阻火能力,不易烧损	石油储罐、输气管道、油轮
波纹型	阻火层通常使用不锈钢或者铜镍合金压制形成波纹状分层组装而成	使用范围广,结构较简单,流体阻力小,能阻止爆燃火焰,易于置换和清洗	造价较高	石油储罐、油气回收系统、气体管道

阻火器类型	结构特点	优点	缺点	适用范围
填料型	阻火层由粒状材料堆积而成,填充材料可采用砾石、沙粒、卵石、玻璃球或铁屑等	孔隙小,结构简单,易于制造	阻力大,易于阻塞,质量大	化工厂反应器,氢、乙炔等可燃气体管道
泡沫金属填充型	阻火层用泡沫金属制成	阻爆性能好,体积小,易于制造,便于安装	检查孔隙困难,孔隙度不易达到要求	石油化工系统
多孔板型	阻火层由不锈钢板水平方向重叠而成,板上有细小缝隙或孔隙,形成规则的孔道	阻爆性能好,机械强度高,易清洗,结构比较简单	耐烧性差,质量大,阻力大,造价较高,不能承受猛烈爆炸	汽车、柴油机排气系统
平行板型	阻火层由不锈钢薄板垂直平行排列而成,板间隙在0.3~0.7mm间,多细小通道	能承受较猛烈的爆炸,易于制造和清扫	体积较大,流阻较大	内燃机排气系统

二、防爆泄压装置

防爆泄压装置主要包括安全阀、爆破片、防爆门、防爆球阀等。它们的作用是及时缓解由于各种原因所产生的超压现象,减小设备内部压力、迅速泄压,无明显的滞后现象,这就要求装置的排气量大于安全泄放量。这几种设备有时单独使用,也有时集中共同使用,应该根据实际情况和实际工作中的物料反应特性、物理化学性质、设备的重要性等情况来确定。

1. 安全阀

阀门的种类很多,一般是起到开关的作用,安全阀是阀门里较特殊的一种,不仅起到开关的作用,同时也是防止压力设备和容器或易引起压力升高的设备或容器内部压力超过限度而发生爆裂的安全装置。其功能主要是排放泄压,在系统中起安全保护作用,当系统压力超过规定值时,安全阀打开,将系统中的一部分气体或流体排入大气或管道外,使系统压力不超过允许值,从而保证系统不因压力过高而发生事故。

安全阀的分类方式有很多种,按其整体结构及加载机构的不同可以分为重锤杠杆式、弹簧微启式和脉冲式三种。按照介质排放方式的不同,安全阀又可以分为全封闭式、半封闭式和开放式三种。按照阀瓣开启的最大高度与安全阀流道直径之比来划分，安全阀又可分为弹簧微启封闭高压式和弹簧全启式两种。按作用原理分类，可以分为直接作用式和非直接作用式。按压力是否能调节分类，可分为固定不可调式和可调式。也可以按照工作温度进行分类。最常用的是按照整体结构及加载机构分类的方式，下面对其进行介绍。

（1）重锤杠杆式安全阀 重锤杠杆式安全阀是利用重锤和杠杆以平衡作用在阀瓣上的力。根据杠杆原理，它可以使用质量较小的重锤通过杠杆的增大作用获得较大的作用力，并通过移动重锤的位置（或变换重锤的质量）来调整安全阀的开启压力。

（2）弹簧微启式安全阀 弹簧微启式安全阀是利用弹簧的压力作为加载荷载，通过调整落幕来调节螺旋圈形弹簧的压缩量，利用这种结构就可以根据需要校正安全阀的开启（整定）压力。

弹簧微启式安全阀的结构轻巧，灵敏度较高，安装位置没有特殊限制，而且可用于移动式的压力容器上，其对振动的敏感性小。但这种安全阀在开启过程中会对所加的载荷造成影响，即随着阀瓣的升高，弹簧的压缩量增大，作用在阀瓣上的力也跟着增加，这就影响了阀的迅速开启。除此之外，阀上的弹簧还会由于长期受高温的影响而使弹性模量降低，导致弹力减小。而且在用于温度较高的容器上时，常常要考虑弹簧的隔热或散热问题，从而使结构变得复杂起来。

（3）脉冲式安全阀 脉冲式安全阀由主阀和辅阀构成，通过辅阀的脉冲作用带动主阀动作，其结构复杂，因此应用范围较小，通常只适用于安全泄放量很大的锅炉和压力容器。

安全阀应根据工作压力和工作温度的高低、承压设备的结构、介质流量的大小及危险特性来确定。阀门安装位置、高度、进出口方向必须符合设计要求，注意介质流动的方向应与阀体所标箭头方向一致，连接应牢固紧密。阀门安装前必须进行外观检查，阀门的铭牌应符合现行《工业阀门 标志》（GB/T 12220—2015）的规定。对于工作压力大于 1.0MPa 及在主干管上起到切断作用的阀门，安装前应进行强度和严密性试验，合格后方准使用。强度试验时，试验压力为公称压力的 1.5 倍，持续时间不少于 5min，阀门壳体、填料应无渗漏，才可认定为合格。严密性试验时，试验压力为公称压力的 1.1 倍，试验持续时间应符合 GB 50243—2016 的要求。同时各种安全阀都应垂直安装。大型液化石油储罐（大于 100m³）顶部的气相空间必须设置两个以上的安全阀，且应采用同一型号和规格，保证罐内压力异常或发生火灾时均能迅速排气，且安全阀开启压力不得大于储罐设计压力的 1.1 倍，全开压力不得大于罐体设计压力的 1.2 倍，而回座压力不应低于开启压力的 0.8 倍。

2. 爆破片

爆破片又叫防爆膜、防爆片，是由爆破片（或爆破片组件）和夹持器（或支承圈）等零部件组成的非重闭式压力泄放装置，爆破片是在标定爆破压力及温度下爆破泄压的元件，夹持器则是在容器的适当部位夹持爆破片的辅助元件。它能在规定的温度和压力下爆破，泄放压力。在设定的爆破压力差下，爆破片两侧压力差达到预设定值时，爆破片即刻动作（破裂或脱落），并泄放流体介质。其广泛应用于化工、石油、轻工、冶金、核电、除尘、消防、航空等工业部门。

爆破片与安全阀不同，无法回复到初始状态，会使操作终止，但它具有良好的密封性、反应迅速、灵敏度高、泄放量大，能适应黏性大、腐蚀性强的介质。

爆破片按照断裂特征和形状，可以将其分为不同类型[6]，具体如表 3-2 所示。

表 3-2　爆破片分类表

类型	拉伸正拱型	失稳反拱型	剪切平板型	弯曲平板型
结构特点	膜片呈拱形凸起，凹面侧受压后，膜片仅受拉伸压应力。介质达到爆破压力时，拱顶中央首先破裂	膜片呈拱形，凸面侧受压后，膜片仅受到压缩应力。介质达到临界压力时，膜片拱顶失稳翻转自行破裂	膜片为平板型，受载后，沿夹持周边被剪切破坏	膜片为平板型，由脆性材料制成，受载后膜片因弯曲破坏
有无碎片	无	无	有	有
压力范围	中、高、超高压	低、中压	低压	低压
温度范围	由膜片材质决定			
相态要求	气、液	气	气、液	气、液
耐疲劳性	良	好	差	差
爆破精度	高	高	中	低
阻力大小	中	大	小	小
加工难易	难	难	易	易
应用范围	广泛	低压	低压	有腐蚀性、低压

3. 组合型防爆泄压装置

组合型防爆泄压装置就是爆破片与安全阀的组合使用装置。爆破片密封性好，不泄漏，在介质为黏稠状时也可以使用，且排放量大，但不可调节，一旦破裂会使介质全部外泄，造成浪费。安全阀的开启与关闭可以调节，动作后可以回到初始状态，但容易泄漏，因此不适用于黏稠介质。所以在某些情况下，应利用安全阀与爆破片组合的复合结构，这种结构可以充分发挥各自的优点。这种组合复叠式结构有两种形式：一种是弹簧式安全阀入口处设置爆破片；另一种是弹簧式安全阀出口处设置爆破片[6]。

4. 防爆门

防爆门是一种用于燃油、煤气和煤粉的燃烧室或加热炉上的防爆装置，用来抵抗偶然发生的爆炸，保障人员生命安全和工业建筑内部设备完好，不受爆炸冲击波危害，有效地阻止爆炸危害的延续。

5. 放空管

放空管就是将容器、管道等设备中危害正常运行和维护保养的介质排放出去而设置的部件。其作用主要有两个：

（1）将生产过程中产生的废气及时排放，用于正常排气。

（2）当发生事故时，设备内反应过于剧烈无法控制时，为防止设备爆炸、超压、超温事故而设置的一种自动或手动的紧急放空装置。

三、常用阀式安全装置

常用阀式安全装置也可叫作紧急制动装置，是当设备和管道发生断裂、填料脱落、操作失误时防止设备或管道内的介质外泄或因物料聚集、分解而造成的超压、超温，作为紧急切断物料的安全装置。

1. 紧急切断阀

紧急切断阀又叫作安全切断阀，在发生火灾、爆炸或可能发生火灾、爆炸等突发情况时，为了防止易燃液体、气体大量泄漏，及时切断进料，防止危害进一步扩大而安装在容器的气相管和液相管出口位置的紧急切断装置。紧急切断阀主要分为弹簧紧急切断阀、蓄电容紧急安全阀、电磁阀。阀门在正常的生产工作中处于常开状态，电磁阀线圈处于断电状态，无电能消耗，当发生事故时阀门线圈瞬时通电，触发阀门进入自锁状态，快速关闭。此时即使撤去电源，阀门仍不会重新自动打开，处于自锁状态。只有当事故处理完毕，人工重开阀门，才能解除阀门自锁状态。

2. 单向阀

单向阀也叫止回或止逆阀，使流体只能沿进水口流动，出水口介质却无法回流，遇到回流时即自动关闭，能有效地防止有压流体在管道中逆向流动。安装单向阀时，应特别注意介质流动的方向，应保证阀体上指示的箭头方向与介质正常流动方向相一致，否则就会截断介质的正常流动。底阀应安装在水泵吸水管路的底端。单向阀关闭时，会在管路中产生水锤压力，严重时会导致阀门、管路或设备的损坏，尤其是大口径管路或高压管路，因此在单向阀选用时应高度注意。

3. 过流阀

过流阀也称快速阀，是一种安全防护装置，通常安装在液化石油气储罐的液相管和气相管出口或汽车、铁路槽车的气、液相出口。弹簧式过流阀的工作原理是：在正常的生产运输过程中，管道内的流量在规定范围内，阀门开启，流体可以顺利从过流阀处通过。当出现特殊情况，如管道内介质大量外泄，此时出口流速便超过正常流速，流速达到规定量的 150%～200%时，流体介质对阀瓣的作用力大于正常状态下弹簧的反作用力，阀瓣压缩弹簧使阀口关闭，从而防止设备、容器内介质大量流出。当险情排除以后，介质再从均压口慢慢流过，一段时间后，阀瓣前后压力相接近，在弹簧的作用下恢复原状，介质正常流过阀门。

4. 防火阀

防火阀是在一定时间内满足耐火稳定性和耐火完整性的要求，一般用于通风管道内阻火的活动式封闭装置。平时处于开启状态，不影响设备的正常使用，当发生火灾，管道内烟气温度达到一定温度时，易熔金属片自动熔断达到自动关闭的目的。

一般防火阀主要设置在以下几个部位：

（1）穿越防火分区处；

（2）穿越通风、空气调节机房的房间隔板和楼板处；

（3）穿越重要或火灾危险性大的房间隔板和楼板处；

（4）穿越防火分隔处的变形缝两侧。

防火阀的设置应该靠近防火分隔处，安装时应在安装部位设置方便维护的检修口，并且在防火阀两侧各 2m 范围内的风管及其相关绝热材料应采用不燃材料。

第三节　不同状态危险化学品防爆措施

一、气体爆炸的预防

一般情况下，火灾起火后火势逐渐蔓延扩大，随着时间的增加，损失急剧增加。对于火灾来说，初期的救火尚有意义。而爆炸则是突发性的，在大多数情况下，爆炸过程在瞬间完成，人员伤亡及物质损失也在瞬间造成。另外，火灾也可能引发爆炸，因为火灾中的明火及高温能引起易燃物爆炸。如油库或炸药库失火可能引起密封油桶、炸药的爆炸；一些在常温下不会爆炸的物质，如醋酸，在火场的高温下有变成爆炸物的可能。爆炸也可以引发火灾，爆炸抛出的易燃物可能引起大面积火灾，如密封的燃料油罐爆炸后由于油品的外泄引起火灾。因此，发生火灾时，要防止火灾转化为爆炸；发生爆炸时，又要考虑到引发火灾的可能，及时采取防范抢救措施[7]。

1. 易燃易爆气体的危险特性

（1）易燃易爆性　可燃气体的主要危险性是易燃易爆，所有处于爆炸极限之内的可燃气体遇到着火源都能发生着火或爆炸，有的可燃气体遇到极微小能量着火源的作用即可引爆。可燃气体在空气中着火或爆炸的难易程度，除受着火源能量大小的影响外，主要取决于其化学组成。化学组成决定着可燃气体的燃烧浓度范围的大小、自燃点的高低、燃烧速度的快慢和发热量的多少。

（2）扩散性　处于气体状态的任何物质都没有固定的形状和体积，且能自发地充满任何容器。由于气体的分子间距大，相互作用力小，所以非常容易扩散。

（3）可缩性和膨胀性　气体的体积会因温度的升降而胀缩，其胀缩的幅度比液体要大得多。

（4）带电性　由静电产生的原理可知，任何物体的摩擦都会产生静电。压缩气体或液化气体也是如此，如氢气、乙烯、乙炔、天然气、液化石油气等从管口或破损处高速喷出时都能产生静电，主要由于气体中含有固体颗粒或液体杂质，在压力下高速喷出时与喷嘴产生了强烈的摩擦。杂质和流速影响流体静电荷的产生。

带电性是评定可燃气体火灾危险性的参数之一，掌握了可燃气体的带电性，可采取相应的防范措施，如设备接地、控制流速等。

2. 爆炸极限的影响因素

各种不同的可燃气体和可燃液体蒸气，由于它们的理化性质不同，因而具有不同的爆炸极限；同一种可燃气体或可燃液体蒸气的爆炸极限，也不是固定不变的，受温度、压力、氧含量、惰性介质、容器的直径等因素的影响[8]。

3. 预防火灾与爆炸事故的基本措施

可燃气体爆炸必须同时具备三个条件：第一，有可燃气体；第二，有空气，并且可燃气体与空气的混合比例必须在一定的范围内；第三，存在火源。

这三个条件缺一则不能发生爆炸。因此，预防可燃气体爆炸的原则包括：严格控制火源；防止可燃气体和空气形成爆炸性混合气体；切断爆炸传播途径，在爆炸开始时及时泄出压力，防止爆炸范围的扩大和爆炸压力的升高。以上原则对防止气体爆轰、液体蒸气爆炸及粉尘爆炸，同样是适用的[9]。

（1）火源的控制与消除　引起火灾的着火源一般有明火、摩擦与冲击、热射线、高温表面、电气火花、静电火花等，严格控制这类火源的使用范围，对防火防爆是十分必要的。

a. 明火。主要是指生产过程中的加热用火、维修电焊用火及其他火源，明火是引起火灾与爆炸最常见的原因，加热易燃物料时，要尽量避免采用明火而采用蒸汽或其他载热体加热。

b. 摩擦与冲击。机器中轴承等转动的摩擦、铁器的相互撞击或铁制工具打击混凝土地面等都可能产生火花，因此，对轴承要保持良好的润滑，危险场所要用铜制工具替代铁器。

c. 热射线。紫外线能够促进某些化学反应的进行；红外线虽然是不可见光，但长时间局部加热也会使可燃物起火；直射阳光通过凸透镜、圆形烧瓶会聚焦，其焦点可成为火源。

（2）爆炸控制　爆炸造成的破坏大多非常严重，科学防爆是非常重要的一项工作。防止爆炸的主要措施如下。

a. 惰性介质保护。化工生产中，用作保护气的惰性气体主要有氮气、二氧化碳、水蒸气等。一般有如下情况时需考虑采用惰性介质保护：易燃固体物质的粉碎、筛选处理及其粉末输送需要惰性介质保护；处理可燃易爆的物料系统，在进料前，用惰性气体进行置换，以排除系统中原有的气体，防止形成爆炸性混合物。

b. 系统密闭，防止可燃物料泄漏和空气进入。为了保证系统的密闭性，对危险设备及系统应尽量采用焊接接头，少用法兰连接；为防止有毒或爆炸性危险气体向容器外逸散，可以采用负压操作系统，对于在负压下进行生产作业的设备，应防止空气吸入；根据工艺温度、压力和介质的要求，选用不同的密封垫圈。

c. 通风置换，使可燃物质达不到爆炸极限。在无法保证设备绝对密封的情况下，应使厂房、车间保持良好的通风条件，使泄漏的少量可燃气体能随时排走，不形成爆炸性的混合气体。在设计通风排风系统时，应考虑可燃气体的密度。对比空气轻（例如氢气）的可燃气体生产与使用场所，应在厂房屋顶设置天窗等排气通道；当可燃气体比空气重时，泄漏气体可能聚积在地沟等低洼地带，与空气形成爆炸性混合气体，在这些地方应采取措施将气体排走。

d. 安装爆炸遏制系统。爆炸遏制系统由能检测出初始爆炸的传感器和压力式的灭火剂罐组成，灭火剂罐通过传感装置动作，在尽可能短的时间里把灭火剂均匀地喷射到需要保护的容器里，燃烧被扑灭，从而控制住爆炸的发生。在爆炸遏制系统里，爆炸燃烧能自行进行检测，并在停电后的一定时间系统能继续进行工作。

二、液体爆炸的预防

各种化工企业，在生产中大量使用易燃、易爆、挥发性液体，如果在生产储存过程中稍有不慎，就会引发火灾事故，造成人员伤亡和财产损失[10,11]。

1. 易燃易爆挥发性液体火灾危险性

（1）燃烧爆炸性　易燃易爆挥发性液体的燃烧爆炸性取决于闪点和爆炸极限。在可燃液体的上方，蒸气与空气的混合气体遇火源发生的一闪即灭的瞬间燃烧现象称为闪燃。在规定的实验条件下，液体表面能够产生闪燃的最低温度称为闪点。液体发生闪燃，是因为其表面温度不高，蒸发速度小于燃烧速度，产生的蒸气来不及补充被烧掉的蒸气，而仅能维持瞬间的燃烧。蒸发汽化过程对液体可燃物的燃烧起决定性作用。闪点是表示可燃液体蒸发特性的重要参数，可用来衡量易燃易爆挥发性液体蒸发特性和燃烧危险性的大小。

（2）自燃性　易燃易爆挥发性液体在没有火源作用下靠外界加热引起的着火现象称为自燃着火。液体的自燃点不是固定的物理性质参数，它不仅与其性质有关，而且还受压力、蒸气浓度、氧含量、催化剂、容器特性等因素的影响。易燃易爆挥发性液体受热至自燃点均能自燃，而且自燃点越低，火灾危险性越大。一般情况下，同系物的自燃点随分子量的增大而降低，这是因为同系物内化学键键能随分子量增大而变小，因而反应速率加快，自燃点降低。

（3）流动扩散性　易燃易爆挥发性液体如有泄漏，会很快向四周流散。由于毛细管效应和浸润作用，能扩大易燃液体表面积，加速蒸发，提高其在空气中的浓度，易起火蔓延。在火场中，液体顺着地势流淌会形成"流淌火"，其流速往往会使现场被困人员及消防救援人员来不及撤退，造成重大人员伤亡。

（4）摩擦带电性　多数易燃易爆挥发性液体都是电介质，像醚、酯、二硫化碳的电阻率都超过 $10^3\,\Omega\cdot cm$，它们在灌注、输送、喷流过程中很容易产生静电荷，如果在以上过程中没有注意接地及时将电荷导走，当静电荷聚集到一定程度，就会放电产生火花，引起易燃易爆挥发性液体的燃烧爆炸。

2. 易燃易爆挥发性液体爆炸的预防

防止易燃易爆挥发性液体火灾和爆炸的措施是根据以下五种技术和原理：

排除火源；排除空气（氧气）；液体储存在密闭的容器或装置内；通风以防止易燃易爆挥发性液体蒸气浓度达到燃烧浓度范围；用惰性气体代替空气。后四种方法都是防止易燃易爆挥发性液体（蒸气）与空气构成燃烧、爆炸混合物[12-14]。这五种方法同时采用，具体的做法如下：

（1）生产、使用、储存易燃易爆挥发性液体的厂房和仓库，应为一、二级耐火建筑，要求通风良好，周围严禁烟火，远离火种、热源、氧化剂及酸类等。夏季应有隔热降温措施，闪点低于23℃的易燃易爆挥发性液体，其仓库温度一般不超过30℃；低沸点的品种，如乙醚、二硫化碳、石油醚等仓库，宜采取降温冷藏措施。大量储存苯、乙醇、汽油等时，一般可用储罐存放。储罐可设在露天，但气温在30℃以上时应采用强制降温措施。

（2）使用、存储易燃易爆挥发性液体的场所，应根据有关规程标准来选用防爆电器。在装卸和搬运中要轻拿轻放，严禁滚动、摩擦、拖拉等危及安全的操作。作业时严禁使用易产生火花的铁制工具及穿带铁钉的鞋。必须进入该场所的机动车辆最好采用防爆型，其排气管应安装可靠的火星熄灭器和防止易燃物滴落在排气管上的防护挡板或隔热板等。

（3）易燃易爆挥发性液体在灌装时，容器内应留5%以上的空隙，不可灌满，以防止易燃易爆挥发性液体受热而发生膨胀或爆炸事故。

（4）不得与其他化学危险品混放。实验用及留作样品的少量瓶装易燃易爆挥发性液体可设危险化学品柜，按性质分格储存，同一格内不得存放性质相抵触的物品。

（5）针对不同性质不同危险程度的易燃易爆挥发性液体，要按规定选择储存条件。特别地，对于低闪点的易燃易爆挥发性液体，其储存条件要更为严格，必要时采取惰性气体保护。

（6）在生产、运输、装卸、存储及使用的全过程中，采取有效的防静电、避雷措施，防止静电火灾和雷击火灾的发生。

三、粉尘爆炸的预防

1906 年，法国考瑞尔斯（Couriers）煤矿爆炸，导致 1099 人死亡，震惊各国。这时学者们才开始真正重视粉尘爆炸的研究，但是研究领域当时只局限于各大煤矿。第二次世界大战期间，粉尘爆炸的研究范围才逐渐拓宽到金属、化工原料工厂[15,16]。近年来粉尘事故也相继发生，2014 年 8 月 2 日，苏州昆山中荣机械厂发生铝粉尘爆炸事故；2016 年 4 月 29 日，深圳市精艺星五金厂发生铝粉尘爆炸；2019 年 3 月 31 日，苏州昆山汉鼎精密金属有限公司机加工车间外一存放镁合金碎屑废物的集装箱发生爆燃事故，造成 7 人死亡，5 人受伤。这些事故的发生，造成严重的人员伤亡，给社会带来了巨大的经济损失，同时，也敲响了粉尘爆炸防控的警钟，引起了社会的高度关注[17,18]。

1. 粉尘爆炸的条件

通常来说，粉尘爆炸需具备五个要素：

（1）存在可燃粉尘；

（2）粉尘以一定的浓度悬浮在空气中；

（3）存在足以引起粉尘爆炸的火源；

（4）助燃剂；

（5）有限空间。

具备上述条件的粉尘之所以能爆炸，是由于悬浮于空气中的可燃粉尘形成了一个高度分散体系，其表面能（体现为吸附性和活性）极大增加；同时粉尘粒子与空气中氧之间的界面加大，氧气供给更加充足，一经能量充足的火源引燃，反应速率急剧增加而呈爆炸状态。

2. 粉尘爆炸的过程和特点

绝大部分粉尘爆炸要经历以下阶段：首先，悬浮在空气中的可燃粉尘表面接受点火源的能量，表面温度迅速升高；其次，粉尘粒子表面的分子发生热分解或干馏作用，产生的可燃气体从粉尘粒子表面释放到气相中；然后，释放出的可燃气体与空气（或氧气等助燃气体）混合形成爆炸性混合气体，随后被点火源点燃产生了火焰；最后，这种火焰传播的热量又进一步促使周围的粉尘发生分解，持续不断在气相中释放可燃气体，又与空气混合，使火焰不断传播，从而导致剧烈的粉尘爆炸[19]。

与一般气体爆炸相比，粉尘爆炸具有以下特点：

（1）多次爆炸是粉尘爆炸的最大特点。第一次的爆炸气浪会把沉积在设备或地面上的粉尘吹扬起来，在爆炸后短时间内爆炸中心区会形成负压，周围的新鲜空气便由外向内填补进来，与扬起的粉尘混合，从而引发二次爆炸。二次爆炸时，粉尘浓度会更高。

（2）粉尘爆炸所需的最小点火能一般在几十毫焦耳以上。

（3）粉尘爆炸压力上升较慢，较高压力持续时间长，释放的能量大，破坏力强。

3. 粉尘爆炸的预防和控制

防止粉尘爆炸事故的发生，避免粉尘爆炸事故的人员伤亡，降低粉尘爆炸事故的损失，这些问题都已经成为相关行业从业者及监管部门共同关注的问题[20]。根据粉尘爆炸的五个要素和相关影响因素，只要在生产中破坏其中一个或多个的形成，就可以做到对粉尘爆炸的预防[21-24]。

（1）优化布局设计　对厂房进行布局设计时，首先应该合理选择厂房的位置，粉尘车间在工厂总平面图上的位置要合理。对于集中采暖地区，应位于其他建筑物的非采暖季节主导风向的下风侧；在非集中采暖地区，应位于全年主导风向的下风侧。安装有粉尘爆炸危险工艺设备或存在可燃粉尘的建（构）筑物，应与其他建（构）筑物分离，其防火间距应符合相关规定。建筑物宜为单层建筑，屋顶宜用轻型结构。

（2）控制粉尘集聚、悬浮和飞扬　及时消除悬浮在空气中的可燃粉尘，降低可燃粉尘在助燃物中的浓度，确保其不在爆炸极限范围内，从根本上预防可燃粉尘爆炸事故的发生。

a. 减少粉尘暴露。通过密闭操作生产设备和为产尘点装设吸尘设备，都是有效减少粉尘暴露的技术手段。

b. 抑尘措施。抑尘措施是指抑制粉尘呈浮游状态或减少粉尘产生量的措施。

c. 消除正压。粉尘从生产设备中外逸的原因之一是物料下落时诱导了大量空气，在密闭罩内形成正压，为了减弱和消除这种影响，应该降低落料高度差，适当减小溜槽倾斜角，隔绝气流，减少诱导空气量，降低下部正压等。

d. 加强除尘。加强除尘是指通过通风除尘系统降低粉尘浓度的措施，可采用局部排风的除尘系统，也可辅以全面排风或自然排风。通风除尘宜按工艺分片设置相对独立的除尘系统，所有产尘点均应装设吸尘罩，风管中不应有粉尘沉降，且除尘器的安装、使用及维护应符合相关规定[25]。除此之外，还有静电消尘与湿法消尘等措施。静电消尘装置是建立在电除尘和尘源控制方法的基础上，它主要包括高压供电设备和电收尘装置（包括密闭罩和排风管）两部分。湿法消尘是指在工艺允许的条件下，可以采用湿法消尘的措施来达到防尘的目的，在铝镁粉尘湿法消尘工艺中，采用螺旋式喷雾喷头解决了传统喷头易堵塞的问题，提高了粉尘捕集效率[26]。另外，针对目前矿用除尘器存在的低效率、检修工作量大的问题，学者设计了一种 PLC（可编程控制器）自动控制的扁布袋除尘系统，提高了除尘效率以及系统可靠性[27]。

e. 降尘措施。降尘主要是采用喷雾等方法把已经产生并转为浮游状态的粉尘捕集起来的措施。

f. 控制作业场所空气相对湿度。在生产车间内合理有效地布置加湿喷雾装置，可以增加空气相对湿度，从而降低粉尘的分散度，提高粉尘沉降速度，避免粉尘达到爆炸浓度极限。当空气的相对湿度达到 65% 以上时，可有效促使粉尘沉降，防止形成粉尘云。

g. 地面、地沟等其他设置要求。应采用不产生火花的地面材料，若采用绝缘材料作整体面层，应采取防静电措施；散发可燃粉尘、纤维的厂房，其内表面应平整、光滑，并易于清扫；厂房内不宜设置地沟，确需设置时，其盖板应严密，应采取防止可燃气体、可燃蒸气和粉尘等在地沟积聚的有效措施，且应在与相邻厂房连通处采用防火材料密封。

（3）防止粉尘云与粉尘层着火　在防止粉料自燃方面，能自燃的热粉料，储存前应设法冷却到正常储存温度；在大量储存能自燃的散装粉料时，应对粉料温度进行连续监测；当发现温度升高或气体析出时，应采取使粉料冷却的措施；卸料系统应有防止粉料聚集的措施。

（4）消除控制火源　消除控制火源是预防粉尘爆炸的关键步骤。具体到特定的火源，必须根据具体的操作环境进行有针对性的火源预防，这里提出一些具体要求和措施。

a. 防止明火与热表面引燃。首先要控制人为点火源，禁止在可燃粉尘场所产生诸如烟头、照明、切割等各类明火。凡是可燃粉尘生产区域，均应列为禁火区，严格控制明火的使用。

若在粉尘爆炸危险场所确需进行明火作业时，应遵守下列规定：由安全负责人批准并取得动火证；明火作业开始前，应清除明火作业场所的可燃粉尘并配备充足的灭火器材；进行明火作业的区段应与其他区段分开或隔开；进行明火作业期间和作业完成后的冷却期间，不应有粉尘进入明火作业场所。

b. 防止电弧和电火花。粉尘爆炸危险场所，应采取相应防雷措施。当存在静电危险时，应在现场安装防静电设施，对管道和设备采取静电接地等措施。所有金属设备、装置外壳、金属管道、支架、构件、部件等，一般采用防静电直接接地，不便直接接地的，可通过导静电材料或制品间接接地；直接用于盛装起电粉末的器具、输送粉末的管道（带）等，应采用金属或防静电材料制成，且所有金属管道连接处（如法兰）应进行跨接；操作人员应采取防静电措施。依照《防止静电事故通用导则》标准，对工艺流程中材料的选择、装备安装和防静电设计、操作管理等过程采取相应的预防措施，控制静电的产生和电荷的聚集。

（5）控制助燃物　这个方面的预防措施主要是采用惰性气体保护。惰性气体保护的原理是在粉尘和空气的混合物中，充入既不燃又不助燃的惰性气体，降低系统中的氧气含量，从而使粉尘爆炸因缺氧而不能发生。工业中通常使用惰性气体如 CO_2、N_2 对车间进行惰化。

(6) 空间受限 目前解决空间受限问题的主流方法是设置防爆泄压装置。实际经验表明，在设备或厂房的适当部位设置薄弱面（泄压面），借此可以向外排放爆炸初期的压力、火焰、粉尘和产物，从而降低爆炸压力，减小爆炸损失。采用防爆泄压技术，必须十分注意需考虑粉尘爆炸的最大压力和最大升压速度，此外应考虑设备或厂房的容积和结构，以及泄压面的材质、强度、形状及结构等。用作泄压面的设施有爆破板、旁门、合页窗等；泄压面可由金属箔、防水纸、防水布、塑料板、橡胶、石棉板、石膏板等制成。

(7) 其他因素 通常来说，粉尘爆炸需具备五个要素：可燃粉尘、粉尘云、引火源、助燃物、空间受限。此外，关于粉尘爆炸还有以下几个重要影响因素，对粉尘爆炸的预防具有重要意义。

a. 粉尘爆炸极限。粉尘以一定的浓度悬浮在空气中是发生粉尘爆炸的条件之一，将"一定浓度"量化就是粉尘的爆炸极限。粉尘爆炸极限是粉尘和空气混合物遇火源能发生爆炸的粉尘最低浓度（下限）或最高浓度（上限），一般用单位体积空间内所含的粉尘质量表示。在已知化学粉尘的组成和燃烧热，并做出某些简化假设的情况下，能够计算爆炸极限，但通常采用专门仪器测定。实验表明，许多工业粉尘的爆炸下限为 $20 \sim 60 \mathrm{g/m^3}$，爆炸上限为 $2000 \sim 6000 \mathrm{g/m^3}$[28]。

b. 爆炸最小引爆能。粉尘爆炸的最小引爆能，也可由火花放电能量求得。可燃粉尘触及的火源能量超过其最小引爆能，它就能发生爆炸。所以，控制粉尘的最小引爆能在粉尘爆炸的预防中具有重要意义。

c. 粉尘的物理化学性质。含有可燃挥发组分越多的粉尘，爆炸的危险性越大，且其爆炸压力和升压速度越高。因为这类粉尘挥发时释放出较多可燃气，大量的可燃气与空气混合形成爆炸性的混合气，使得体系反应更加容易和猛烈。由于燃烧热高低与粉尘释放可燃气多少有关系，所以燃烧热高的粉尘容易发生爆炸；另外，氧化速度快的粉尘如镁、氧化亚铁、染料等容易发生爆炸，而且最大爆炸压力较大，容易带电的粉尘也容易爆炸。

d. 粉尘的粒度。粒度是粉尘爆炸的重要影响因素。粒度越小的粉尘，比表面积越大，在空气中的分散度越大且悬浮的时间越长，吸附氧的活性越强，氧化反应速率越快，因此就越容易发生爆炸，即其最小点火能和爆炸下限越小，而且最大爆炸压力和最大升压速度相应越大。如果粉尘的粒度太大，它就会因此失去爆炸性能。如粒径大于 $400 \mu \mathrm{m}$ 的聚乙烯、面粉及甲基纤维素等粉尘不能发生爆炸，而多数煤尘粒径小于 $1/15 \sim 1/10 \mathrm{mm}$ 时才具有爆炸能力。在大于爆炸临界粒径的粗粉尘中混入一定量的可爆细粉尘后，它就可能成为可爆混合物。

第四节　危险化学品防火新技术及新方法

随着科技的发展，近些年在危险化学品火灾防控方面也出现了新技术的应用，本节主要针对防雷击新技术[29-38]、气体防爆与探测新技术[39]、RFID 射频技术[40-42] 以及使用物联网远程监控进行火灾调度[43-45] 进行简单介绍。

一、防雷击新技术

在石油生产加工中，设备设施因雷击造成的人员伤亡、火灾爆炸事故很多，尤其近几年发生的多起大型石油储备库储罐因雷击引发火灾爆炸事故，更让人们认识到大型储油罐防雷接地的重要性，近年在防雷击措施上也有了一定的进步。

1. 交互式蜂窝雷电预警技术

雷闪的形成是由于雷云层中的电位差累积而发生的放电现象，雷电预警技术就是依据空间静电场的变化间接了解雷云电荷累积的情况，从而实现对较大范围区域雷电的预测[29]。随着新技术的发展，交互式蜂窝雷电预警系统得到了推广和应用，它是集大气电场监测、雷电预警等功能为一体的软、硬件高度集成的系统，可实现对风向、风速、温度、湿度、电磁、声呐的实时监测，通过对监测到的可能影响雷云运动方向和速度的综合数据进行综合分析，进而准确地监测雷云信息；同时设备结合大气电场精确测试和较为先进的云计算技术，可较为准确地实现 10～30min 的雷电临近预警，预警有效率可达 80％以上。另外，该雷电预警系统可将相邻预警点自适应组网，实现雷云运动轨迹拟合及运动趋势预测等功能。雷电临近预警通过智能及声光信号辅助报警，通过 Windows 版和可移动安卓客户端，实现雷电预警信息的推送；同时采取蜂窝式布局，避免了单点误报对群组预警判断的较大影响[30]。

2. 接地装置及接地电阻测量

伸缩式接地装置[31,32] 是一种在浮顶石油储罐中能可靠实现浮盘与罐壁等电位连接的设施，并保持相对于浮顶高度的最短路径的电气连接。当雷电击中浮盘时，雷电流就可以通过最短路径和用最短的时间疏散进入接地装置。伸缩式接地装置最大的优点是可以随着浮盘的上下浮动，一直卷动铜复绞线，始终保持罐壁和浮盘的最短连接方式，实现浮盘与罐体的最低阻抗（直流电阻小于

0.03Ω)。伸缩式接地装置的弹簧仓挡板、弹簧仓和线仓组成的壳体材料均为304不锈钢(包括安装用M12螺栓螺母),所有部件的厚度均不小于4mm,且满足 GB 15599—2009 中抵御直击雷的要求;内部连接导线为截面积 $50mm^2$ 的多股内铜外不锈钢编织扁平软导线。采用伸缩式接地装置可以大幅降低油罐雷击火灾的危险性。

另外,在接地电阻的检测方面,钳型法也是一种更为科学的新方法。使用钳型法可以检测出接地体与接地网是否存在腐蚀断裂或严重腐蚀不导通的情况,及时发现接地网中存在的隐患,但在使用时需注意钳型接地电阻测试仪要比电流电压法测试仪测试的接地电阻值高,当 $R > 10\Omega$ 时,使用钳型接地电阻测试仪测试存在一定的安全风险[33-35]。

3. 基于充氮保护的大型外浮顶罐雷击火灾预防技术

我国的大型原油储备库以外浮顶罐为主,而近年来大型原油储备库的火灾主要是雷击火灾。针对大型外浮顶罐雷击火灾,采取的措施主要有雷电预警系统和消防自动控制系统,但是两者之间相互独立,各自对油罐区进行保护,不能形成有效的联动机制,并且消防自动控制系统中未能接入可燃气体探测报警信号,不能提前采取有效的预警措施。充氮保护的大型外浮顶罐雷击火灾预防技术是基于对大型油罐区雷击火灾风险评估而建立的一套雷电预警系统,通过可燃油气探测器、氧气探测器、火焰探测器、光纤感温火灾探测器、闪电定位仪和地面电场仪等设备对油罐区进行实时监测。当油罐区接收到雷电预警信号后,通过联动控制系统对一、二次密封圈内采取充氮保护措施,将一、二次密封圈内的油气混合物浓度降至安全含量以下,隔绝点火源和可燃物,从而抑制火灾发生,达到有效处置事故的目的[36-38]。

二、气体防爆与探测新技术

煤炭是生产、生活所需的重要能源,其开采过程中产生大量的易燃、易爆气体,具有较高的危险性,容易造成重大事故。煤矿灾害发生后,如果没有井下气体检测装置,救援人员将面临极度危险。使用移动机器人进行灾后气体检测,对降低灾后救援死亡率具有较好的效果。下面介绍一种危险气体探测机器人,即双摇臂履带机器人,其结构如图3-1所示[39]。

机器人的主要机械部分为正压外壳,所有的机械传动和控制系统都安装在正压外壳上。主履带装配在正压外壳两侧,由直流齿轮电机通过同步传送带驱动。通过控制两个主履带驱动电机的转速差实现机器人的直线行驶和任何半径

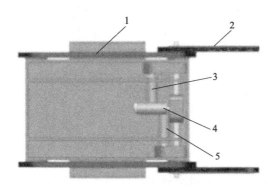

图 3-1　双摇臂履带机器人机械结构图

1—主履带；2—摇臂履带；3，5—主履带驱动电机；4—摇臂履带驱动电机

的转弯。按照我国煤矿电气设备强制安全规定，所有矿用电器需具有防爆性能。防爆有很多形式，隔爆外壳和正压外壳是最常见的形式。隔爆外壳应具有足够的机械强度承受内部的爆炸压力。正压外壳为密封结构，内部具有气体供应设备。与隔爆外壳相比，正压外壳机械强度较小，但在相同体积下，正压外壳比隔爆外壳重量轻。机器人的正压外壳如图 3-2 所示[39]。所有的静止件和运动件都由封环密封，其内部为密封腔体，可隔绝空气和水分。该系统高压气仓中装有惰性气体，如 CO_2、N_2 等。

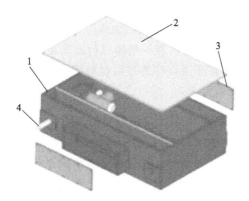

图 3-2　机器人的正压外壳

1—箱体；2—顶板；3—横向覆盖板；4—传动轴

探测机器人进入易燃易爆气体环境前，在正压外壳内充入惰性气体。开启车载计算机，检测正压外壳内气体压力，如果压力相对于大气压小于 200Pa，则充气装置电磁阀开启，高压气仓中的气体充入正压外壳内；如果外壳内气体相对于大气压力降低到 100 Pa 以下，表明有故障发生或高压气仓已空，此时

机器人控制系统发出报警并切断主电源；如果外壳内气体压力增加且超过1000 Pa，充气装置电磁阀关闭。在机器人工作过程中，车载计算机实时监测外壳中的相对气压，以保证工作的安全性。

三、 RFID 射频技术

1. RFID 射频技术简介

从概念上来讲，RFID 类似于条形码（barcode）扫描，对于条形码技术而言，它是将已编码的条形码附着于目标物并利用光信号将信息由条形码传送到专用的扫描读写器；而 RFID 则使用专用的 RFID 读写器及专门的可附着于目标物的 RFID 标签，利用频率信号将信息由 RFID 标签传送至 RFID 读写器。从结构上讲 RFID 是一种简单的无线系统，只有两个基本器件，该系统用于控制、检测和跟踪物体。系统由一个询问器（平台）和很多应答器组成。

RFID 技术与现在普遍使用的条形码技术相比其优势在于[40]：

（1）能够嵌入或附着在不同形状、类型的产品上，甚至是动物身上；

（2）可以重复写入及读取数据，存取速度更快；

（3）能够同时处理多个标签；

（4）读取距离更远；

（5）标签的数据有密码保护，安全性高；

（6）可以对 RFID 标签所附着的物体进行追踪定位；

（7）不需要光源，甚至可以穿透表面材料读取数据；

（8）使用寿命长。

2. RFID 技术在危险化学品运输过程中的应用

RFID 技术在危险化学品运输过程中的应用主要是危险化学品的车辆在经过检查站的时候，通过检查站的无线射频技术识别系统对运输危险化学品的车辆所携带的电子标签进行识别，从而对车辆运输过程进行全自动的监管[41,42]。其流程如图 3-3 所示。

四、使用物联网远程监控进行火灾调度

1. 危险化学品单位消防物联网构成

消防物联网是将所有装置消防设施的相关单位建筑物进行互联，获取建筑消防设施状态信息和相关的建筑信息，以实现信息共享与应用[43]。

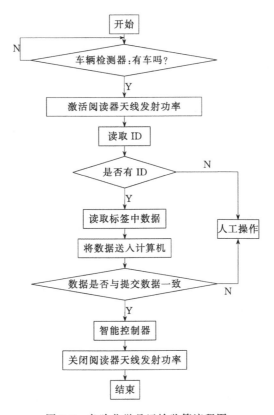

图 3-3 危险化学品运输监管流程图

（1）系统特点 整个系统具有规范性、安全可靠性、经济适用性、先进性、可扩展性以及科学合理性。规范性体现在整个系统的设计和建设的全过程都严格按照国家《城市消防远程监控系统》（GB 26875—2011）执行。安全可靠性主要体现在网络设计方面，充分考虑到网络的安全性以及可靠性，此系统兼容多种网络模式，引入故障导向安全的设计理念，保证在有故障的条件下系统也能够安全运行。经济适用性体现在系统通过对建筑物火灾自动报警系统以及电气火灾和消防物联网传输模块运行的情况进行监控，及时准确地将报警以及消防设施状态信息传输到远程监控平台，在确认无误后发送到联网单位。先进性体现在采用报警联网控制技术、远程视频监控技术以及网络通信技术，确保火灾在早期就能发现并进行快速的反应和有效的控制。同时，系统可以提供详细的入网单位以及建筑消防设施的信息，为灭火救援等方面提供有效的服务。

（2）系统功能

a. 物联网系统可以接收联网各单位的火灾报警信息，向城市消防通信指挥中心或其他接警处中心传送经确认的火灾报警信息。能够实现实时接收、显示危险化学品联网单位火灾自动报警系统各个监控点报警信息，并进行详细的确认，最终进行数据的传送。

b. 能够做到接收联网各危险化学品单位发送的建筑消防设施运行的状态信息。包括对各单位火灾自动报警系统、电气火灾监控系统、消防物联网传输模块以及其他建筑消防设施的运行状态进行检测，及时发现设备的运行故障，进行及时的维修进而提高消防设施的完好率[44]。

2. 通过视频监控对初期火灾进行防控

现代社会，随着信息化技术在各个领域的广泛普及，城市中的各个部门和系统对视频监控的需求越来越多，要求也越来越高、越来越个性化。更有职能部门将城市管理、交通和预警、地质灾害防治等相结合，用视频监控进行处理。5G 高速宽带网的建成更将进一步促进视频监控的普及，使得以往视频监控中传输速度慢、覆盖面小及画面不清晰等问题都相应得到解决，视频监控也会成为消防指挥调度中的有效辅助手段。

在消防调度指挥的过程中，大部分的火灾调度工作还是要使用电话进行，由于从现场的报警开始到指挥中心接警再到指挥官的调度工作都是通过电话完成的，因此就产生了对灾情现场只有模糊了解的弊端，得不到真实的灾情状况，再加上报警人员身处现场时神情紧张，思维混乱，在描述灾情时表达不清晰，所以真实的情况只有等派出的第一支警力到达现场后才能准确得知。而将视频监控连接到消防指挥调度中心后，这些问题都会直接得到解决。消防指挥中心人员接到报警后，可以根据报警人提供的具体地址迅速而准确地调出危化品火灾现场的视频监控，这样专业的人员就可以直接得到初期火灾现场的第一手资料，通过对初期火灾现场情况的准确评估，就可以派出相应数量的警力和装备，将火灾消灭在初期，而不会因为警力的后续调配而延误处理灾险的最佳时机。消防中心对视频监控现场的温湿度、烟雾浓度等进行实时监控，当检测数据超出安全阈值时，就会触发报警装置，发送报警信号，而消防指挥控制中心接收到报警信号后，会迅速链接到信号发送地的视频监控，了解灾情状况后，调集相应警力和设备前往现场救援。现代化信息设备和技术实现了指挥调度的扁平化，可以将很多危化品火灾消灭在最初期[45]。

参考文献

[1] 杜文锋. 消防燃烧学 [M]. 北京：中国人民公安大学出版社，1997：6-8.

[2]　马良,杨守生.危险化学品消防 [M].北京:化学工业出版社,2005:29-35.

[3]　郑端文.生产工艺防火 [M].北京:化学工业出版社,1998:41-60.

[4]　杨守生,马良.危险化学品防火 [M].北京:中国人民公安大学出版社,2005:35-55.

[5]　黄郑华,李建华,黄汉京.化工生产防火防爆安全技术 [M].北京:中国劳动社会保障出版社,
2006:58-96.

[6]　郑端文.生产工艺防火 [M].北京:化学工业出版社,1998:375-400.

[7]　张荣,张晓东.危险化学品安全技术 [M].北京:化学工业出版社,2016:10-27.

[8]　董希琳.消防燃烧学 [M].北京:中国人民公安大学出版社,2014:98-139.

[9]　杜文锋.防火工程概论 [M].北京:中国人民公安大学出版社,2014:239-284.

[10]　王以革,任常兴,吕东,等.易燃液体库火灾风险定量分析与防火 [J].消防科学与技术,
2011,30 (9):849-851.

[11]　张网,杨昭,李晋,等.易燃易爆危险品火灾危险性分级标准概述 [J].化工进展,2013,32 (8):
1749-1754.

[12]　李朝阳.化工企业防火防爆安全技术探析 [J].化工设计通讯,2017,43 (4):61-61.

[13]　汪珂吉.石油化工防火技术的现状及应对措施研究 [J].江西化工,2013,(1):191-193.

[14]　商靠定.灭火救援技术与战术 [M].北京:中国人民公安大学出版社,2005:167-189.

[15]　多英全,刘垚楠,胡馨升.2009～2013年我国粉尘爆炸事故统计分析研究 [J].中国安全生产科
学技术,2015,11 (2):186-190.

[16]　武卫荣,孙涛,路峰,等.粉尘爆炸的研究进展 [J].应用化工,2018,47 (3):576-579.

[17]　张超光,蒋军成,郑志琴.粉尘爆炸事故模式及其预防研究 [J].中国安全科学学报,2005,15
(6):73-77.

[18]　张小良,李浩,刘婷婷,等.工业企业的粉尘防爆调查研究 [J].应用技术学报,2019,19
(1):35-38.

[19]　陆大才.可燃粉尘燃烧爆炸因素及其预防分析 [J].消防技术与产品信息,2010,(7):57-62.

[20]　张二强,张礼敬,陶刚,等.粉尘爆炸特征和预防措施探讨 [J].中国安全生产科学技术,
2012,8 (2):88-92.

[21]　刘永芹,许春家.可燃性粉尘的爆炸特性、分类及防爆措施 [J].防爆电机,2006,41 (3):
14-18.

[22]　韦生敏.企业粉尘爆炸防治技术与对策 [J].化工管理,2019,508 (1):114-115.

[23]　喻源,刘斐斐,马香香,等.橡胶粉尘的爆炸特性及抑爆的试验研究 [J].安全与环境学报,
2018,18 (3):920-924.

[24]　李鹏举,张保,余珍.粉尘爆炸危险场所重大隐患与典型控制措施分析 [J].河南科技,2018,
(34):33-34.

[25]　张小良,何锐,宋慧娟,等.可燃性粉尘通风除尘工程实施要点探讨 [J].工业安全与环保,
2018,44 (9):52-55.

[26]　江相军.螺旋喷头在粉尘防爆中的应用 [J].劳动保护,2018,(12):24-25.

[27]　孟超轲.基于PLC扁布袋式除尘系统的设计 [J].机械管理开发,2019,34 (2):211-213.

[28]　孟昭君,李希建,李国祯.关于爆炸极限的探讨 [J].煤矿安全,2009,(10):67-68.

[29]　申学强,朱孟如,吴天俊,等.浅谈雷电预警仪在原油库区的应用 [J].科技与企业,2013,
(8):254-254.

[30] 张立国.基于雷电预警系统的大型油库雷电应急响应措施 [J]. 化工管理,2018,490(19):90-91.

[31] 王露,胡述华.固定顶石油化工储罐防雷措施的探讨 [J]. 现代建筑电气,2014,(1):38-40.

[32] 王承辉,张芳智,梁德广.油田原油储罐防雷接地检测应用与分析 [J]. 石油化工安全环保技术,2017,33(5):53-56.

[33] 肖明.浅谈外浮顶原油罐防雷电措施 [J]. 化学工程与装备,2017,(1):229-230.

[34] 热哈提·黑那亚提.外浮顶储油罐防雷措施实践与探索 [J]. 中国石油和化工标准与质量,2017,(22):77-80.

[35] 温继东.外浮顶储油罐雷击电荷快速释放分析及措施 [J]. 科技信息,2014,(14):70-71.

[36] 蒋慧灵,蒋云涛,吴剑付,等.大型外浮顶罐充氮保护联动控制系统设计 [J]. 武警学院学报,2018,264(4):55-59.

[37] 蒋慧灵,张飞飞.外浮顶罐充氮管网设计及有效性试验验证 [J]. 安全与环境学报,2015,15(5):139-143.

[38] 文建军,张乐,丁波.大型外浮顶油罐充氮防雷灭火系统 [J]. 工业安全与环保,2013,39(12):40-42.

[39] 郗艳梅,石岩,岳红新.煤矿危险气体探测机器人结构和防爆设计 [J]. 煤炭技术,2016,35(9):260-261.

[40] 周白霞,吴立辉.无线射频识别技术在危险化学品运输中的应用 [J]. 消防管理研究,2007,(6):692-694.

[41] 邵辉,李晶,杨丽丹.基于多目标优化的危险化学品运输模式探讨 [J]. 中国安全生产科学技术,2010,6(2):51-55.

[42] 杨明.RFID技术在消防装备仓储管理上的应用 [J]. 消防技术与产品信息,2012,(6):54-56.

[43] 窦占祥.港口物联网消防远程监控系统建设的必要性 [J]. 水运发展与专业研讨,2018,(5):10-13.

[44] 范毅华.基于物联网的罐区火灾安全监测报警系统的设计 [J]. 计算技术与自动化, 2014,33(4):34-37.

[45] 郭剑.视频监控系统在消防指挥调度中的作用 [J]. 信息安全与技术,2012,7(14):29-30.

第四章

危险化学品火灾扑救

第一节　灭火的基本原理

物质燃烧必须同时具备三个必要条件，即可燃物、助燃物和点火源。根据这些基本条件，一切灭火措施都是为了破坏已经形成的燃烧条件，或终止燃烧的连锁反应而使火熄灭以及把火势控制在一定范围内，最大限度地减少火灾损失，这就是灭火的基本原理。

一、灭火机理

燃烧是可燃物与助燃物相互作用发生的强烈放热化学反应，通常伴有火焰、发光和（或）发烟现象[1]。从化学反应的角度看，燃烧是一种特殊的氧化还原反应。研究表明，很多燃烧反应并不是在初始反应物之间一步完成的，而是通过自由基和原子等中间产物快速进行的循环链式反应。其中，自由基的链式反应是燃烧反应的实质，光和热是燃烧过程中的物理现象。

1. 燃烧条件

燃烧的发生必须具备三个基本条件：可燃物（还原剂），凡是能与空气中的氧或其他氧化剂起燃烧反应的物质均称为可燃物，如氢气、乙炔、酒精、汽油、木材、纸张、塑料、橡胶、纺织纤维、硫、磷、钾、钠等；助燃物（氧化剂），凡是与可燃物结合能导致和支持燃烧的物质都叫作助燃物，如空气（氧气）、氯气、氯酸钾、高锰酸钾、过氧化钠等，一般情况下可燃物的燃烧都是在空气中进行的；点火源，凡是能引起物质燃烧的点燃能源统称为点火源，如明火、高温表面、摩擦与冲击、自然发热、化学反应热、电火花、热射线等[1]。

上述三个条件通常被称为燃烧三要素，但是即使具备燃烧三要素，燃烧也不一定发生，还需满足数量要求并相互作用：一定的可燃物浓度，如氢气的浓度低于 4％时，不能点燃；一定的助燃物浓度或含氧量，如一般的可燃材料在含氧量低于 13％的空气中无法持续燃烧；一定的点火能量，即能引起可燃物质燃烧的最小点火能量；相互作用，燃烧的三个基本条件须相互作用，且燃烧放出的能量大于散失的能量，燃烧才可能发生和持续进行。

同时，燃烧持续进行的必要条件除了着火三要素外，还必须包括自由基"中间体"。

2. 灭火机理

依据燃烧发生必须具备的三个基本条件及必要条件，在灭火过程中可通过控制可燃物，如在生产和生活中，尽可能用难燃或不燃材料代替易燃材料，在工厂车间或库房等易产生可燃气体的地方，可采用通风或局部通风，使可燃物不易积累，从而不会超过最高允许浓度；隔绝空气，如对有异常危险的操作过程，要充入惰性介质保护，隔绝空气储存某些易燃易爆物质等；消除点火源，如在易产生可燃性气体的场所，应采用防爆电器，同时禁止一切火种等；防止形成新的燃烧条件，阻止火灾范围的扩大，如设置阻火装置，阻止火焰蔓延，或在建筑物之间留防火间距等。

二、灭火方法

灭火方法的原理是破坏燃烧条件使燃烧反应终止，即将灭火剂直接喷射到燃烧的物体上，或者将灭火剂喷洒在火源附近的物质上，使其不因火焰热辐射作用而形成新的火点。结合人们长期同火灾做斗争的实践经验，灭火的基本方法有：减少空气中氧含量的窒息法；降低燃烧物质温度的冷却法；隔离与火源相近可燃物的隔离法；消除燃烧过程中自由基的化学抑制法。

1. 隔离法

将可燃物与着火源隔离开来，使燃烧因缺少可燃物质而停止。这种灭火方法可用于扑救各种固体、液体和气体火灾。

常用的具体措施包括：①将尚未燃烧的可燃、易燃、易爆和氧化剂等可燃物从燃烧区移至安全地点，使其与正在燃烧的可燃物分开。②断绝可燃物来源，以减少或阻止可燃物进入燃烧区，使燃烧区得不到足够的可燃物，燃烧就会中止。如火灾中，关闭有关阀门，切断流向着火区域的可燃气体或液体的通道；打开有关阀门，使已经发生燃烧的容器或受到火势威胁的容器中的液体可燃物通过管道输送至安全区域。③对于易燃液体着火，把燃烧区与液面隔开，阻止可燃蒸气进入燃烧区。如用泡沫灭火剂灭火，通过产生的泡沫覆盖于燃烧物体表面，在产生冷却作用的同时，把可燃物同火焰和空气隔离开来，达到灭火的目的。④设法阻拦流淌的易燃、可燃液体；隔绝可燃物，拆除与火源毗邻的易燃建筑物，形成防止火势蔓延的隔离地带。

2. 窒息法

阻止助燃物（氧气、空气或其他氧化剂）进入燃烧区，或用不燃物质，如惰性气体稀释空气，使火焰因得不到足够的助燃物而熄灭。这种灭火方法，适用于扑救封闭的房间、地下室、船舱内的火灾。

常用的具体措施包括：①用不燃或难燃物覆盖燃烧物表面，如可采用石棉布、结实的棉布、帆布、沙土、水泥等不燃或难燃材料覆盖燃烧物；②喷洒雾状水及干粉、泡沫等灭火剂覆盖燃烧物；③把不燃的气体或不燃的液体喷洒到燃烧物区域内或燃烧物上，如喷洒二氧化碳、氮气、四氯化碳等；④密闭起火建筑、设备和孔洞，如利用建筑物上原来的门、窗以及生产、储运设备上的盖、阀门等封闭燃烧区，阻止新鲜空气流入等；⑤封闭孔洞，如用水蒸气、氮气、二氧化碳、惰性气体等灌注着火的容器、设备，在万不得已而条件许可的情况下，也可采取用水淹没的方法。

3. 冷却法

根据可燃物发生燃烧时必须达到一定的温度这个条件，将灭火剂直接喷洒在燃烧的物体上，以降低燃烧的温度于燃点之下，从而使燃烧停止，或者将灭火剂喷洒在火源附近的物质上，使其不因火焰热辐射作用而形成新的燃烧条件。冷却法是一种主要的灭火方法，灭火剂在灭火过程中不参与燃烧过程中的化学反应，这种方法属于物理灭火方法。如用水扑灭一般固体物质的火灾，通过水来大量吸收热量，使燃烧物的温度迅速降低，最后使燃烧终止；用水、液态二氧化碳进行冷却，以保护尚未燃烧的可燃物及建筑构件、生产装置或容器。

4. 化学抑制法

使灭火剂参与燃烧的连锁反应，消除燃烧反应赖以持续进行的自由基"中间体"，使燃烧过程中产生的自由基消失，形成稳定分子或低活性的自由基，从而使燃烧的链式反应中断，燃烧停止。如用干粉灭火剂通过化学作用，破坏燃烧的链式反应，使燃烧终止。

根据上述基本灭火方法所采取的具体灭火措施是多种多样的。在灭火中，应根据可燃物的性质、燃烧特点、火灾大小、火场的具体条件以及消防技术装备的性质等实际情况，选择一种或几种灭火方法。

三、灭火剂

凡是能够有效地破坏燃烧条件，使燃烧终止的物质，统称为灭火剂[2]。选用灭火剂的基本要求是灭火效能高、使用方便、来源丰富、成本低廉及对人和物基本无害。按灭火剂物质状态不同，可以分为液体灭火剂、气体灭火剂与固体灭火剂。

（一）液体灭火剂

常见的液体灭火剂包括水、泡沫灭火剂等，目前在消防中应用最为广泛。

1. 水

水具有对燃烧物质冷却效果好、廉价易得、来源广泛、对环境污染小等优点，因此水是目前扑救 A 类火灾中使用最广泛的灭火剂。按其在自然界中的存在形式不同，可以将水分为固、液、气三种状态。液态形式的水，在消防中应用最为广泛。按水流形态的不同，主要包括直流水、开花水、雾状水和水蒸气等。水的灭火作用主要体现在以下几方面[2]：

（1）冷却作用 水是一种很好的吸热物质，具有较大的比热容和汽化潜热。当水与燃烧物接触时被加热，汽化吸收大量热使燃烧物冷却，如 1kg 水由 20℃变为 100℃的蒸汽要吸收 2591.4kJ 的热量。

（2）窒息作用 水遇到炽热的燃烧物汽化时，会产生大量水蒸气，如 1kg 水变为 100℃的蒸汽时，其体积膨胀约 1700 倍，所以在密闭的燃烧区域内，大量的水蒸气可使燃烧区内的氧浓度大大降低。当空气中的水蒸气体积分数达 35％时，大多数燃烧都会停止，因而水有良好的窒息灭火作用。

（3）稀释作用 对氧气的稀释作用：在敞开的燃烧区域，水遇到燃烧物后汽化生成大量水蒸气，能够阻止空气进入燃烧区，并能够稀释燃烧物周围大气的含氧量，阻碍空气进入燃烧区，减弱燃烧强度。对水溶性可燃、易燃液体的稀释作用：水是一种良好的溶剂，可以溶解水溶性甲、乙、丙类液体，如醇、醛、醚、酮、酯等，若其量较少或为浅层溢流火灾，可用水稀释，以降低可燃蒸气的浓度，甚至使燃烧自行终止。

（4）乳化作用 对于非水溶性可燃液体的初起火灾或重质油品火灾，可连续喷射开花水或雾状水，能在可燃液体表面形成一层"油包水"的乳化层，由于水的乳化作用，可冷却液体表面，减缓可燃蒸气产生速度，进而扑灭火灾。

（5）冲击作用　直流水枪喷射出的密集水流具有较大的冲击力，其压力可达每平方厘米数千克力乃至数十千克力，可以冲散燃烧物，改变燃烧物持续燃烧所必需的状态，能显著减弱燃烧强度；也可以冲断火焰，使之熄灭。

2. 泡沫灭火剂

凡能与水相溶，并可通过化学反应或机械方法产生灭火泡沫的灭火药剂，称为泡沫灭火剂，又称泡沫液或泡沫浓缩液[2]。

按发泡倍数不同，泡沫灭火剂可分为低倍数泡沫灭火剂、中倍数泡沫灭火剂和高倍泡沫灭火剂；按照生成泡沫的机理不同，泡沫灭火剂分为化学泡沫灭火剂和空气泡沫灭火剂两大类；按基质不同，泡沫灭火剂可分为蛋白型（如普通蛋白泡沫灭火剂、氟蛋白泡沫灭火剂等）和合成型（如普通合成泡沫灭火剂、水成膜泡沫灭火剂等）两大类。

（1）灭火机理

① 隔离作用。由于泡沫中充填大量气体，其密度仅为水密度的 0.1%～0.2%，可漂浮于液体的表面，或附着于一般可燃固体表面，形成泡沫覆盖层，使燃烧物表面与空气隔绝，起到隔离作用。

② 封闭作用。泡沫覆盖在燃料表面，既可阻止燃烧物本身或附近可燃物质的蒸发，又可阻断火焰对燃料的热辐射，使可燃气体难以进入燃烧区，起到封闭作用。

③ 冷却作用。泡沫析出的水和其他液体对燃烧物表面有冷却作用。

④ 稀释作用。泡沫受热蒸发产生的水蒸气可降低燃烧物附近的氧浓度。

（2）常见灭火剂的特点与适用范围　常见的蛋白型、合成型泡沫灭火剂包括普通蛋白泡沫灭火剂、氟蛋白泡沫灭火剂、水成膜泡沫灭火剂、高倍数泡沫灭火剂、A 类泡沫灭火剂等，其特点与适用范围如下：

① 普通蛋白泡沫灭火剂。其又称蛋白泡沫液，关键组分是动物蛋白或植物蛋白的水解蛋白。按照混合比的不同，普通蛋白泡沫灭火剂有 6%型和 3%型两种。适用范围如下：普通蛋白泡沫灭火剂主要用于扑救 B 类火灾中的非水溶性可燃、易燃液体火灾，也适用于扑救木材、纸、棉、麻以及合成纤维等一般固体可燃物火灾；对于一般固体可燃物的表面火灾，普通蛋白泡沫具有较好的黏附和覆盖作用，同时还具有较好的冷却作用和一定的润湿作用，使灭火用水量大大降低。普通蛋白泡沫灭火剂不能用于扑救醇、醛、酮等极性液体火灾，也不宜用于扑救醇含量超过 10%的加醇汽油火灾，不能用于扑救 D 类火灾以及其他遇水反应物质的火灾，不能用于扑救带电设备火灾。

②氟蛋白泡沫灭火剂。其是以普通蛋白泡沫灭火剂为基料添加适当的氟碳表面活性剂及其他添加剂制成的泡沫灭火剂，按照混合比的不同，氟蛋白泡沫灭火剂有 6％型和 3％型两种。适用范围如下：a. 可用于液下喷射，由于氟蛋白泡沫灭火剂具有良好的抵抗油类污染能力，即使对挥发能力较强的汽油，泡沫通过油层后仍可控制火焰，使用氟蛋白泡沫灭火剂液下喷射技术扑救油罐火灾，比液上喷射更为安全可靠；b. 在扑救油类火灾时，将氟蛋白泡沫灭火剂与干粉灭火剂联合使用，可将干粉灭火剂灭火速度快、泡沫灭火剂抗复燃等优势充分发挥，有效缩短灭火时间；c. 除了可以在固定泡沫灭火系统中采用液下喷射的方式，以及可以和各种干粉灭火剂联用外，其余适用范围与普通蛋白泡沫灭火剂相同。

③水成膜泡沫灭火剂。其又称"轻水"泡沫灭火剂。适用范围如下：a. 水成膜泡沫灭火剂具有良好的流动性能，主要适用于扑救 B 类火灾中的非水溶性可燃、易燃液体火灾，且可有效扑救地面流淌火；b. 由于水成膜灭火剂与水的混合液具有很低的表面张力和优良的扩散性能与渗透性，也可用于扑救 A 类火灾，对于热塑性高分子材料及其制品在火灾时被熔化而形成的A、B 类火灾，也具有较好的扑救效果；c. 水成膜泡沫灭火剂可扑救醇、酯、醚等极性液体火灾的浅层火，而对于其深层火，则需要使用抗溶性水成膜泡沫灭火剂或其他抗溶性泡沫灭火剂扑救。水成膜泡沫灭火剂不能用于扑救 C 类火灾、带电设备火灾、D 类火灾以及其他遇水反应物质的火灾。

④高倍数泡沫灭火剂。其是以合成表面活性剂为基料，通过高倍数泡沫发生器产生发泡倍数大于 200 的泡沫灭火剂。适用范围如下：高倍数泡沫灭火剂主要适用于扑救 A 类火灾和 B 类火灾中的烃类液体火灾，特别适用于扑救地下室、矿井坑道等有限空间内的 A 类（如木材及木制品、纤维制品等）火灾。高倍数泡沫灭火剂不适用于扑救 B 类火灾中的极性液体火灾、C 类火灾、遇水反应物质的火灾和带电设备火灾。

⑤A 类泡沫灭火剂。其主要由发泡剂、泡沫稳定剂、渗透剂、阻燃剂和增稠剂等组成。A 类泡沫液的添加剂可使泡沫长时间黏附在可燃物表面形成防辐射热的保护层，起到阻燃和隔热作用。适用范围如下：可以扑救固体物质初起火灾，如建筑物、灌木丛、草场、垃圾填埋场、谷仓、地铁、隧道等场所的火灾。

（二）气体灭火剂

1. 二氧化碳灭火剂

二氧化碳是一种不燃烧、不助燃的惰性气体，易于液化，主要以液态形式加压充装于灭火器钢瓶中，因装罐、储存、制造方便，是一种应用比较广泛的灭火剂[2]。

（1）灭火机理　二氧化碳的灭火作用主要是窒息作用。将二氧化碳喷射到着火空间，会快速笼罩在燃烧区周围，使空间的氧气含量减小，使燃烧熄灭。1kg的液体二氧化碳在常温常压下能生成 $0.5m^3$ 左右的二氧化碳气体，当空间中氧气的含量低于12%或二氧化碳的浓度达到30%～35%时，足以使 $1m^3$ 空间范围内的火焰熄灭。同时，二氧化碳由液态变成气态时，1kg 二氧化碳将吸收577.4kJ的热量。因二氧化碳汽化时，仅有30%的二氧化碳凝结成雪花状的固体而放出热量，所以其灭火时的冷却作用不大。

（2）特点与适用范围

① 特点。二氧化碳灭火剂具有不与绝大多数物质反应、不导电、没有水渍损失、无二次污染、价格低廉等优点。但二氧化碳灭火剂因储气钢瓶压力高、灭火浓度大、膨胀时易产生静电放电等，有可能引起着火，且其冷却效果差，灭火时有复燃的可能。

② 适用范围。二氧化碳灭火剂主要适用于在封闭空间内扑救 B 类火灾，部分 C 类火灾；灭火后仍在泄漏，有可能形成新的爆炸混合物的气体火灾除外；固体表面火灾，但不能扑救具有有机特性、燃烧过程中可能伴有深位火的一般固体物质火灾等；带电设备（E 类）火灾（6000V 以下）等。二氧化碳灭火剂不能用于扑救：自身含有供氧源的一些化合物，如硝化纤维素、火药、过氧化物等；碱金属及其混合物，如钾、钠、镁、铝等。

2. 氮气灭火剂

N_2 作为惰性气体的一种，主要应用于变压器的火灾扑救，称为"排油搅拌防火系统"，以及作为其他气体灭火系统的加压气体[2]。

（1）灭火机理　氮气的分子式为 N_2，分子量为 28，沸点为 $-195.8℃$，气体密度（20℃）为 $1.251kg/m^3$。对于大多数可燃物而言，只要空气中氧的体积分数降到12%～14%以下时，燃烧就会终止。通过将氮气注入着火区域，使着火区域中的氮气体积分数达到35%～50%时，将着火区域中氧气的体积分数降低至10%～14%，实现着火区域空气的惰化，从而达到灭火目的。

（2）适用范围　N_2 不导电、无污染等特性使其成为清洁的灭火气体，对于扑救 A、B、C 和 D 类火灾都有较好的效果，适宜扑救地下仓库、地铁、铁路隧道、控制室、计算机房、图书馆、通信设备、变电站、重点文物保护区等的火灾。N_2 来源广泛、价格低廉，使用 N_2 灭火时，通过降低着火区域含氧量来达到灭火目的。因此，它主要适用于无人或人员较少且能快速撤出的场所。

（三）固体灭火剂

1. 石墨粉末灭火剂

石墨粉末灭火剂是以石墨为基料的粉末灭火剂，主要由石墨粉和添加剂组成。粉末灭火剂的粒度应适合在燃烧的金属表面形成致密的覆盖层，其粒度大于干粉灭火剂[2]。

（1）灭火机理　以石墨为基料的粉末灭火剂有两种形式：一种石墨粉粒度较大，添加了有机磷化合物。该粉末覆盖于燃烧的金属表面时，其中的有机磷化合物受火焰高温的作用很快分解，产生不燃、无毒、轻微的烟雾，填充于石墨层的粉粒之间，加强了石墨层的隔离作用，使氧气无法通过。同时，石墨粉还是一种热的导体，可以从金属表面吸热，使金属温度降低。另一种石墨粉粒度较细，加入添加剂后可充装灭火器，使用较为方便。

（2）适用范围　以石墨为基料的粉末灭火剂适用于扑救锂、钠、钾、铝等金属火灾，也适用于镁、镁合金、锌等粉末火灾。

2. 干粉灭火剂

干粉灭火剂是指用于灭火的颗粒直径小于 0.25mm 的无机固体粉末。干粉灭火剂按灭火性能不同，可分为 BC 干粉灭火剂（又称普通干粉灭火剂）和 ABC 干粉灭火剂（又称多用干粉灭火剂）。其中，颗粒直径小于 $20\mu m$ 时称为超细干粉灭火剂，超细干粉灭火剂按灭火性能不同，可分为 BC 超细干粉灭火剂和 ABC 超细干粉灭火剂[2]。

（1）特点　干粉灭火剂是一种干燥的、易于流动的微细固体粉末，由能灭火的基料及防潮剂、流动促进剂、结块防止剂等添加剂组成。在灭火时，干粉借助气体压力从容器中喷出，以粉雾形式灭火。干粉灭火剂具有灭火效率高、灭火速度快、耐低温及优良的电绝缘性能等优点。但同时干粉灭火剂也存在抗复燃能力差、易吸湿结块，且喷射后残存的干粉不易清理等缺点。

（2）灭火机理　BC 干粉灭火剂对有焰燃烧具有抑制作用，当把干粉射向燃烧物时，粉粒消耗火焰中活性基团·OH 和·H，以抑制燃烧反应而灭火，同时使用干粉灭火时，可以减少火焰的热辐射，粉末释放出结晶水或发生分解而吸热，且分解生成的不活泼气体又可稀释燃烧区内氧的浓度；ABC 干粉灭火剂具有对燃烧的抑制作用和一定的吸热降温作用，还具有对一般固体物质表面燃烧的灭火作用；超细干粉灭火剂其灭火原理与普通粒径干粉灭火剂基本相同，因超细干粉灭火剂具有粒径小、比表面积大、活性高等优点，抑制燃烧效果好，且能形成相对稳定的气溶胶，更适用于以全淹没方式灭火的情况。

（3）适用范围

① BC 干粉灭火剂。适用于扑救 B 类火灾、C 类火灾和带电设备火灾。但不适宜于扑救精密仪器设备和精密电气设备引起的火灾，不能用于扑救钠、钾、镁、铁、锌等金属火灾，也不能用于扑救自身能够释放氧或提供氧源的化合物火灾，如硝化纤维素、过氧化物火灾。

② ABC 干粉灭火剂。既可用于扑救 B 类火灾、C 类火灾和带电设备火灾，又可用于扑救一般固体物质火灾。ABC 干粉灭火剂不适宜扑救的火灾类型同 BC 干粉灭火剂。

③ 超细干粉灭火剂。可用于固定管网系统和无管网系统的全淹没灭火以及局部应用灭火。BC 超细干粉灭火剂适用范围同 BC 干粉灭火剂，ABC 超细干粉灭火剂适用范围同 ABC 干粉灭火剂。超细干粉灭火剂不适用于野外或敞开式空间灭火；因受能见度、刺激性作用等影响，不适用于有人场所灭火。

第二节　各类危险化学品初期火灾扑救方法

一、爆炸品火灾应急处置

爆炸品内部含有爆炸性基团，受摩擦、撞击、震动、高温等外界因素诱发，极易发生爆炸，遇明火则更危险。爆炸品通常有专门的仓库储存，这类物品发生火灾时，一般应采取以下基本方法：

1. 做好侦察

迅速判断和查明再次发生爆炸的可能性、危险性，紧紧抓住爆炸后和再次发生爆炸之前的有利时机，采取一切可能的措施，全力制止再次爆炸的发生。

2. 运用合适的处置技术

爆炸品着火时，因为水能够渗透到爆炸品内部，所以水是最好的灭火剂，且水流应采用吊射，避免强力水流直接冲击堆垛而倒塌，引起再次爆炸。救援人员应尽量利用现场掩体（墙体低洼处、树干等）或采用低姿（如卧姿等）射水，尽可能地采取自我保护措施。由于爆炸品本身既含有可燃物，又含有氧化剂，着火后不需要空气中氧的作用就可持续燃烧，所以爆炸品着火不能采取窒息法或隔离法，禁止使用砂土覆盖燃烧的爆炸品，否则会由燃烧转为爆炸。如果现场为爆炸品泄漏事故，应及时用水润湿，再撒以锯末、棉絮等松软物品，保持相当湿度，报请专业人员处理，严禁将收集的泄漏物重新装入原包装内[3]。

3. 突发险情处置

救援人员若发现现场有再次发生爆炸的危险时，应立即向现场指挥报告，现场指挥应迅速做出准确判断，确认有发生爆炸征兆或危险时，应立即下达撤退命令；现场所有救援人员在接到撤退信号或准确判断爆炸危险即将发生时，应迅速撤离至安全地带，来不及时，应就地卧倒[4]。

二、压缩（液化）气体火灾应急处置

压缩或液化气体通常利用管道输送，或储存在不同的压力容器内。储存在压力容器内的气体，若受热或受火焰烘烤，极易发生爆裂；气体泄漏后引发着火事故，若形成稳定燃烧，发生再次爆炸的危险性比泄漏未着火事故要小得多。遇压缩或液化气体事故，一般应采取以下基本方法：

1. 疏散与控制

根据现场情况，积极疏散与抢救受伤或被困人员，同时根据着火情况，快速扑灭被火源引燃的周边可燃物火灾，切断火势蔓延途径，控制燃烧范围；对于受到火焰辐射威胁的邻近压力容器，能疏散的尽量在水枪的掩护下疏散到安全地带，无法疏散或制止泄漏的，应及时部署足够的冷却力量冷却和（或）控制燃烧，为防止容器爆炸伤人，进行冷却的人员应尽量采用低姿射水或利用现场坚实的掩体保护。

2. 制止泄漏

输气管道或压力容器泄漏着火，应设法找到气源阀门，并关闭气体的进出阀门，火势即自动熄灭。储罐或管道泄漏关阀无效时，应根据火势判断气体压力和泄漏口的大小、形状，准备好相应的堵漏材料（如软木塞、橡皮塞、胶黏剂等）后，可用水或干粉、二氧化碳等将火扑灭。在用水冷却着火对象、稀释驱散泄漏气体的同时，立即实施堵漏，通常情况下，现场泄漏制止则灭火工作完成。现场若无法实施有效堵漏，则应持续对着火罐及邻近压力容器进行冷却防爆，直至气体燃尽。

3. 突发险情处置

现场指挥应密切注意各种危险征兆，受热辐射的容器安全阀火焰变亮耀眼、尖叫、晃动等爆裂征兆出现时，现场指挥必须适时做出准确判断，及时下达撤退命令。现场人员看到或听到事先规定的撤退信号后，应迅速撤离至安全地带[4]。

三、易燃液体火灾应急处置

易燃液体通常储存在常压容器内，通过管道输送。易燃液体着火或泄漏事故，若无堤坝围堵，极易顺着地面（或水面）流淌，受其密度、水溶性等特性影响，应合理选择水、泡沫等适宜的灭火剂扑救，同时因存在沸溢、喷溅、爆炸等危险，火灾扑救难度很大。遇易燃液体事故，一般应采取以下基本方法。

1. 侦察与控制

事故发生后，应及时了解和掌握着火液体的品名、密度、水溶性，以及有无毒害、爆炸、腐蚀、沸溢、喷溅等危险性，以便采取相应的灭火和防护措施；切断火势蔓延的途径，控制燃烧范围；冷却保护和（或）疏散受火势威胁的储存容器、可燃物等；积极抢救受伤和被困人员。

2. 灭火

通常情况下，对于小面积（一般 $50m^2$ 以内）液体火灾，一般可用雾状水、泡沫、干粉、二氧化碳等灭火剂快速扑灭；对较大的储罐或流淌火灾，应准确判断着火面积，依据其相对密度、水溶性、燃烧面积大小等参数，合理选择灭火剂种类与数量。

对于比水轻且不溶于水的液体（如汽油、苯等）火灾，不宜采用直流水、雾状水扑救，可采用普通蛋白泡沫或轻水泡沫扑灭，同时利用水冷却罐壁。对于水溶性的液体（如醇类、酮类等）火灾，灭火时若用水，则因使用量大易造成可燃液体溢流；若使用普通蛋白泡沫则易损坏，所以可使用抗溶性泡沫扑救，同时需用水冷却罐壁。

对于易燃液体管道或储罐泄漏着火，若存在地面流淌火，应先用泡沫、干粉、二氧化碳或雾状水等扑灭，为堵漏扫清障碍，而后再扑灭泄漏口火焰，并迅速采取适宜的方法堵漏；对于输送管道泄漏着火，应优先确定是否可通过关闭阀门制止泄漏；当易燃液体泄漏四处流淌时，可通过挖沟、筑堤（或用围油栏）等方法导流拦截[4]。

3. 突发险情控制

扑救原油、重油等沸溢性油品火灾时，可采用消除水垫、搅拌等措施减缓其沸溢、喷溅的发生时间，为调集力量、消灭火灾提供时间保障。指挥员在处置过程中，应科学估算发生沸溢、喷溅的时间，并设置安全员随时观察现场是否有沸溢、喷溅的征兆，一旦出现危险征兆应迅速下达撤退命令，所有人员按提前约定的信号快速撤离至安全区域，避免造成人员伤亡和财产损失。

四、易燃固体、自燃物品及遇湿易燃物品火灾应急处置

根据易燃固体、自燃物品的不同性质，其发生火灾时一般可用水、砂土、泡沫、二氧化碳、干粉等灭火剂扑救；而遇湿易燃物品因能与潮湿空气和水发生化学反应，产生可燃气体和热量，有时即使没有明火也能自动着火或爆炸，所以绝对禁止用水、泡沫等湿性灭火剂扑救。对于易燃固体、自燃物品及遇湿易燃物品火灾，一般应采取以下基本方法：

1. 灭火方法

（1）易燃固体和自燃物品

① 遇水反应的易燃固体火灾。如铝粉、钛粉等金属粉末可以与水发生剧烈反应，产生的高温可使水分子或二氧化碳分子分解，从而引起爆炸或使燃烧更加猛烈并产生可燃气体，所以不可以用水、二氧化碳扑救，但可以使用干燥的砂土、干粉灭火器（压力不宜过大）进行扑救。

② 释放易燃蒸气的易燃固体火灾。如2,4-二硝基苯甲醚、二硝基萘、萘等物质是能升华的易燃固体，受热发出易燃蒸气，能与空气形成爆炸性混合物，尤其是在室内，易发生爆燃。火灾时可用雾状水、泡沫扑救并切断火势蔓延途径，且在扑救过程中应不时向燃烧区域上空及周围喷射雾状水，并用水浇灭燃烧区域及其周围的一切火源。

③ 遇水或酸产生剧毒气体的易燃固体火灾。如磷的化合物和硝基化合物（包括硝化棉等）、氰化合物、硫黄等，燃烧时产生有毒和刺激性气体，严禁用硝碱（硝酸钾）、泡沫灭火剂，扑救时必须做好呼吸系统防护。

④ 黄磷火灾。黄磷自燃点很低，在空气中易快速氧化、升温并自燃。遇黄磷火灾时，应利用低压水或雾状水扑救，不宜使用高压直流水冲击，易发生飞溅而导致灾害扩大；熔融的黄磷流淌时，应用泥土、砂袋等筑堤拦截并用雾状水冷却，对固化后的黄磷，应及时浸入储水容器中，来不及用砂土掩盖的，应在火灾扑灭后，再浸入储水容器中；现场处置中，对残存的黄磷应密切关注，防止裸露的黄磷再次自燃，同时注意黄磷燃烧时会产生剧毒的五氧化二磷等气体，扑救时应做好个人防护。

（2）遇湿易燃物品 遇湿易燃物品发生火灾时应了解掌握遇湿易燃物品的品名、数量、燃烧范围、火势蔓延途径等，为有效处置不同种类物品火灾奠定

基础。一般情况下，此类物品发生火灾时，应迅速将邻近未燃物品隔离，最佳灭火剂是 7150 灭火剂（其主要成分为偏硼酸三甲酯）。对遇湿易燃物品火灾，一般应采取以下基本方法[4]：

① 极少量（一般 50g 以内）遇湿易燃物品着火，可用大量的水或泡沫扑救，当少量遇湿易燃物品燃尽后，火势很快就会熄灭或减小；遇湿易燃物品数量较多时，则绝对禁止用水、泡沫等湿性灭火剂扑救，可用干砂、黄土、干粉、石粉等进行扑救。

② 活泼金属钾、钠等具有极强的还原性，可使用苏打、食盐、氮或石墨粉来扑救，不宜使用二氧化碳扑救，否则会助长火势；锂的火灾不能用砂、碳酸钠干粉、氮扑救，而只能用石墨粉扑救；金属铯能与石墨反应生成铯碳化物，故金属铯着火不可用石墨粉扑救。

2. 泄漏处理

（1）易燃固体和自燃物品泄漏时，救援人员应做好体表、呼吸系统防护，切断火源；少量泄漏时，可用砂土、泥土覆盖，用无火花工具收集、处理；大量泄漏时，可用塑料布等覆盖，防止扩散。

（2）遇湿易燃物品泄漏时，救援人员应做好个人防护，切断火源，严禁受潮或遇水，可用水泥、干砂等覆盖处置。

（3）上述三类物品泄漏时，可集中收集并包装，其残留物禁止任意排放、抛弃，处理后的现场可以用大量水冲洗；对注有稳定剂的物品，收集包装后应再次注入相应的稳定剂。

五、氧化剂和有机过氧化物火灾应急处置

氧化剂和有机过氧化物从物质存在的形态看，既有固体、液体，又有气体；从灭火的角度看，有的可用水（最好用雾状水）和泡沫扑救，有的不能用水和泡沫扑救，有的不能用二氧化碳扑救。因此，扑救氧化剂和有机过氧化物火灾应具体问题具体分析。对氧化剂和有机过氧化物火灾，一般应采取以下基本方法：

1. 侦察

氧化剂和有机过氧化物着火时，应迅速查明着火或反应的物质品名、数量、主要危险特性、燃烧范围、火势蔓延途径，确定能否用水或泡沫扑救，若可以用水或泡沫扑救时，应尽一切可能切断火势蔓延，隔离着火区域，控制燃烧范围，积极抢救受伤和被困人员，同时救援人员应注意做好个人

防护。

2. 火灾处置

（1）氧化剂着火或被卷入火中时，因释放出氧而加剧燃烧，即使在惰性气体中，火势仍然会自行延续；运用窒息法将货舱、容器、仓房封闭，或运用蒸汽、二氧化碳及其他惰性气体等窒息方法均无法灭火，同时如果使用少量的水灭火，则会因引起物品中过氧化物的剧烈反应而无法灭火。因此，为有效控制氧化剂火灾，必须使用大量的水或用水淹浸的方法灭火。

（2）有机过氧化物着火或被卷入火中时，如硝酸盐类、高锰酸盐类等，因在火场中极易分解爆炸，应迅速将其从火场中疏散，救援人员应尽可能远离火场，若需要使用大量的水灭火，则应利用相关掩体做好防护；从火场中疏散出的或暴露于高温下的有机过氧化物包件，即使火已扑灭，但仍有可能随时发生剧烈分解，在其未完全冷却之前，救援人员不可盲目接近，应使用大量的水进行冷却，条件允许时，应在专业人员的技术指导下进行处理；在水上运输时，若情况紧急可以将其投弃于水中[3]。

3. 泄漏处理

氧化剂和有机过氧化物泄漏，应注意收集处理，并使用惰性的材料作为吸收剂将其吸收处理，而后在尽可能远的地方以大量的水冲洗残留物，禁止使用锯末、废棉纱等可燃材料吸附，以免发生火灾。对于收集处理的泄漏物，应针对其特性采用安全可行的办法处理或考虑埋入地下，切不可重新装入原包装或装入完好的包件内，以免混入杂质而引起危险。

六、毒性物质和感染性物质火灾应急处置

毒性物质和感染性物质对人体都有一定危害，主要是吸入其蒸气或通过皮肤接触引起人体中毒，处置过程中应注意做好呼吸系统防护与体表防护。对毒性物质和感染性物质火灾，一般应采取以下基本方法：

1. 积极救人

毒性物质和感染性物质发生灾害易造成人员伤亡，救援人员在采取相应的防护措施后，应积极抢救受伤和被困人员，限制燃烧范围。

2. 着火处置

液体类毒性物质着火，可根据液体的性质（有无水溶性和相对密度的大小等）选用抗溶性泡沫、普通蛋白泡沫或氟蛋白泡沫等灭火，或用砂土、干粉、

石粉等施救；固体类毒性物质着火，可用水或雾状水扑救；无机毒性物质中的氰、磷、砷或硒的化合物，遇酸或水后能产生剧毒的易燃气体氰化氢、磷化氢、砷化氢、硒化氢等，因此着火时，不可使用酸碱灭火剂、二氧化碳灭火剂，也不宜用水施救，可使用干粉、石粉、砂土等；用大量的水灭氰化物火灾时，救援人员应采取有效措施防止接触含有氰化物的水，特别是不得接触破伤的皮肤，同时应防止灭火后的用水流入河道，造成二次污染[3]。

七、放射性物质火灾应急处置

放射性物质具有放射性、毒害性、易燃性等危险，此类物质发生火灾，相关单位及消防等部门应配备相应的放射性检测仪器，处置过程中救援人员必须采取特殊的防护措施。对放射性物质火灾，一般应采取以下基本方法：

1. 侦察检测

在灭火救援初期，若不明确泄漏物质，应在最大限度做好个人安全防护的基础上，指派专业救援人员携带放射性检测仪器，检测确定泄漏物质及其辐射剂量、范围，划定警戒区；超出辐射剂量范围的，应设置带有"危及生命、禁止进入"的警示牌；小于辐射剂量范围的，应设置"辐射危险、请勿接近"的警示牌。

2. 救援措施

放射性物质在运输、储存、生产或经营过程中，仓库、车间以及经营地点等发生着火、爆炸或其他事故时，若放射性物质包装或容器没有破损，救援人员在水枪的掩护下，佩戴防护装备将其疏散；无法疏散转移的应就地冷却保护，防止其破损并形成辐射伤害；若放射性物质包装或容器破损，严禁搬动转移或用水流冲击，特别是不要使用带有压力的灭火剂喷射，以防止放射性污染范围扩大；对于辐射剂量小的区域，可快速用水灭火或用泡沫、二氧化碳、干粉扑救，并积极抢救受伤人员；对超出辐射剂量的区域，灭火人员不能深入辐射源纵深灭火[3,4]。

八、腐蚀性物质火灾应急处置

1. 火灾处置

无机腐蚀性物质或有机腐蚀性物质发生火灾时，一般可用雾状水、干砂、泡沫或干粉等扑救。硫酸、强碱等遇水发热、分解或遇水产生酸性烟雾的物质着火时，不能用水扑救，可用干砂、泡沫、干粉扑救。适宜用水扑救的物质，以喷雾水为宜，不宜使用高压水，以防酸液四溅，伤害救援人员[3]。

2. 泄漏处置

液体腐蚀性物质发生泄漏时，应使用干砂、干土等覆盖吸收，清除干净后，再利用大量水洗刷；腐蚀性物质大量溢出时，可用稀酸或稀碱中和，但要防止发生剧烈反应。用水冲刷泄漏现场时，应缓慢进行或使用雾状水，防止掺杂泄漏物质的液体飞溅伤人。

九、杂项危险物质和物品火灾应急处置

杂项危险物质和物品指其他类别未包括的危险物质和物品。其中，同火灾紧密相关的是锂电池火灾，通常情况下可采取以下基本灭火方法：

1. 掌握灾情，规避风险

现场指挥要第一时间与报警人或厂方技术人员取得联系，详细了解锂电池的种类、数量，以及起火时间、起火部位、建筑结构、人员被困和周边情况等信息，提醒救援人员做好个人防护。同时，合理规划行车路线，率队尽量从上风或侧上风方向接近现场，并在安全位置停车。

2. 疏散群众，防止爆炸

现场有人员被困时，疏散抢救人员是应急处置的主力。要组织搜救小组全力展开搜救行动，对失去行动能力的被困者，要迅速转移出起火建筑，转交医疗部门急救；要合理划定警戒区域，对起火建筑周边可能受到爆炸伤害的人员，也要迅速疏散至安全区域。

3. 确定灭火剂，适时灭火

对于锂离子电池火灾，由于其本身不含金属锂，可以用水、干粉等灭火剂扑救，通过在起火建筑的门、窗等开口部位设置移动炮，远距离灭火；对于锂金属电池火灾，由于使用金属锂作为负极材料，其性质特殊，能与大多数灭火剂发生反应，故不宜用水、泡沫、二氧化碳、干砂、ABC 干粉灭火，尽量选用不含氯化钠的 D 类干粉灭火剂进行扑救。

4. 排查隐患，防止复燃复爆

对于锂电池火灾，明火扑灭后，还要做好现场监护，持续供水冷却，防止其内部仍在反应放热，发生复燃复爆。指挥员要安排专人负责现场监护、供水，充分利用周边水源直接供水或调集增援力量保证供水，确保处置行动中供

水不间断。

第三节　危险化学品仓库火灾扑救

危险化学品仓库具有选址特殊、平面布局要求高、耐火等级高、防火要求严、出入口较少、通风良好、防爆要求高等特点，其储存的物品具有易燃、易爆、腐蚀、毒害、放射性等危险性质，其在一定条件下能引起燃烧、爆炸和导致人体灼伤、死亡等事故。

一、危险化学品仓库火灾特点

1. 燃烧与爆炸瞬间转换

对于危险化学品仓库火灾，若火势的发展未得到及时控制，在火焰高温作用下库内的危险化学品随时都会发生猛烈的爆炸，破坏力极强，足以摧毁库房及周边建筑。双氧水、硝酸铵、保险粉等储存物的爆炸威力大，易使库房遭受严重破坏[5]。库内发生爆炸后，在冲击波破坏库房的同时，爆炸高温瞬间会引起周边其他建筑或可燃物燃烧，引发大规模火灾。

2. 易产生有毒气体

危险化学品仓库发生火灾后，盛装有毒物品的容器破坏泄漏，或在燃烧和受热条件下，危险化学品分解或蒸发出有毒气体，如氟化氢、氰化氢等是剧毒气体，氟化钾、四乙基铅等是有毒液体，有毒气体或蒸气在火场上扩散，威胁救援人员的安全，给灭火救人、疏散物资等行动带来许多困难。

3. 易发生化学性灼伤

危险化学品仓库火灾中，若盛装酸、碱的容器破裂，酸、碱液就会四处流淌，在处置过程中，若用强水流盲目射水，易引起酸、碱飞溅而灼伤在场人员。有些危险物品或其蒸气与空气中的水蒸气接触，也能产生腐蚀物（如卤化物、硝酸等），人体与之接触也能产生灼伤或破坏性创伤。

4. 燃烧特性各异，灭火剂选择难度大

危险化学品仓库火灾，由于各种物品的燃烧特性不一，在灭火剂的选择上有严格的要求。如乙硫醇、乙酰氯等易燃液体与水或水蒸气接触能发生反应，产生有毒、易燃气体，因此，这类物品火灾不宜用水灭火，应使用二氧化碳、干粉、砂土等。醚、醇类火灾，需用大量抗溶性泡沫扑救；2,4,6-三硝基甲

苯、2,4,6-三硝基甲酸、三硝基苯甲醚等都是爆炸物品，需要使用大量水扑救，禁止用砂土等压埋。

二、危险化学品仓库火灾扑救措施

危险化学品仓库火灾扑救，应按如下方式和要求组织与实施[5]：

1. 火情侦察

危险化学品仓库发生火灾，消防队到场后，及时组织火场侦察，采取外部观察、询问知情人、内部侦察等方法，及时查明危险化学品仓库着火的部位、燃烧范围，火势发展蔓延主要方向和被困人员情况；火场中有无爆炸危险；若已发生爆炸，爆炸造成的人员伤亡情况、建筑物破坏程度、有无再次爆炸的可能；燃烧物品、库内存放物品及邻近库房储存物品的理化性质、燃烧特性、储存数量、储放形式等情况；仓库的建筑结构、平面布局以及危险化学品分区储存情况；可供战斗展开的部位、疏散物资的通道及其可通行情况；火场的地理环境情况，库房有无防护土围堤，库内水源位置等；扑救火灾适用灭火剂的类型，到场车载灭火剂能否适用，所调车辆的种类、数量等情况。查阅灭火救援预案和单位建筑图纸，初步确定进攻路线和疏散危险化学品的途径和方法等。查明危险化学品情况，应充分利用物品标签、容器标记、货运票据和现场知情人员等有价值的信息源。

2. 划定警戒范围

根据现场有毒和可燃气体扩散情况、危险化学品爆炸危害范围、火场客观地理与风向情况及灭火行动需要，划定警戒范围，确定危险区和安全区，设立明显标志；严格控制进出警戒区域内的人员、车辆，并做好登记，消除警戒区内一切火种、火源和电源；组织专人负责，会同地方政府和公安部门，疏散警戒区域内的人员。

3. 正确选用灭火剂

根据危险化学品仓库燃烧物品性质，正确选用灭火剂，防止因灭火剂使用不当而扩大火情，甚至引起爆炸。如：大多数易燃、可燃液体火灾，应选用泡沫扑救，其中水溶性有机溶剂火灾应使用抗溶性泡沫扑救；可燃气体火灾，应用二氧化碳、干粉等灭火剂扑救；有毒气体及酸、碱液火灾，可用雾状或开花水流扑救，酸液用碱性水流、碱液用酸性水流更为有效；轻金属物质火灾，不能用水和二氧化碳灭火剂扑救，宜用干粉和干沙土等覆盖，窒息灭火。

4. 抢救被困人员

在扑救仓库火灾中一旦遇到被困人员，应首先把灭火力量用于被困人员的施救，通过采取破拆、排烟、灭火等技术手段，打通救人通道，布置水枪掩护，尽最大努力把被困人员抢救出来。在满足抢救被困人员需要的前提下，在火势蔓延的主要方向，部署其余力量控制火势蔓延，在避免发生爆炸或二次爆炸的同时，兼顾抢救和保护各种物资。

搜寻被困人员的行动要积极稳妥，胆大心细，可使用生命探测仪、搜救犬等进行搜救，尽量减少遇险被困人员被埋压的时间和伤害程度。对救出的人员进行现场急救，采取心肺复苏、止血、包扎、固定等措施。救护力量尚未到达现场时，可使用消防车及其他社会车辆将伤员就近送至医院急救。

5. 冷却抑爆

危险化学品仓库火灾发生时，爆炸是火场态势急剧恶化导致的重大险情。在火场的热作用下，储存危险化学品的桶、罐、瓶膨胀泄漏或超压爆炸；泄漏的可燃气体和易燃、可燃液体的蒸气与空气混合形成爆炸性气体，遇火源爆炸；绝大多数的爆炸性物品，在火场热作用下，会自行发生爆炸。因此，冷却被火势威胁的危险化学品是消除潜在爆炸危险因素的关键。

库区有防护土围堤时，应利用土围堤作依托建立水枪阵地，并尽可能接近燃烧库房射水，冷却建筑物和控制火势；绝大多数的爆炸性物品在含水量达到30％以上时，就会失去燃烧或爆炸性能，可使用移动水炮、大口径水枪等，通过折射、吊射等方法，浇湿火源附近的爆炸性物品，制止可能发生的爆炸；扑救爆炸性物品堆垛火灾，应尽量使用喷雾或开花水流，以防堆垛倒塌震动引起爆炸；若弹药箱（包）靠近墙壁堆放，可将水流射向墙壁上部，通过折射使水流散落在弹药堆垛上；必要时，应调用消防直升机从空中向燃烧区域投放水、干粉、水泥粉等灭火剂，以达到冷却和抑制火势的作用。

6. 堵截蔓延

危险化学品仓库火灾处于猛烈发展阶段时，堵截火势的迅速蔓延是有效灭火的先决任务。现场指挥应将主要力量首先部署在火势蔓延的主要方向上，以有效地堵截火势，控制其发展和蔓延。

（1）地上单层危险化学品仓库内火灾　其火势主要沿库房内部水平蔓延，其次就是窜向顶部屋架蔓延。在火势尚未突破仓库屋面时，应实施内攻堵截，有效地切断火势的水平蔓延，并组织一定的力量冷却保护室内屋面，防止屋架变形和倒塌，因底部火势受到水平堵截后，必然会趋于向上发展，对屋顶结构形成较大威胁。如果火势已烧穿屋顶，则应在地面、屋架和堆垛等部位同时部署水枪，形成立体水枪阵地以有效地堵截火势的发展。

（2）地上多层危险化学品仓库火灾　其火势发展蔓延的主要方向是上部楼层，首先到场的消防力量要想方设法控制住火势向上发展。因此，应根据现场仓库结构条件，通过楼梯、举高车等各种登高途径，登至燃烧层的上层，必要时宁可放弃燃烧层上部一两个楼层，设置水枪阵地，控制火势向上层发展。由于登高灭火救援的难度比较大，所以人员一定要精干，力量一定要充足，掩护和保障一定要有力。登高人员的任务，除遇有被困人员需要临时抢救外，主要是把守上下贯通的竖向井道，冷却保护室内地面，监护外部门窗，扑灭上窜的火焰，堵截火势向上发展和蔓延。

7. 物资疏散

危险化学品仓库物资集中，为尽量减少物资的火灾损失和消除火场潜在的险情，在整个灭火过程中，应边组织火灾扑救，边疏散保护物资。

当火场面积较大，火势同时向多个方向蔓延时，应对受火势威胁的库内危险化学品或邻近库房内的危险化学品实施疏散保护。当燃烧火势猛烈时，应在火势发展蔓延的主要方向上，架设水枪堵截火势或铺设水幕水带形成水幕隔离燃烧区，同时组织水枪、水炮压制火势，掩护疏散行动，最大限度地降低火灾损失，消除潜在险情。

如果到场力量较少，下风方向受火势威胁的物资易于搬运时，应将灭火力量主要用于掩护，组织一定人力、物力在水枪掩护下将物资疏散出去。对于受火势威胁的物资不易搬动的，应利用苫布或覆盖物遮盖，就地进行保护。在组织疏散与保护物资的过程中，应事先组织好人力、车辆和其他运输工具，确定疏散的顺序、路线和方法，划定物资堆放点，并指定专人进行看守和保护。对于范围比较大的火场，可将整个火场分割成若干个区域，在各区域同时组织物资疏散和保护工作，这将有利于加快灭火救援活动的进程。

第四节　石油库罐区火灾扑救

石油库罐区泛指收发和储存原油、汽油、煤油、柴油、喷气燃料、溶剂油、润滑油和重油等散装油品的独立或企业附属的仓库或设施，这些收发和储存的设施主要由储罐、输送管道、阀门组、控制系统及固定消防设施等组成。石油库罐区通常储存大量石油及其各种产品，各种火灾危险因素并存，一旦爆炸起火往往会形成较大范围的着火区，火势异常猛烈，扑救困难。消防救援队伍各级指挥人员，不但要熟知石油库罐区的基本构成与火灾特点，通晓石油库罐区火灾扑救技战术措施，同时还应掌握组织指挥的基本原则和方法[6]。

一、石油库罐区火灾的危险性

1. 油品的火灾危险性

（1）易燃、易爆性　油品属有机物质，其危险性的大小与油品的闪点、自燃点有关，油品的闪点和自燃点越低，发生着火燃烧时的危险性越大，常用油品的闪点、自燃点和燃烧速度见表 4-1；油品蒸气与空气混合形成的混合气体在一定的浓度范围内遇火源就会发生爆炸，爆炸极限一般用油品的蒸气浓度表示，也可用相应的温度来表示，常见的几种油品的爆炸浓度极限和爆炸温度极限见表 4-2。

表 4-1　常用油品的闪点、自燃点和燃烧速度

油品名称	闪点/℃	自燃点/℃	燃烧速度	
			火焰传播速度/(m/s)	燃烧线速度/(mm/min)
原油	27～45	380～530		1.5～3
航空煤油	−16～10	390～530	12.6	2.1
车用汽油	−50～10	426	10.5	1.75
煤油	28～45	380～425	6.5	1.10
轻柴油	45～120	350～380		
润滑油	180～210	300～350		

表 4-2　几种油品的爆炸浓度极限和爆炸温度极限

油品名称	爆炸浓度极限(体积分数)		爆炸温度极限	
	下限/%	上限/%	下限/℃	上限/℃
汽油	1.4	7.6		
航空煤油	14	7.5	−34	−4
煤油	1.4	7.5	40	86
车用汽油	1.7	7.2	−38	−8
溶剂油	1.4	6.0		

（2）易蒸发、易扩散　油品蒸发出的油气密度都比空气大，蒸发出的气体可随风沿地面扩散，在低洼处积聚不散。油品密度比水小，能够在水面上扩散飘浮。飘浮在水面上的油品随水流到哪里，便会增加哪里的火灾危险性。若油

品大量飘浮到江、河、湖、海的水面上，将给港口或水域下游的船只、岸边建筑物带来极大的危险。

（3）受热膨胀性　油品受热后，温度升高，体积膨胀，若灌装过满，管道输油后不及时排空，又无泄压装置，便会导致容器和管件的破坏；另外，由于温度降低，体积收缩，容器内出现负压，也会使容器变形破坏。

2. 油罐火灾的主要危险性

（1）易发生爆炸　油罐发生火灾爆炸时，尤其是拱顶油罐，油罐内的油品蒸气与空气形成爆炸性混合物，遇到点火源，会形成爆炸型火灾，爆炸会产生强大的声响和气浪，火焰呈蘑菇云状翻滚扩散，爆炸力造成罐体不同程度损坏，如罐顶向外掀开、向内塌陷或边缘胀裂，罐体出现裂缝或位移等。油品在油罐破坏部位的开口处呈敞开式、半敞开式或斜喷式燃烧；若油品从油罐裂缝处流出，又会形成立体式燃烧，或因油品在地面流淌而出现不规则的着火区等。油罐发生火灾时，其燃烧形态主要包括塌陷式燃烧、流淌式燃烧、立体式燃烧等。

（2）易发生沸溢、喷溅　含有一定水分或有水垫层的重质油品的储罐发生火灾时，随着燃烧时间的延续，因罐壁的热传导和油品的热波作用，水分或水垫层就会被加热汽化，出现沸溢或喷溅现象。沸溢一般在起火 30min 或 1h后，由于断断续续向罐内喷射泡沫或水，而又未能将火扑灭，会使油罐提前出现沸溢现象。油罐火灾发生沸溢时，油品外溢，距离可达几十米，面积可达数千平方米，会形成大面积燃烧。在油罐火灾的燃烧过程中，会多次出现沸溢现象。影响喷溅时间的主要因素有热波传播速度及油品燃烧速度等。油罐从着火到喷溅的时间与油层厚度成正比，与油品燃烧速度和热波传播速度成反比。油罐火灾发生喷溅时，油品与火突然腾空而起，向外喷出，形成空中燃烧，火柱高达十几米甚至几十米，可导致附近的人员伤亡和燃烧面积迅速增大。在同一次火灾中，会反复出现几次喷溅。各种重质油品储罐在燃烧过程中，发生喷溅的时间可用式(4-1) 进行估算：

$$T=(H-h)/(V_0+V_t)-KH \tag{4-1}$$

式中　T——发生喷溅的时间，h；

　　　　H——储罐中液面的高度，m；

　　　　h——储罐中水垫层的高度，m；

　　　V_0——油品的燃烧线速度，m/h；

　　　V_t——油品的热波传播速度，m/h；

　　　K——提前常数（储油温度低于燃点取 0h/m，高于燃点取 0.1h/m），h/m。

（3）易变形倒塌　油罐发生火灾后，经过一段时间的燃烧，罐壁将会发生变形和倒塌，大量燃烧着的油品将会溢出罐外，迅速形成大范围的地面流淌火，使火势不断扩大，给扑救增加困难。油罐在燃烧过程中，发生变形和倒塌的危险性主要取决于罐壁的重力方向、液位高低和密度大小。为有效防止油罐发生变形倒塌，在灭火救援作战过程中应满足水枪的冷却强度需要，均匀冷却，让水流沿罐壁自然向下流淌，水流与水流的接合部不要出现空白点。同时可运用注油搅拌的方法降低油温，或采用升高液位的方法预防罐壁的变形和倒塌。

（4）热辐射强　油罐发生火灾，其火焰中心温度达 1050～1400℃，火焰高度可达 8～20m，罐壁被迅速加热，一般在 5min 之内可达 500℃，使油罐的钢板强度下降，罐口强度下降 50%，10min 内温度达到 700℃，罐口强度下降 90%。爆炸后敞开的油罐火灾，会产生强烈的辐射热，能将距离油罐 40m 左右的消防车的喷漆烘烤脱落。

二、石油库罐区火灾扑救措施

扑救油罐火灾时，应在"先控制，后消灭"的战术原则指导下，依据火场实际情况按照先外围、后中间，先上风、后下风，先地面、后油罐的要领控制火势消灭火灾；在"集中兵力，准确迅速"的战术原则指导下，依据火场实际情况集中兵力打歼灭战，应按照集中兵力一次歼灭、集中兵力逐次歼灭的要领实施灭火战斗；在"固移结合，攻防并举"的战术原则指导下，按照主动进攻、积极防御，以固为主、固移结合的要领实施灭火战斗[6]。

1. 查明火情，掌握情况

油罐发生火灾后，应及时组织人员查明火情，掌握火场情况，为各级指挥员制定决策奠定基础。查明火情、掌握情况时可通过外部观察、询问知情人和控制室相关人员等方法，迅速明确：受火势威胁或热辐射作用的邻近油罐的情况；燃烧油罐的结构形式，尤其是罐顶结构，图 4-1 为固定顶储罐结构，图 4-2 为外浮顶储罐结构；燃烧油罐内油品的种类、储量、液面高度和液面面积；固定、半固定式灭火装置完好程度，以及架设泡沫钩管或移动泡沫炮的位置和泡沫消防车、举高喷射消防车的停车位置；重质油品的含水率、有无水垫层；油罐爆炸后的燃烧开口情况等；防火堤的阻油情况，可否排水，有无水封等。

同时对于重质油品火灾，应科学准确把握其沸溢、喷溅的征兆，包括：发出巨大的声响；火焰明显增高，火光显著增亮，呈鲜红色或略带黄色；烟雾由浓变淡、变稀；罐壁或其上部发生颤动；罐内出现零星噼啪声或啪啪作响等。
在出现这些征兆后，往往数秒到数十秒后就将发生沸溢、喷溅。

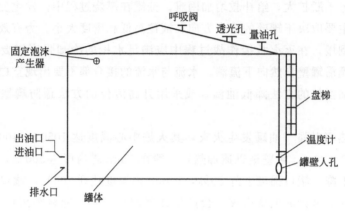

图 4-1　固定顶储罐结构图

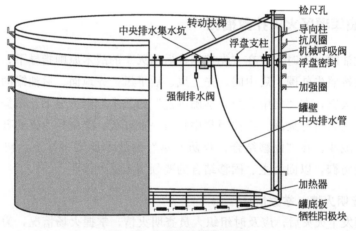

图 4-2　外浮顶储罐结构图

2. 采取合适的战术方法

根据油罐火灾的特点和火灾发展变化规律及灭火战斗的实践经验，扑救石
油库火灾的基本战术主要分为防御和进攻两类，其基本战术方法是：

（1）防御战术　防御战术就是战略上的积极防御，以防止燃烧进程中出现
油罐的爆炸，油品的沸溢、喷溅和罐体的变形倒塌，所采取的战术措施：

① 冷却降温，预防爆炸　油罐发生火灾后，为防止着火罐的爆炸、变形
倒塌和油品的沸溢、喷溅，防止因着火罐的高温辐射引燃或破坏周围建筑物、
可燃物或相邻储罐，必须采取有效的冷却降温措施，以保护着火油罐，保护受

火势威胁严重的周围建筑物、可燃物或相邻储罐免遭火灾破坏，防止爆炸、沸溢、喷溅的发生或火势扩大。

冷却降温的方法主要有直流水枪射水、开花（喷雾）水枪洒水、泡沫覆盖或启动油罐固定喷淋装置洒水等；对于着火罐和邻近罐都可采取直流水冷却、泡沫覆盖冷却、启动水喷淋装置冷却的方法。

着火罐实施全周长冷却，邻近罐实施半周长冷却。一般情况下，在实际操作中冷却着火罐的供水强度为 0.8L/(s•m)，冷却邻近罐的供水强度为 0.6L/(s•m)。每支 19mm 口径水枪，有效射程为 15m、流量为 6.5L/s 时，可冷却着火罐周长约 8m，冷却邻近罐周长约 10m；有效射程 17m、流量为 7.5L/s 时，可冷却着火罐周长约 10m，邻近罐周长约 12m。但考虑到战术上的需要，着火罐部署冷却水枪的数量不得少于 4 支，邻近罐部署水枪的数量不得少于 2 支。

冷却油罐时，应注意：a. 要有足够的冷却水枪和水量，并保持供水不间断；b. 冷却水不宜进入罐内，冷却要均匀，不能出现空白点；c. 冷却水流应呈抛物线喷射在罐壁上部，防止直流冲击，使水浪费；d. 冷却进程中，采取措施，安全有效地排除防火堤内的积水；e. 油罐火灾歼灭后，仍应继续冷却，直至油罐的温度降到常温，才能停止。

② 倒油搅拌，抑制沸溢　倒油搅拌，抑制沸溢的方法，实际上就是搅拌降温的方法，从而破坏油品形成热波的条件。通常采取的倒油搅拌手段有：a. 由罐底向上倒油，即在罐内液位较高的情况下，用油泵将油罐下部冷油抽出，然后再由油罐上部注入罐内，进行循环；b. 用油泵从非着火罐内泵出与着火罐内油品相同质量的冷油注入着火罐；c. 使用储罐搅拌器搅拌，使冷油层与高温油层混合，降低油品表面温度。

运用倒油搅拌手段时，应注意：a. 由其他油罐向着火罐倒油时，必须选取相同质量的冷油；b. 倒油搅拌前，应判断好冷、热油层的厚度及液位的高低，计算好倒油量和时间，防止倒油超量，造成溢流；c. 倒油搅拌时不得将罐底积水注入热油层，以免造成发泡溢流；d. 倒油搅拌的同时，要对罐壁加强冷却，以加速油品降温；e. 倒油搅拌的同时，必须充分做好灭火准备，倒油停止时，即刻灭火；f. 倒油搅拌时，要密切注意火情变化，若有异常，立即停止倒油。

③ 排除积水，防止喷溅　沸溢性油品在燃烧过程中发生喷溅，主要是油层下部水垫汽化膨胀而产生压力的结果。防止喷溅，必须排除油罐底部的水垫积水。通过油罐底部的虹吸栓将沉积于罐底的水垫排除到罐外，就可消除油罐发生喷溅的条件。

运用排水防止喷溅的手段时，应注意：a. 排水前，应计算水垫的厚度、吨位和排水时间；b. 排水口处应指定专人监护，防止排水过量，出现跑油现象；c. 排水可与灭火同时进行。

④ 筑堤拦坝，阻止漫流　油罐发生火灾时，形成大面积流淌火灾时，为堵截液体的流散，阻止火势无限度地蔓延，可利用有利的地形地物，采取不同的方法，筑堤拦坝，阻止漫流，把流散的燃烧液体局限在一定的范围内，为灭火创造条件。

筑堤拦坝，阻止漫流的方法主要包括：

a. 利用防火堤堵截。大量油品由罐内流淌到防火堤内燃烧时，要充分发挥防火堤的作用，迅速组织力量关闭排水阀门，防止油品流散到堤外。

b. 导向引流。当油品发生沸溢漫过防护堤燃烧时，可在防火堤外建立油品导向沟，将燃烧油品疏导至安全地点，并集聚，控制燃烧范围。

c. 筑坝堵截。未设防火堤的油罐发生火灾，油品已经流散或有可能流散时，要根据火场地形条件、流散油品的数量、溢流规模大小等情况，迅速组织人力、物力，在适当距离上建立一道或数道坝型土堤，堵截油品的流散，阻止火势蔓延。

d. 设围油栏。当油品由罐内流散到水面上燃烧时，将对水面或者水的下游方向建筑构成威胁，为此，必须将水面漂浮燃烧的油品控制在一定范围内，通常用围栏将油品围起，使油品在有限的水面范围内燃烧。

e. 水流阻止。对于少量已流散燃烧的原油、重油、沥青和闪点较高的石油产品，可采用强有力的水流，阻挡燃烧油品的流散，并消灭火灾。

(2) 进攻战术　扑救石油库火灾的进攻战术有启动固定装置灭火，水流切封灭火，覆盖窒息灭火，炮攻打火，登罐强攻灭火，挖洞内注灭火，提升液位，穿插包围、分进合击，全面控制、逐片消灭，消除残火、预防复燃等方法。

① 启动固定装置灭火。储存易燃及可燃油品的油罐，特别是 $5000m^3$ 以上的大型油罐，一般都装有固定或半固定灭火装置，当油罐发生火灾后，在固定、半固定灭火装置没有遭受破坏的情况下，要迅速启动固定灭火装置，对着火油罐和邻近油罐进行喷淋冷却保护。启动固定灭火装置灭火，根据着火油罐上设置的泡沫产生器所需泡沫液量，配制泡沫液，保证泡沫供给强度，连续不断地输送泡沫混合液，力争在较短时间内将火扑灭。固定灭火装置灭火具有操作简单、灭火快速、安全可靠等优点。

启动装置灭火的具体要求是：a. 实施统一指挥，明确分工职责，在统一号令下，统一行动；b. 迅速、准确地做好启动装置的准备工作，如确定起火罐区号位，开启泵阀门，调整好泡沫比例混合器的指针和关闭通往非着火罐的管线阀门等；c. 由技术全面、业务熟练、有排除故障经验的人员负责启动装置，以便出现故障能及时发现排除；d. 启动装置后，要注意观察灭火效果和注入的泡沫剂量，以防泡沫失效，供给强度不足，或灭火时注入泡沫量过大，引起油品外溢。

② 水流切封灭火。水流切封灭火是针对有关破裂缝隙、呼吸阀、量油孔、采光孔等处发生小方位稳定性燃烧的火炬而采取的一种灭火方法。灭火时，根据火炬直径的大小、高度，组织数个射水小组，分别布置在火点的不同方向上，进入预定阵地，当指挥员一声令下，数支直流水枪从不同方向，对准一点交叉向火焰根部射水，然后数支水枪同时由下向上移动，用水流将火焰抬起，使火焰熄灭。

③ 覆盖窒息灭火。对火炬型稳定燃烧可使用覆盖物盖住火焰，瞬间造成油气与空气的隔绝层，致使火焰熄灭。这是扑救油罐裂缝、呼吸阀、量油孔处火炬型燃烧火焰的有效方式。在覆盖进攻前，用水流对覆盖物（如浸湿的棉被、麻袋、石棉毡、海草席等）及燃烧部位进行冷却；进攻开始后，覆盖组人员拿覆盖物，掩护人员射水进攻，覆盖组自上风向靠近火焰，用覆盖物盖住火焰，使火焰熄灭。同时也可以使用高喷车处置呼吸阀、量油孔火灾，处置时应确保水流垂直向下喷射喷雾水或雾状泡沫射流，封闭呼吸阀或量油孔，切断着火部位和空气连接，实现切封灭火，高喷车窒息灭火示意图如图 4-3 所示。若油罐顶部空洞较多，同时形成多个火炬燃烧，应用水流冷却油罐整个表面，使油品蒸气的压力降低。

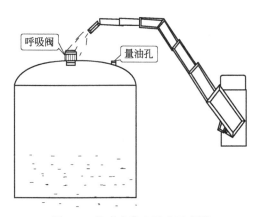

图 4-3 高喷车窒息灭火示意图

④ 炮攻打火。油罐发生爆炸，罐盖被掀开，液面上形成稳定燃烧，固定

灭火装置遭到破坏时，可采用移动式泡沫灭火设备（车载泡沫炮、移动泡沫炮）灭火。炮攻打火，就是用车载泡沫炮或移动泡沫炮向着火罐进攻灭火的一种战术手段。

运用泡沫炮攻打油罐的距离，应根据油罐高度确定，一般情况下，宜保持30m距离，泡沫炮上的倾角一般宜保持在30°～45°。泡沫炮应保持不间断向油罐喷射泡沫，直到火焰歼灭为止。

⑤ 登罐强攻灭火。登罐强攻灭火是指当油罐顶部发生火灾燃烧时，在采用泡沫管枪、泡沫钩枪灭火手段的情况下，利用消防梯或罐梯作为进攻通道，在水枪掩护下，登上油罐使用泡沫管枪或泡沫钩枪进行灭火，向罐内喷射泡沫的一种强攻灭火手段。

运用登罐强攻灭火手段时，应注意：a. 实施进攻前，要选择精干人员，组成若干小组，明确任务与分工；b. 对强攻小组人员要实施跟进掩护，同时又要对跟进掩护人员实施掩护；c. 强攻小组人员要加强自身防护；d. 登罐前要检查钩枪器件是否齐全；e. 在地面对泡沫管枪、钩枪要进行试射，以便检查是否好用。

⑥ 挖洞内注灭火。当燃烧油罐液位很低时，由于罐壁温度较高和高温热气流的作用，从油罐上部打入的泡沫遭到较大的破坏，或因油罐顶部塌陷到油罐内，造成燃烧死角，泡沫不能覆盖燃烧的油面，而降低了泡沫灭火效果时，可采取挖洞内注灭火法。即在离液面上部50～80cm处的罐壁上，开挖40cm×60cm的泡沫喷射孔，然后利用挖开的孔洞，向罐内喷射泡沫，可以提高泡沫的灭火效率，也可采用新型可移动式泡沫灭火设备磁吸附式油罐自动抢险灭火泡沫钻枪灭火。

开挖孔洞是一件很艰难的工作，不仅需要一定的破拆工具，而且需要花费较长时间。因此，在非不得已的情况下，不建议采取这种措施。开挖孔洞时，要注意加强对挖洞人员的保护。

⑦ 提升液位。当油品在储罐内处于低液位燃烧，罐内气流压力大，温度高或油罐塌陷出现死角时，可采取提升液位的方法，或使液面高出塌陷部位罐盖，形成水平液面，然后用泡沫歼灭火灾。

运用提升液位的手段，应注意：a. 对于重质油品，要采取注入同一种油的方法提升液位，提升液位后的液面与罐口之间要留有充分的余地，以防注入泡沫时发生满溢；b. 提升液位停止时，应立即进行灭火。

⑧ 穿插包围、分进合击。对大面积的油罐流淌火，在筑堤拦坝、阻止漫流的基础上，应从战术上进行穿插包围、分进合击。充分利用有利地形、地物，使用水枪、泡沫管枪等灭火器材，或利用海草席等，选准突破点，强行穿

插，将整体燃烧面积分割成若干小片，并从不同方向予以包围，分进合击，逐片消灭。

运用穿插包围、分进合击战术的要求是：a. 要充分利用地形、地物，选准突破点，快速穿插，快速包围；b. 近战快攻，不给火焰回火的机会，一举歼灭；c. 做好进攻穿插中的掩护工作。

⑨ 全面控制、逐个消灭。在油罐区有数个油罐同时发生燃烧时，消防队到达火场后，应采取全面控制、集中兵力、逐个消灭的方法。首先冷却全部燃烧的油罐和受到火灾威胁的邻近油罐，尽快控制火势扩大蔓延；在此基础上，集中兵力，对燃烧油罐根据轻重缓急发起猛攻。扑救油罐火灾，不攻则已，攻则必克。

⑩ 消除残火、预防复燃。油罐火灾歼灭后，不仅应该罐内液面上保持相应厚度的泡沫覆盖层，继续冷却降温，预防油品复燃，而且还要彻底消除隐藏在各个角落里的残火、暗火，不留火灾隐患。同时，指派专人监护火灾现场。

3. 几种油罐火灾扑救方法

（1）拱顶油罐火灾 如果着火油罐容积小，罐体高度低，火灾初期，应利用固定泡沫灭火系统和泡沫钩枪，加大泡沫供给强度，同时喷射泡沫覆盖罐内燃烧液面，趁着火罐的油温及罐壁温较低，快攻灭火。

如果着火油罐容积大，罐体高，火灾已发展到猛烈阶段，火焰的热辐射强，固定泡沫灭火装置半小时灭火药剂量已耗尽，可利用举高车臂架炮、车载大流量炮向罐内喷射泡沫灭火，并辅以实施着火罐和邻近罐罐壁冷却降温保护。

利用移动泡沫炮灭火时应注意：泡沫消防车辆最好于着火罐的侧风向设置喷射阵地，将泡沫射到着火罐内罐壁，使泡沫沿罐壁流下覆盖燃烧区。如果选择油罐下风向内罐壁作为喷射点，因下风向罐壁和油温较高而导致泡沫堆积时间长，覆盖进程慢；同时，也因罐内下风向高温紊流对泡沫破坏大，覆盖层消失快，灭火药剂使用量大，效率低。若长时间连续喷射了大量泡沫，还会引起满罐溢流，形成地面流淌火，造成火势扩大。

对于着火罐与邻近罐的冷却，应注意：均需做罐体全表面冷却；处于半液位或低液位的着火罐与邻近罐应优先冷却，防止油罐受热烘烤，因罐内压力剧增发生罐顶撕裂、崩飞，造成火势扩大或次生事故。

（2）外浮顶油罐火灾 这类油罐容量大，一般达到 $10000 \sim 150000 m^3$，其中 $10000 m^3$ 油罐直径 80m。发生火灾初期，油蒸气多在罐体内侧与浮盘之间机械密封处局部燃烧，火势较小，是灭火处置最佳时机。此类油罐初期火灾主要可利用固定泡沫灭火系统灭火和移动灭火装备灭火。

① 固定泡沫灭火系统灭火。油罐发生火灾后，打开固定泡沫灭火系统，泡沫自罐顶导流板沿内罐壁流下，在内罐壁与浮盘泡沫挡板处形成泡沫覆盖层灭火。火灾初期，若储罐满液位或半液位，灭火效果好；半液位或低液位在猛烈阶段，灭火效果差，因泡沫下流过程中受罐内紊流和高温影响，部分泡沫高温消泡或被旋流卷走，浮盘泡沫挡板处不能形成有效覆盖层。在利用固定泡沫灭火系统灭火的同时，应利用移动水枪（炮）射流对着火的外浮顶罐冷却保护，重点冷却部位是油罐液面处罐壁，以降低密封处油气挥发，阻止火势发展；保护浮盘升降导轨卡槽，防止因变形受损出现卡盘，导致事故扩大。

② 移动灭火装备灭火。火灾初期，可使用干粉灭火器或泡沫管枪实施登罐灭火。登罐灭火的条件：a. 油罐油品处于满液位或半液位以上，罐顶平台处于上风向或侧风向；b. 油罐安全储存状态良好且密封处燃烧不超过 30min；c. 灭火人员受过模拟训练并有明确分工；d. 工艺上已采取停止发送油及关闭油罐加热系统；e. 固定泡沫系统停止释放泡沫。此外，登罐灭火人员应着隔热服，佩戴空气呼吸器，带安全绳和自保水枪。在指挥方式和职责上，登罐小组负责人随机指挥，罐顶平台处设监护人负责中转指挥（防止罐底通信屏障），地面总指挥监控指挥。在指挥通信方式上，使用独立信道的无线对讲机和旗语。

使用干粉灭火器登罐灭火方法：准备 8kg 干粉灭火器 10～15 个，检查确认完好，通过罐外走梯接力式放置罐顶平台；登罐灭火人员经个人防护装具佩戴检查确认后，登罐寻找上风向或侧风向的灭火切入点。如果储罐处于满液位状态，可沿罐顶巡检走台，2 人一组从上风向向灭火切入点喷射干粉；第二组沿第一组切入点扇形推进，以此类推灭火。如果储罐处于半液位以上状态，灭火人员则需沿罐内走梯下行至浮顶平面集中后，实施干粉灭火。灭火过程中应注意：a. 罐外移动力量重点进行储罐液面处外罐壁冷却；b. 为保障登罐人员安全，严禁向罐内喷射灭火剂或进行其他作业；c. 明火扑灭后有硫化氢气体挥发，注意防毒；d. 如果罐内噪声大或罐内无线通信受屏蔽，可采取旗语或蹬踏浮顶传达指令；e. 如果灭火条件不具备，登罐灭火人员应及时沿罐内走梯撤离，紧急情况下可使用安全绳自走台垂直下滑到地面紧急避险。图 4-4 为使用干粉灭火器登罐灭火示意图。

使用泡沫管枪登罐灭火：准备泡沫流量为 50L/s 的泡沫管枪 3 支（其中 1 支应急备用），检查确认完好，通过罐外走梯放置于罐顶平台；灭火人员穿戴个人防护装具并检查确认，登罐顶寻找上风向或侧风向的灭火切入点；地面消防车的泡沫比例混合器调至 8％刻度，铺设 80mm 水带连接至防火堤外泡沫竖管接口，水带连接罐顶平台的两分水器；灭火人员沿罐顶巡检走台铺设水带至

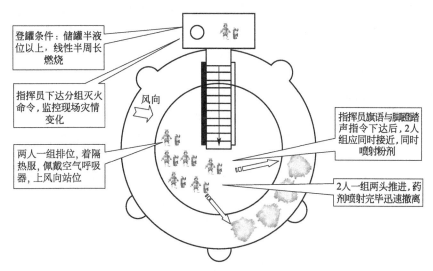

图 4-4 使用干粉灭火器登罐灭火示意图

灭火切入点，使用两支泡沫管枪从切入点开始喷射泡沫，泡沫喷射点为罐体与浮盘之间内罐壁上部 0.5～1.2m 位置，使泡沫挡板内空间形成一定厚度覆盖后，调整泡沫管枪喷射角度逐步向未覆盖泡沫的方向推进灭火；其他人员应根据进攻路线协助移动水带。完全扑灭后，人员沿罐内走梯安全撤离。图 4-5 为使用泡沫管枪登罐灭火示意图。

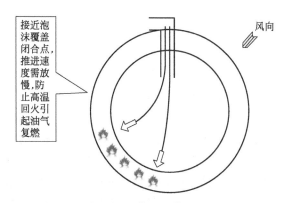

图 4-5 使用泡沫管枪登罐灭火示意图

（3）内浮顶油罐火灾 这类储罐容量，一般在 3000～20000m³，其中 20000m³ 罐的直径 40m。内浮顶油罐一般以闪爆形式，引发初期火灾。

如果罐顶、罐体及附件完好，仅在量油孔、通风孔、泡沫产生器、呼吸阀等处局部燃烧，罐内未燃烧时，灭火方法：关闭油罐的进出料阀门，打开油罐的固定泡沫灭火系统实施罐内油液面覆盖，开启罐体的固定水喷淋系统进行冷却；移动灭火水枪（炮）力量配合加强对着火罐壁的冷却，组织若干灭火小组使用水枪对着火口部位实施水流切封灭火。

如果油罐的泡沫产生器与罐体连接处拉断，在通风孔、泡沫产生器断裂处出现带压火焰式燃烧，罐内发生不完全燃烧时，灭火方法：利用工艺手段将储罐液位提升至 2/3 以上，减小罐内气相空间；打开储罐固定水喷淋冷却；移动灭火水枪（炮）力量配合加强对着火罐壁的冷却，重点冷却储罐液位层外罐壁，减少密封处油气挥发，保护浮盘升降导轨滑槽；在储罐内部不完全燃烧的情况下，先不能急于打灭通风孔、泡沫产生器断裂处等外部明火，应使用泡沫钩枪插入通风孔，弯头朝向内罐壁释放泡沫灭罐内火；若现场具备氮气条件，可利用固定氮封装置应急注氮灭火，如图 4-6 所示，将氮气引入进出料工艺管线，注入储罐内部，或使用重型干粉车氮气瓶组连接软管至着火储罐，插入储罐与泡沫产生器连接处，向罐内注入氮气，抑制火势发展。灭火过程中应注意：a. 当油罐处于半液位或低液位，且不具备提升液面条件时，储罐液位以上干罐壁表面及浮盘液面层需持续冷却保护；b. 始终保持储罐正压，防止回火闪爆；c. 罐内明火未扑灭前，不能打灭外部明火；d. 注入泡沫方式应正确，严禁直接从通风孔、泡沫产生器断裂处孔洞直接向罐内注入泡沫，避免液体积累压沉浮盘而使火灾扩大。

如果罐顶局部撕裂，开裂口燃烧，且罐内呈不完全燃烧时，灭火方法：利用工艺手段将储罐液位提升至 2/3 以上，减小罐内气相空间；打开固定泡沫灭火系统和储罐固定水喷淋冷却；加强对储罐降温冷却，重点保护储罐液位层外罐壁，减少密封处油气挥发，保护浮盘升降导轨滑槽；搭设与罐高相等的脚手架平台，于此平台上使用泡沫管枪向罐顶开裂处的内罐壁侧面喷射泡沫，既灭开裂口火，又使泡沫流入罐内泡沫挡板圈内，封堵浮盘密封处火势蔓延，直至达到泡沫挡板内泡沫覆盖层闭合扑灭内部火。如举高车水平距离及仰俯角等条件满足上述泡沫管枪的战术要求，也可使用臂架炮泡沫喷射灭火。灭火过程中，应注意避免持续从开裂口射入的泡沫，直接打到内浮船上。

如果罐顶、罐体及其附件完好，罐顶量油孔、通风孔、泡沫产生器、呼吸阀等处燃烧，且罐体检修人孔法兰密封泄漏而形成罐体周边地面流淌火，这种情况下，应先封堵防火堤内雨排口，防止地面火势蔓延至分隔堤外的其他储罐；冷却着火罐壁，防止罐内气相膨胀效应；采取工艺措施倒料转输，降低储罐液位，减少泄漏量；扑灭明火，及时堵漏。

如果罐顶掀飞，呈外浮顶罐式环形密封圈处燃烧时，可以按外浮顶密封圈灭火方法灭火。

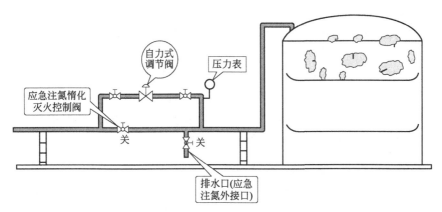

图 4-6　固定氮封装置应急注氮灭火示意图

第五节　石油化工装置火灾扑救

石油化工装置类型多样，从石油炼制类型看，典型装置是常减压装置、催化裂化装置、催化重整装置等；从基本化工类型看，典型装置是乙烯裂解装置；从化学合成类型看，典型装置是塑料、合成纤维、合成橡胶、合成氨等的生产加工装置。

一、石油化工装置的火灾特点

石油化工装置生产过程中，原料及产品大部分属易燃、易爆物质，生产装置大型化、设备和设施布局密集化，生产工艺复杂，过程连续性与连锁性强，工艺参数控制要求高，工艺管线多及阀门多，这些因素决定了石油化工装置发生的火灾具有如下特点[5]。

1. 燃烧速度快，火势发展猛烈

石油化工装置火灾，燃烧的物质多为油品类化学危险物品，其燃烧热值高、燃烧速度快。可燃物的热值越大、燃烧速度越快，单位时间内释放的热量越多，加热未燃部分表面的面积就越大，升温也越快，火场上能形成很高的温度和强烈的热辐射。因此，在火势发展过程中邻近的未燃部分达到引燃的时间短，火焰瞬间扩展的速度快和范围大。此外，石油化工装置多采用露天、半露天形式，在火灾情况下的空气流通良好，也促使火势发展猛烈。

2. 爆炸因素多，危险性大

石油化工装置火灾的发展蔓延过程中，装置区域内着火及其邻近的设备、容器、管道因受到强烈火势的作用发生物理性爆炸或化学性爆炸，以及泄漏的可燃气、蒸气、粉尘遇火源，负压设备损坏、密封不严吸入空气，或灭火方法不当如在没有切断气源的情况下盲目灭火后出现大量泄漏等导致化学性爆炸。由于装置的生产设备布置紧凑，相互贯通，发生火灾或爆炸后极易引起物理性爆炸、化学性爆炸或物理性与化学性爆炸交替进行。

3. 燃烧面积大，易形成立体火灾

石油化工装置的产能规模大，装置区内的塔、釜、泵、罐、管廊等设备总数多，加工生产的物料总量大；加上物料多为液体和气体，都具有良好的流动性和扩散性，以及生产设备高大密集呈立体布置，框架结构孔洞较多；一旦发生着火爆炸事故，设备遭受严重破坏，若初期火灾控制不力，着火物料就会四处流淌扩散，火势上下左右迅速扩展，引发着火和邻近的设备、容器及管道的二次爆炸，造成大面积燃烧和形成立体火灾。

4. 扑救难度大，救援力量多

石油化工装置火灾扑救的难度主要体现在：①着火爆炸后泄漏的物料及燃烧产物多为易燃、易爆和有毒物质；②生产工艺过程复杂；③装置区域内换热器、冷凝器、空冷器、蒸馏塔、反应釜以及各种管架和操作平台等成组立体布局，造成灭火射流角度受限制；④火灾发生后易导致泄漏、着火、爆炸、设施倒塌等连锁性复合型灾害；⑤扑救所需灭火剂供给强度大，灭火时间长，不间断供给保障困难；⑥火灾的复燃复爆性强。

二、石油化工装置火灾扑救措施

根据石油化工装置的火灾特点，灭火战术既有一般火灾扑救通用方法，又有其特殊方法。这些方法的应用，应依据火灾的情况而确定。在这里仅阐述具有特殊性的基本控制措施和战术方法[5]。

1. 基本控制措施

（1）紧急停车　装置发生着火爆炸事故后，工艺处置人员及时对事故部位或单元、事故装置、邻近装置、全厂性生产系统采取装置紧急停运的紧急措施，以防止事故扩大和次生事故发生。

（2）泄压排爆　装置发生着火爆炸事故后，工艺处置人员对发生事故的单体设备、邻近关联工艺系统、上下游关联设备、生产装置系统采取远程或现场

手动方式打开紧急放空阀，将可燃气体排入火炬管线或采取现场直排泄压的防爆措施，以避免设备或系统憋压发生物理性或化学性爆炸。

（3）关阀断料　扑救装置火灾，控制火势发展的最基本措施就是关阀断料，关闭与着火部位关联的塔、釜、罐、泵、管线互通阀门，切断易燃易爆物料的来源。在实施关阀断料时，要选择离燃烧点最近的阀门予以关闭，并估算出关阀处到起火点间所存物料的量，必要时辅以导流措施。

（4）冷却控制　在扑救石油化工装置火灾过程中，开启固定水喷淋系统和部署移动水枪水炮向着火的设备及受火势威胁的邻近设备喷射水流，实施及时的冷却控制是消除或减弱其发生爆炸、坍塌、撕裂等危险的最有效措施。火场上可能有许多设备受到火势的威胁，指挥员应分清轻重缓急，正确确定火场的主要方面和主攻方向，对受火势威胁最严重的设备应重点突破，消除影响火场全局的主要威胁。

（5）堵截蔓延　对外泄可燃气体的高压反应釜、合成塔、反应器等设备火灾，应在关闭进料控制阀，切断气体来源的同时，迅速用喷雾水（或蒸汽）在下风方向稀释外泄气体，防止与空气混合，形成爆炸性混合物。对地面液体流淌火，应根据流散液体的量、面积、方向、地势、风向等因素，筑堤围堵，把燃烧液体控制在一定范围内，或定向导流，防止燃烧液体向高温、高压装置区等危险部位蔓延；围堵防流的同时，根据液体的燃烧面积，部署必要数量的泡沫枪，消灭地面流淌火。

（6）驱散稀释　对装置火灾中已泄漏扩散出来的可燃或有毒的气体和蒸气，利用水幕发生器、喷雾水枪、自摆式移动水炮等喷射水雾、形成水幕实施驱散、稀释或阻隔，抑制其可能遇火种发生闪爆的危险，降低有毒气体的毒害作用，防止危险源向邻近装置和周边社区扩散。

（7）倒料转输　对发生事故或受威胁的单体设备、生产单元内的危险物料，通过装置的工艺管线和泵，将其抽排至安全的储罐中，减少事故区域危险源。

（8）切断外排装置　爆炸一时难以控制时，应及时考虑对装置区的雨排系统、排污系统、电缆地沟、物料管沟的封堵，切断灭火废水的外排。采取这一措施的目的：①防止泄漏物料沿地下管沟外泄，造成火势蔓延和环境污染；②防止发生装置空间爆炸，引起邻近装置或全厂性公用工程系统连锁反应；③有助于冷却液化烃消防水的回收利用。

2. 塔设备火灾扑救方法

在石油化工装置生产工艺中，塔设备作为主体结构，除了种类繁多的各种内件外，主要构件包括：塔体，即塔设备的外壳，由筒体、封头及连接法兰组成；支座，即塔体与基础的连接部分，或称裙座；除沫器，用于捕集夹带在气流中的液滴；接管，如进液管、出液管、进气管、出气管、回流管、侧线抽出管和仪表接管等，用于连接工艺管路，把塔设备与相关设备连成系统；人孔和手孔，一般都是为了安装、检修、检查和装填填料的需要而设置的。图 4-7 为板式塔结构示意图。塔设备作为精馏、反应、吸附等工序的常用设备，能够为气、液或液、液两相进行充分接触提供适宜条件。

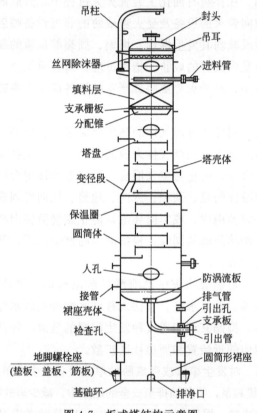

图 4-7　板式塔结构示意图

（1）**塔设备火灾的工艺处置措施**　塔区发生火灾，应在扑救的同时，对生产做紧急停工处理，包括装置降温降压、减压炉熄火、切断进料、打开产品出装置阀门、打开紧急放空阀等，实施全部或局部降温、降压、降量、关阀断料、开阀倒流，或放空、停热降温、蒸汽或惰性气体灭火等工艺措施。同时，因减压塔内为负压状态，在灭火时采用蒸汽或惰性气体保护，打开塔底消防蒸汽阀向塔内施放大量消防蒸汽，防止空气进入形成爆炸性气体，发生爆炸，扩大火灾。

（2）**塔设备的冷却方式和重点**　首先，选择合适的冷却的部位及方式，着火塔设备如果冷却不好，容易发生倒塌。塔的根部承重力较大，当受到火灾威胁时要重点进行冷却。冷却的部位是火焰辐射区和火点上部受烘烤的设备。塔设备泄漏着火口应重点进行冷却，防止塔设备受热变形、强度降低而倾倒。冷却要做到不留死角，除了对塔本身加强冷却外，对连接塔的物料进出管线、阀门、控制系统也要做好冷却，特别是管线的支架容易被忽视，防止塔设备相邻管线拉断，大量物料喷出。其次，保证塔设备冷却水的供给强度，采用移动水枪冷却。对有保温的减压塔，冷却水供给强度取 $0.1L/(s \cdot m^2)$；对无保温的减压塔，冷却水供给强度取 $0.15L/(s \cdot m^2)$。再次，确定着火塔设备及相邻设施冷却的重点。火灾时，在高温的作用下，生产装置区的裸露金属构件强度首先被破坏，过早地发生变形或坍塌，需要重点进行冷却。

（3）塔设备的灭火战术方法

① 根据现场火灾情况，合理使用消防力量。塔设备区域燃烧猛烈、火势蔓延迅速，灭火行动的首要任务是加大冷却强度。应组织优势兵力重点冷却塔体设备，扑灭承重结构上的火点，冷却保护受火焰高温烘烤的承重结构。当消防力量不足时，首先要防止火势扩大，迅速消灭流淌火，对受火势威胁最大的邻近易爆炸容器、储罐等实施冷却抑爆，然后合理分配消防力量进行着火设备本体及相邻设备、设施的冷却控制与灭火。

② 强攻突破，抢救人命和保护要害部位。当火场涉及人员搜救和要害部位保护时，应于第一时间部署力量，组织必要的消防炮（枪），向烟火猛烈射水，以强有力的水流突破烟火的封锁，消除火势的威胁，掩护救人或排除危险。

③ 立体作战，上下合击。减压塔顶部泄漏着火多会引起立体火灾，应采取立体作战形式，运用合击战术灭火。应部署力量冷却装置，防止爆炸；在塔体上部部署力量阵地或利用举高消防车居高临下喷射灭火剂，消灭火点和冷却装置，防止火势蔓延；于塔体下部部署必要的力量，扑灭下层的火焰，从而形成上下合击，防止爆炸，控制火势，消灭火灾，保护设备的作战态势。塔顶火灾由于受塔平台、相邻设备的遮挡，对着火点的视野受限，应利用相邻设备框架、平台近距离战斗，这有利于看准火点，击中要害，发挥各种灭火炮（枪）近距离灭火的威力。

④ 堵截与筑堤，控制流淌火。若塔体遭到严重破坏，大量泄漏的油品容易在平台以及地面上形成多层次的流淌火，造成立体火灾。应在加强重点设备、平台的冷却保护下，及时组织其余力量，一方面用消防水枪、泡沫枪、干粉枪等进行火势发展的堵截控制；另一方面应根据地形、火势流向等，用砂土、砂袋等难燃物筑堤导流，进而一举扑灭。然后再扑灭塔体火灾，并注意冷却保护，防止复燃。

⑤ 稀释与冷却，防止险情恶化。塔设备顶部泄漏着火介质多数为气体或轻组分液体且位于高处，要注意用雾状水对不完全燃烧组分的气体进行稀释和驱散，防止其飘向有火源区域（比如加热炉）或高温表面，引起大面积的爆燃。塔设备由于物料冲塔引起火灾，应选择车载炮、臂架炮等从塔体上部进行冷却灭火，并用消防水枪、移动水炮、泡沫枪、泡沫炮将塔表面油品冲掉，同时应做紧急降温、降压、降液位的处理，防止油品继续外溢。塔体周围法兰、阀门、弯头、仪表接头等处发生局部性火灾，初期可用灭火器材直接扑救，并用消防水冷却保护，然后再做工艺处理。塔底部着火时，塔的裙座会直接受到烘烤而易导致塔倒塌，需要重点对塔底裙座实施冷却保护。

第六节　危险化学品道路运输火灾扑救

随着我国化学工业的迅速发展，危险化学品的产量呈现快速递增趋势，而且种类繁多，性质复杂。而危险化学品的道路运输因具有易燃易爆、易产生静电、易蒸发、易扩散、有毒有害等特点，一旦发生火灾或爆炸，极易造成重大损失。

一、危险化学品道路运输的火灾特点

危险化学品车辆发生火灾后，其特点主要是[5]：

1. 火灾蔓延迅速

危险化学品道路运输时，车辆火灾荷载大，运载的可燃物资、车内装饰材料、轮胎和座椅等燃烧后，火势会很快蔓延至全车，特别是燃油箱破裂后燃油流淌，出现火势迅速扩大的险情。

2. 易发生爆炸

危险化学品道路运输时，车辆猛烈燃烧，燃油（气）箱被火烘烤后容易发生爆裂；爆裂或油（气）箱漏油（气）引发油（气）爆炸，爆炸不仅出现威胁人员安全的险情，还会导致火势扩大的险情；车辆轮胎经高温烘烤或者燃烧会引起气压增大，进而发生物理性爆炸，产生冲击波伤人，尤其是钢丝胎发生爆炸，易形成钢丝散射伤人等险情；危险化学品运输车辆储罐经高温烘烤，会导致储罐内压力增大，从而引发罐体裂缝或者爆炸；罐体爆炸会引起危险化学品大量泄漏，从而引发多种险情，爆炸不仅出现威胁人员安全的险情，还会导致火势扩大等险情[7]。

3. 易造成人员伤亡

危险化学品道路运输时，车辆车门关闭后，内部形成一个完整的密闭空间，人员活动范围小，加之汽车车门普遍较窄且数量较少，在满员时若遇紧急情况，不利于车厢内人员及时疏散撤出。当车辆由于碰撞、颠覆等原因发生火灾时，车内人员心理紧张，很难快速逃生。有时车门被挤变形，或因车辆颠覆，车门被堵，疏散车内人员困难。因交通事故车辆碰撞造成油箱破裂、泄漏引发火灾，人员受到火势的严重威胁，极易造成人员烧伤，甚至出现死亡的险情。

4. 易造成交通堵塞

行驶在城区内的危险化学品车辆发生火灾，容易造成交通堵塞。车辆火灾发生在高速公路时，由于出口少，往往堵塞的程度比其他情况严重得多，车辆堵塞几公里，甚至十几公里的情况经常出现。

5. 易造成次生灾害

危险化学品道路运输时，车辆发生火灾后，由于事故车辆堵塞交通，可能会导致后面的车辆发生追尾、碰撞等交通事故；燃油（气）箱发生爆炸或流淌于地面的燃油，形成地面流淌火，对其周边的车辆、建筑物等构成严重威胁；装载危险化学品的车辆发生碰撞、翻车或火灾事故，有毒有害物质一旦泄漏，易导致现场人员，甚至附近人员中毒，并造成严重的环境污染[8]。

二、危险化学品道路运输火灾扑救措施

危险化学品道路运输火灾扑救行动应围绕着积极抢救人命、疏散保护车载危险化学品、消灭汽车火灾的基本任务展开，在"救人第一，科学施救"思想的指导下，按照"五个第一时间"的具体要求，实施重点保护、防止爆炸、快速灭火的战斗行动，迅速控制火势，消灭火灾[5]。

1. 火情侦察

通过外部观察和询问知情人，了解和掌握：着火车辆、现场及周边区域被困和伤亡人员的位置、数量及伤势等情况；着火车辆的车用燃料、运载的危险化学品种类等对周围车辆、建筑和人员威胁的情况，是否存在引发爆炸燃烧的可能性；应查明危险化学品运输车辆载有的易燃、易爆、有毒物质的性质、数量，安全阀、紧急切断阀、液位计、液相管、气相管、罐体等情况，图4-8为LPG罐车结构示意图；如有泄漏，应通过检测、监测等方法，以及测定风力和风向，掌握泄漏区域气体浓度、扩散方向等情况；实施破拆、救生、堵漏、输转等；现场及周边的消防水源位置、储量和给水方式。

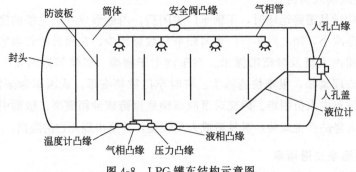

图 4-8 LPG 罐车结构示意图

2. 设置警戒

根据危险化学品道路运输火灾事故险情和灭火行动安全需要，合理设置现场警戒区域。警戒命令由现场指挥部统一发布，由公安部门和交通管理部门负责实施。危险化学品道路运输车辆发生事故时，以毒气泄漏为例，其警戒区域可根据毒气的半致死剂量、半失能剂量和半中毒剂量，将有毒气体救援区域划分为致死区、重伤区与轻伤区三部分[9]，如图 4-9 所示。致死区（A 区）：本区内人员如无防护并未及时逃离，其中半数左右人员中毒死亡，由某种毒气对人体的半致死剂量 Lct50 确定。重伤区（B 区）：本区人员将重度或中度中毒，需住院治疗，个别中毒死亡，由某种毒气对人体的半失能剂量 Ict50 确定。轻伤区（C 区）：本区内的大部分人员有中度、轻度中毒或吸入反应症状，门诊治疗即可康复，由某种毒气对人体的半中毒剂量 Pct50 确定[9]。

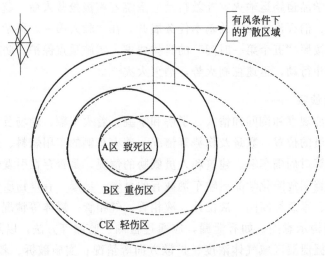

图 4-9 有毒气体应急救援区域划定示意图

3. 个人防护

专业救援队伍进行危险化学品事故的应急救援时，应根据作战任务的需要建立疏散组、警戒组、救生组、控毒组、处毒组与洗消组等，各组进行应急救援作业时要依据其工作范围、泄漏介质的毒性、爆炸性及安全防护标准等要求进行个人防护。以毒气泄漏事故为例，应急救援人员应及时使用防护器材和采取必要的防护措施，有效防止毒气侵入人体，减轻或避免毒气伤害。进行应急救援作业时，救援人员的防护措施应贯穿于整个行动的始终，应根据泄漏气体的毒性与已划定的危险区域，确定相应的个人防护等级。

4. 破拆疏散

当着火事故车驾驶人员不在现场，火势严重威胁邻近汽车的紧急情况时，救援人员可用随身佩戴的消防装备如腰斧等，将事故汽车驾驶室车门玻璃击碎，用手伸进去打开车门；一人进入驾驶室，松掉手制动闸，将排挡挂空挡，掌握好方向盘；组织群众帮助推车，并以雾状水对整个行动实施掩护，将事故车疏散至相对安全处。疏散车辆时，应由懂驾驶技术的人员操作车辆，防止车头失控或者向下坡迅速滑行，造成碰撞建筑物、人员和其他车辆的事故。疏散重型汽车要用汽车牵引，紧急情况下也可用消防车牵引。

疏散中，对事故造成车辆燃油泄漏的，在破拆车体时应采用喷雾水枪实施掩护或喷射泡沫覆盖泄漏区域，防止因金属碰撞或使用切割器切割时产生的火花引起油蒸气爆炸燃烧。事故汽车驾驶室已经燃烧无法疏散时，则先疏散与之紧邻的汽车，而后疏散其他部位的汽车。

5. 救人

在处置过程中，应使用水枪堵截火势，阻止蔓延；用喷雾水流重点冷却事故车辆燃油（气）箱，用泡沫覆盖地面流淌的燃油，消除潜在危险。利用破拆器材，如扩张器、液压剪、起重气垫等营救被困人员。抢救被困伤员时，必须稳妥，由专业救护人员先进行包扎、固定，特别对骨折伤员要尽可能采取临时固定措施后，才能救出车外，避免伤员在救助过程中二次受伤。在救护人员没有到现场的情况下，应对重、危、急伤员采取控制休克、昏迷、出血等急救措施，初步处理后，利用现场车辆迅速送医院救治。

6. 扑灭火灾

根据危险化学品道路运输火灾发生的地点和车辆着火部位，采取针对性灭火方法，迅速扑救火灾。

（1）车辆发动机着火　救援人员到场后，应对车辆采取断电熄火，开启机罩，实施正面冲击、重点防御的战法。应先用干粉、卤代烷或二氧化碳等灭火剂及雾状水流冷却发动机部位，然后缓慢掀开发动机盖，避免被窜出的火焰烧伤，再向火焰实施正面冲击，扑灭发动机火焰。同时要用一定力量冷却保护驾驶室、油箱和车厢等处。

（2）车辆燃油（气）箱发生火灾　当燃烧油箱口呈火炬状稳定燃烧时，在充分冷却的前提下，救援人员可用湿衣服、湿棉纱等从上风向接近，将燃油箱口完全捂住，窒息灭火。车辆火灾已经发展到猛烈阶段，燃油（气）箱还没有破裂或爆炸时，应使用雾状水或泡沫灭火，并不间断地用雾状水充分冷却油箱或气瓶，保护驾驶室和车厢。当燃油箱发生破裂或爆炸时，应用干粉、泡沫扑灭油箱火，同时用泡沫覆盖扑灭地面流淌油火，防止地面油火向轮胎和车辆蔓延。使用燃气的车辆，当气瓶燃烧时，要按气体火灾扑救措施处置，在气瓶阀门关闭无效或没有堵漏条件的情况下，不应将火扑灭，应使用水流冷却气瓶维持稳定燃烧，直至烧尽。有些型号的车辆，其燃油（气）分别设置在驾驶员座椅下和车厢板下，灭火时难以用水直接冷却，要及时采用其他措施控制油箱和气瓶的爆炸，并利用掩护物体保护自己，防止油箱和气瓶爆炸而造成伤亡。

（3）车载危险化学品发生火灾　从事危险化学品运输的人员平时应熟悉和掌握化学品的主要危险特性及其相应的灭火措施，并定期进行防火演习，加强紧急事态时的应变能力。面对初期火灾，在火灾尚未扩大到不可控制之前，应使用适当的移动式灭火器来控制火灾，迅速切断进入火灾事故地点的一切物料，然后立即启用现有各种消防设备、器材扑灭初期火灾和控制火源。面对车载危险化学品火灾，消防救援人员到达现场后，应问清着火物质的性质，有针对性地使用灭火剂。当灭火力量不足时，应确保燃油（气）箱不发生爆炸或者流淌火灾得到控制的同时，阻止火势向车头及车载危险化学品蔓延；当灭火力量充足时，在初期火灾扑救的基础上，对周围设施采取保护措施，防止火灾危及相邻设施，并迅速疏散受火势威胁的物资，同时应根据危险化学品性质进行科学处置。如扑救液化气体类火灾，切忌盲目扑灭火势，在没有采取堵漏措施的情况下，必须保持稳定燃烧，否则大量可燃气体泄漏出来与空气混合，遇着火源就会发生爆炸，后果将不堪设想。

7. 工艺倒罐技术

工艺倒罐措施是把容器中的气体转移到另外的储罐、槽车或其他容器中的措施。在危险化学品泄漏事故处置过程中，堵漏措施无效或无法实施堵漏时，可以采用倒罐的方法。常用的倒罐方法有压缩机倒罐、输转泵倒罐、压缩气体倒罐和压差倒罐，具体参见第五章第三节。

第七节 化工园区火灾扑救技术与战术

化工园区通常是指化学工业基地、各类以石化或化工行业为主导行业的经济开发区或工业园区[10]。化工园区以产业空间集中为主要特征，变分散、单一企业为集中、多样、互联的园区企业群，其灾害的危险性既表现为单个园区企业的危险性，更体现为所有园区企业之间的相互影响，致使化工园区内存在大量的火灾、爆炸、有毒等重大危险源，一旦发生事故，容易造成重大人员伤亡和严重的经济损失。

一、化工园区的火灾特点

1. 易燃、易爆、有毒等险情并存

化工园区中的化工企业，用于生产的原料、中间体甚至产品多样化、复杂化，且大多生产是在高（低）温、高（低）压等环境下进行，危险性大。在生产过程中，因相关工艺复杂及操作条件严格，稍有不慎，即可能引发危险化学品泄漏、火灾、爆炸或中毒等事故。

2. 易引发连锁反应

化工园区通常化工企业众多，且企业生产与储存装置日趋大型化、集中化，在化工企业生产过程中，其原料、中间体和产品大多数具有易燃易爆、有毒有害、腐蚀等潜在的危险性，这使其在生产、使用、储存、运输等过程中发生事故的可能性大大提高。当园区内某个企业的重大危险源发生事故时，因化工企业生产单元的高度连续性，必然导致整个生产系统的灾害事故产生连锁反应，进而形成灾难性的"多米诺骨牌"连锁效应，而多次灾害的持续发生所造成的人员伤亡、财产损失也将不可估量[11]。

3. 易造成环境污染等次生灾害

我国大部分化工园区分布于临海、沿江（长三角、珠三角、环渤海湾）等经济发达、人口密集的敏感地区，如南京化工园区位于南京市域北部，南临长江，东靠滁河，西濒马汊河[12]。为此化工园区一旦发生火灾或重大泄漏事故，其灭火用水、有毒的泄漏物极易造成大面积的水源污染和生态破坏。

4. 社会涉及面广，社会影响大

化工企业灾害事故多具有爆炸、火灾、有毒等危险特性，而现场的毒性气

体往往易扩散，影响现场的救援人员，特别是周边生产、生活区域的群众，所以一旦发生事故，现场往往需要疏散大量人员，这必然会引起国内甚至国外相关媒体等的广泛关注，在政治、经济等方面带来一定影响。

二、化工园区火灾扑救措施

化工园区发生火灾时，应坚持先控制、后处置的原则；坚持先上风、后下风的原则；坚持冷却稀释、防止爆炸与工艺配合相结合的原则；坚持以快制快的原则，力争将泄漏事故控制在较小的范围内；坚持利用现有装备、有限参与的原则，避免不必要的人员伤亡和中毒事故。具体处置的程序与技战术措施如下：

1. 事故单位自救

按"一体化"建设要求，为保护园区内化工企业生产、使用、储存、运输等安全，通常化工园区设有专业的企业应急救援队伍，条件较好的地区还建有专业的国家消防救援大（中）队，专门负责火灾时的应急救援，这是化工园区发生火灾时最基本、最重要的救援力量。当园区内灾害事故发生时，与报警控制中心相连的重要生产区、罐区、雨水排口设立的监控探头、浓度超标报警器等即可报警，相关自救力量因作战距离近，且对发生灾害的事故单位情况掌握清晰，能以最快速度开展自救。同时，单位在自救过程中，应据灾情大小，及时通知相关应急部门，以尽快启动应急救援预案，调动消防、公安、供水、供电、医疗等力量到场处置。

2. 消防力量的应急救援

（1）安全防护　在化工园区火灾事故处置过程中，救援人员自身防护主要有器材装备防护、药物防护、雾状水防护、监测防护等。

① 器材装备防护。器材装备防护应遵循：泄漏物质不明时，采取最高级别防护；泄漏物质具有多种危害性质时，应全面防护；没有有效防护措施，处置人员不应暴露在危险区域；不同区域人员之间应避免交叉感染等原则。在进行化工园区火灾危险化学品处置过程中，救援人员的防护等级应根据泄漏物质的危害性，将物质泄漏事故防护等级划分为三级。救援人员在处置有毒物质泄漏事故时要根据泄漏介质的危害程度来选择防护装备。

② 药物防护。消防等相关专业救援人员可以常备一些防毒、解毒药物，药物的品种可根据责任区内的危险化学品种类和性质确定。如责任区内有氰化物、丙烯腈等危险物品应备用亚硝酸异戊酯；如责任区内有硫化氢应备用美蓝

及葡萄糖或硫代硫酸钠注射液；如责任区内有核物质应备用碘化钾药片。另外，还应备用一些高锰酸钾、碳酸氢钠等外用药及醋酸可的松软膏等眼药。但应注意，有些药物在中毒以前服用，有些药物在中毒以后服用；药物的服用和注射一定要在医生的指导下进行。

③ 雾状水防护。在氯气、氨气等有毒物质泄漏事故中，救援人员到场后应在泄漏容器的四周设置水幕水带，并且要布置喷雾或开花水枪稀释、驱散、降毒。因为氯气微溶于水，氨气易溶于水，所以喷雾水喷射范围以内能起稀释作用；液化石油气、氨气等不能积聚太多，应利用喷雾水驱散；雾状水飘散在空中，与泄漏物品混合，降低了泄漏物品爆炸极限浓度，能控制可能发生的爆炸事故。

④ 监测防护。监测防护是救援人员在有毒物质泄漏事故现场对行动区域或救援对象的安全状况用科学的手段进行监视、检测或评估，视情况采取相应的措施，确保现场救援人员的安全。包括：设置安全员，有毒物质泄漏事故救援现场应设置安全员，安全员主要观察有毒物质泄漏及扩散情况，以及险情变化和危害发展情况等；仪器检测，在有毒可燃物质扩散的现场，当需要设立指挥部、确定停车位置、设立水枪阵地、实施堵漏行动等时，应对作业区域进行浓度检测，根据浓度分布情况，采取相应的防范措施。

（2）侦察检测　第一出动力量到达灾害现场后，不要盲目进入灾区，通常可采取询问知情人、外部观察、仪器检测等方法掌握现场情况。

① 询问知情人。救援人员到达现场后，可以向曾在现场的人员、目击泄漏事故发生的人员和掌握泄漏事故现场情况的人员等询问情况，询问的内容包括：危险化学品名称、性质，泄漏原因，泄漏时间长短或泄漏量大小等，危险化学品的存量，周围环境情况（如附近有无其他危险化学品、火源情况、人员密集程度等），灾害区域有无受困人员需要救助，灾害单位有无堵漏设备，是否采取了堵漏措施等。通过灾情询问，一般只能得到部分情况，详细准确的资料只有经过现场侦察和检测才能得到。

② 外部观察。外部观察是最简易的监测方法，主要包括：a. 根据盛装有毒物质的容器标识判断种类；b. 根据泄漏物质的物理性质判断泄漏物质的种类，包括气味、颜色、状态等；c. 根据人、动物或植物的中毒症状，通过观察泄漏物质引起人员和动物中毒或死亡症状，以及引起植物的花、叶颜色变化和枯萎的方法，初步判断泄漏物质的种类等。

③ 仪器检测。仪器检测的主要目的是确定不明危险化学品物质的种类、性质、浓度等。当危险化学品不明时，如果通过询问知情人无法得知危险化学品的种类、性质，必须实施仪器检测。对于未知毒害品的检测，难度较大，可

选择智能侦检车，MX2000、MX21 等便携式智能气体检测仪，军用毒剂侦检仪等仪器检测确定；同时可利用化学侦检法检测确定，可利用待检测物质与化学试剂反应后，生成不同颜色、沉淀、荧光或产生电位变化进行侦检，明确危险品种类。对于已明确的危险化学品，可以进一步利用可燃气体检测仪、智能气体检测仪等确定其危险范围。常用仪器有可燃气体、毒气检测仪等，可以快速确定可燃气体的爆炸范围。在化工园区火灾处置过程中，通过仪器检测还可以确定灾害现场的气象情况，包括风向、湿度、温度等，常用的气象检测仪有测风仪、智能气象仪等。

（3）现场警戒 现场警戒范围的确定，应坚持"科学合理、留有余地"的原则。确定警戒范围时，应充分考虑现场指挥部的设置、作战力量的集结、行动路线的选择和器材装备的投入；地方政府涉及疏散人员的数量及其安置，停产、停业、禁火、停电、封闭道路、管制交通的范围大小；公安部门涉及投入警力多少、治安巡逻范围及交通管制力量。实施警戒时，若警戒范围太小，会威胁现场人员的安全；若警戒范围太大，会造成人力、物力的浪费。

① 确定警戒范围。警戒范围的确定应在检测的同时实施，其方法主要有理论计算法、仪器测定法和经验法。理论计算法适用于军用毒剂、放射性物质和部分易燃或有毒气体；仪器测定法适用于可燃气体、液体和部分有毒气体；经验法适用于部分有毒气体，如氧气、氨气等。

② 实施警戒。现场警戒力量，通常由消防人员、属地民警、交（巡）警等人员组成。由于化工园区危险化学品火灾现场爆炸、中毒等危害复杂多样，处置困难，容易造成大量人员伤亡，在实施大范围警戒时，还可以根据现场实际需要，报请政府启动预案，请调当地武警、驻军协助警戒。实施警戒时，常用警戒器材主要有警戒标志杆、底座、警戒带、警戒灯、形象警示牌、警戒桶等。警戒标志设置完成后，应在警戒区周围布置一定数量的警戒人员，防止无关人员和车辆进入警戒区；主要路口必须布置警戒人员，必要时实行交通管制；对于易燃气体、液体泄漏事故，应消除警戒区内的一切火种。

（4）疏散救人 当消防等专业救援人员到场后，应立即成立疏散小组，配戴各种安全防护装备，并携带部分营救被困人员的安全防护装具，以供特定需要的人员使用；应明确任务分工，正确选择疏散路线，按已划定的警戒区域迅速疏散无关人员；在疏散过程中，要一边指引疏散方向，提示注意事项，一边不断地稳定疏散人员情绪；对于惊恐失常人员，或老、弱、孕、幼人员的搀扶疏散，要始终辅以劝慰引导，随时注意他们的行动，防止突然向不同方向奔跑或离开安全保护范围。

在事故现场，化学品对人体可能造成的伤害包括中毒、窒息、冻伤、化学灼伤、烧伤等，被困人员被确定并救出后，应根据其伤势的轻、重、缓、急实施救援，对于伤势较轻的人员可以实施现场急救，对于伤势较重的人员应及时送往医院救治。

（5）灭火控制 消防救援力量到场后，首先应进行危险源辨识，明确可能导致重大事故的危险区域，预判火势、爆炸等险情的发展态势。通常情况下，化工园区主要包括的区域有生产区、仓库区、储罐区、码头装卸区、行政办公区、居住区等，易导致重特大事故发生的区域有生产区、仓库区、储罐区、码头装卸区。应根据危险源评估结果，进行危险单元的划分，然后将每一个危险单元进行风险分析，确定不同区域或单元潜在风险的可能性和严重程度，并以此为基础进行力量部署。

① 确定主攻方向。消防救援力量在作战时，应尽量做到强攻近战，这是控制险情的最有效手段。在强攻近战时，应根据危险化学品泄漏的位置及火势情况，确定主攻方向：如果是罐底阀门泄漏造成的火灾，可燃物来源在罐底，火势主要集中于罐底，火直接从底部加热罐体，情况最为危险，因此主攻方向为罐底；如果容器上部阀门泄漏引起燃烧，火焰向下辐射，主攻方向在罐体上方，此时应用水枪将火焰托起，控制燃烧；如果罐体已经开裂，火焰可能从几个方向辐射其他容器，此时的主攻方向应以破裂罐为中心，分不同方向进攻。

② 冷却控制。根据已确定危险部位（即易发生物理性爆炸的容器），组织可靠供水线路，保证不间断供水，切断火源对这些部位的辐射，加大对该处的冷却强度，如储存液化气的容器的冷却强度不小于 $0.21L/(s \cdot m^2)$；同时应控制火势蔓延，在加强冷却的过程中，必须对燃烧强度进行控制，先消灭外围火灾，如地面火灾、建筑火灾等，然后集中力量控制主要火源。对于可燃气体或液体火灾，在不具备灭火的条件下，主要用水来控制和冷却，使其在一定范围内燃烧。当灭火条件成熟时（对于气体火灾，已实施堵漏或可以堵漏时；对于液体火灾，已具备足够的灭火剂时），应及时集中力量，对主要火源实施强攻近战，一举灭火。

③ 引流燃烧。为加快处置进度或现场无法有效实施堵漏或倒罐时，可利用引流燃烧的方法处置，有利于控制现场险情、加快处置速度和清除现场隐患。引流燃烧之前，必须进行细致、认真、周密、充分的准备工作，并采取安全可靠的点火方法，以确保引流燃烧行动的实施。通常情况下应进一步确认和检查警戒区域，清理警戒区内的无关人员和车辆；确定实施引流燃烧的行动小组；在泄漏点周边设喷雾水枪稀释驱散，并进行气体检测，确认环境的安全条件；选择安全可靠的点火方法，检查点火工具和相关器材；确认行动小组的个人防护，检查掩护小组的准备工作。处置人员实施引流燃烧时，应在喷雾水枪

的掩护下,有火炬点燃系统的可通过火炬点燃,没有火炬系统的可以通过临时管线,引流到安全地点点燃,以加快处置进程。但对于罐体燃烧或爆炸后的稳定燃烧,应由水枪进行控制,使燃烧控制在一定范围内,火焰突然熄灭的应立即点燃,防止其在一定时间内会与空气混合形成爆炸性危险空间。

(6) 防止二次污染 化工园区的相关企业在生产过程中,产生的污染物通常是指"三废",即废气、废水和废渣,但是在发生火灾时可能造成的二次污染一般是指发生火灾时,具有腐蚀性、毒害性等的原料、半成品或成品出现"跑、冒、滴、漏"等现象,若在处置时不采取相关措施,流失的原料、成品或半成品就会造成对周围环境的污染。同时,消防等相关专业力量在事故处置过程中,为防止爆炸等危险的产生,进行冷却、灭火时,需要使用大量的水。当采用直接冷却时,冷却水直接与被冷却的物料进行接触,这种冷却方式很容易使水中含有化工物料,而成为二次污染水;当采用间接冷却时,虽然冷却水不与物料直接接触,但如果在冷却水中加入防腐剂、杀藻剂等化学物质,排出后也会造成污染问题,即使没有加入有关的化学物质,冷却水也会给周围环境带来污染问题。

为避免相关专业力量在进行化工园区火灾扑救时出现二次污染事故,应建立健全二次污染事件应急体制,成立现场灭火救援总指挥部,在总指挥的领导下,监测、控制、处置相关污染物;应充分发挥相关应急设施作用,利用监测控制污水预处理设施,确保二次污染废水不超出处理设施作业能力;监测控制雨排事故池,保证第一时间利用阀门、闸门切断雨水外排口,防止二次污染水流入河道等产生大面积的环境污染等。

第八节 危险化学品灭火新技术

一、直流水灭火技术

1. 灭火力量计算

(1) 冷却供水力量的确定 进行油罐火灾冷却控制时,针对着火罐而言,其冷却的供水强度为 $0.8L/(s \cdot m)$,邻近罐的冷却强度为 $0.6L/(s \cdot m)$[6]。已知油罐直径、供水强度和水枪流量时,可由式(4-2)确定水枪数量:

$$n = \pi D q / Q_{枪}$$
(4-2)

式中 n——所需冷却水枪数量,向上取整;

D——油罐外径,m;

q——冷却供水强度，L/（s•m）；

$Q_枪$——水枪流量，L/s。

（2）灭火供水力量的确定 油罐起火时，灭火供水力量主要是指配制泡沫液所需要的用水量，已知泡沫液的混合比、燃烧液面面积、泡沫混合液供给强度及泡沫喷射时间，配制泡沫液所需要的用水量可按式(4-3)计算：

$$Q_水=(1-\alpha)Aqt \tag{4-3}$$

式中 $Q_水$——配制泡沫液所需的水，L；

A——燃烧面积，m^2；

q——灭火泡沫混合液供给强度，取 10.0L/（min•m^2）；

t——喷射时间，min；

α——泡沫液混合比（3%或6%）。

2. 灭火技术与应用

（1）直流水灭油类火技术 使用直流水处置油类火灾时，通常运用 19mm 直流水枪冷却油罐，且常规作战时使用的性能参数为有效射程 17m，流量 7.5L/s，此时可冷却的着火罐周长约为 9m，但部署的水枪数量应不少于 4 支；邻近罐可冷却周长约为 12.5m，但部署的水枪数量应不少于 2 支。运用 19mm 直流水枪扑救油类火灾时，应使水枪与水枪之间的间隔不要太宽，一般以 1～2m 左右为宜，且向前推进时要做到统一行动，平行推进。

（2）智能型移动消防炮灭火技术 智能型移动消防炮主要由活动支架（支座）、水平回转节、俯仰回转节和喷嘴组成，图 4-10 所示为近期研制的智能型移动消防炮，能够实现远距离控制，并能实现水柱和水雾状射水。

图 4-10 智能型移动消防炮

智能型移动消防炮具有以下应用特点：a. 流量大，目前常用的规格包括 70L/s、80L/s、100L/s、120L/s、150L/s、180L/s、200L/s 等系列，最大流量达到 250L/s，可以有效地应对大规模的火灾；b. 射程远、喷射高度高，通常情况下，消防炮压力为 0.8MPa 时，射程可达 60～70m，压力为 1.6MPa 时，射程可达到 120～130m，目前国产消防炮最大射程可达 210m，最大射高可达 90～100m，而国外生产的消防炮射高可达 150m[13]；c. 远控化，即通过安装远距离控制系统，实现对消防炮的远程操作，可以有效地应对石油化工、码头、油库、机场等火灾危险性大的场所火灾，以保证灭火救援人员的作战安全；d. 智能化，通过智能控制系统，可以实现自动探测和灭火的功能。

一方面，在火场周围交通环境较差的情况下，该设备能方便实施火灾扑救；另一方面，在火灾规模较大，人员和消防车不宜靠近的情况下，能实施近距离扑救火灾。移动式消防炮灭火系统，尤其是智能型移动消防炮是扑救大型火灾的主要消防力量，对于火灾规模大、辐射热强的火场，利用移动式消防炮灭火系统进行灭火，一方面有助于火灾的扑救，另一方面对消防人员起到一定的保护作用。

二、泡沫灭火技术

1. 灭火力量计算

油罐发生火灾后，已知泡沫液的混合比、燃烧液面面积、泡沫混合液供给强度及泡沫喷射时间，灭火所需要的泡沫液量可按式(4-4) 计算[6]：

$$Q_{液} = \alpha A q t \tag{4-4}$$

式中　$Q_{液}$——灭火所需泡沫液量，L；

　　　A——燃烧面积，m^2；

　　　q——灭火泡沫混合液供给强度，取 10.0L/（min·m^2）；

　　　t——喷射时间，min；

　　　α——泡沫液混合比（3%或6%）。

2. 灭火技术与应用

(1) 泡沫管枪、泡沫炮灭火技术[6]

① 为保证泡沫形成的质量，应做到：a. 整个泡沫系统上的各种器材要齐全，相互之间的连接要紧密。b. 各种指针、阀门要调节好，相互之间要协调一致。当使用泡沫枪（炮）、泡沫钩枪喷射泡沫时，泡沫混合器上的指针的位置和所使用的泡沫管枪或泡沫钩枪的型号要一致，泵浦出口的阀门和泡沫管枪

上的关闭与开启阀门，都要彻底打开，另外还要注意打开泡沫罐顶上盖，让空气进入。c. 保证各种枪炮的入口压力，使混合液与空气能够充分混合。目前所使用的空气机械泡沫，要使混合液与空气充分混合，就必须具有足够的混合液入口压力，从而确保泡沫的发泡倍数。

②为保证泡沫覆盖的效率，尽可能地把泡沫全部喷射到油面上，主要有以下几个问题需要注意：a. 尽量减少对泡沫的机械冲击，尽可能地避免泡沫遭到破坏，在喷射泡沫时，要尽量沿着罐壁，或贴着油面喷射；b. 尽量避免高温破坏，高温会对泡沫产生一定的破坏作用，所以在喷射泡沫时，要尽量使泡沫避免流经高温的罐壁，并注意避开火浪；c. 要尽量加快流动速度，使用泡沫扑救油类火灾，主要是靠泡沫本身流动来进行覆盖，从而达到灭火效果。

（2）高倍数泡沫灭火技术[6]　高倍数泡沫的灭火作用主要有隔绝氧气、阻断燃料蒸气、冷却燃料表面等，具有发泡量大、易于输送、有良好的隔热作用、水渍损失小、易于清除等特点。高倍数泡沫灭火系统可分为全淹没式、局部应用式和移动式三种类型。

全淹没式可用于具有永久性围挡设施的保护对象，以保证有足够的泡沫淹没被保护对象并维持一定的时间，使火灾得到控制或熄灭；局部应用式直接将泡沫输送至着火或泄漏的部位来实施灭火和保护，而不需将整个防护空间淹没，可用于敞开空间内可燃易燃液体、液化天然气（LNG）和普通 A 类火灾的控制和扑救，最适于保护平面，如受限的流淌火和敞开的储罐等；移动式主要适用于难以确定发生火灾部位或救援人员难以接近的火灾场所、流淌的 B 类火灾场所以及在发生火灾时需要排烟、降温或排除有害气体的封闭空间。

三、消防机器人灭火技术

随着人工智能技术的发展与应用，消防机器人逐步地融合了视频监控、图像识别、无线传输等方面的最新技术，形成了自动寻火、自主避障、自动报警、全景成像、机器视觉、智能热成像及危险气体检测等功能，为消防机器人加入智能化的概念，有效地提高了消防机器人的实际灭火救援能力[14]。目前，危险化学品现场处置中可用的消防机器人主要有灭火机器人、侦察机器人、救援机器人等，也有集灭火、侦察于一体的复合型机器人，如图 4-11 所示。

1. 性能参数

（1）灭火机器人　灭火机器人可在消防救援人员的远程控制下，进入灾害现场进行灭火，也可对泄漏的有毒有害物质进行洗消和稀释。以我国研制的JMX-LT50 型消防灭火机器人为例，有效无线控制距离在 150m 以上，消防炮

图 4-11　智能消防灭火、侦察机器人

最大配套流量 80L/s，消防炮所喷射的水有效射程在 60m 以上，泡沫的有效射程在 60m 以上，消防炮水平转角为 $-90°\sim+90°$，仰俯角为 $-10°\sim+60°$，同时可以有效满足不同作战环境的行进、登梯、爬坡、跨越垂直障碍物等作业需求。

（2）侦察机器人　侦察机器人可以进入危险场所进行探测、侦察，并可将采集到的数据、图像、语音等信息进行实时处理和传输，有效解决了消防员在危险场所的人身安全问题。以上海消防研究所成功研制的 JZX-GL/a 防爆型履带式消防侦察机器人为例，可探测前后障碍物，可探测机器人内、外的温度值，可探测现场的热辐射值，其行走速度大于 3km/h，且可以进行 GPS 定位。

（3）救援机器人　救援机器人可以进入灾害现场进行危险物品的搬运、障碍物清除和救援被困人员等工作。以上海消防研究所研制的消防救援机器人为例，可探测 CO、H_2S 等多种有毒气体，可进行现场图像信号、有毒气体浓度、温度及热辐射等数据的实时无线传输，同时该机器人带有专家辅助决策系统，可为现场救援人员灭火救援提供辅助决策。

2. 灭火技术与应用

目前消防机器人在危险化学品救援现场应用时，可实现：

① 无生命损伤性。消防机器人作为一种无生命载体，在面临高温、有毒、缺氧和浓烟等各种危险复杂的环境时，在人力所不及之处可充分发挥其作用，大大减少消防员伤亡。

② 可重复使用性。消防机器人作为一种特殊的消防装备，可反复多次使用，持续发挥效能。

③ 人工智能性。消防机器人是人工智能、神经网络、计算机技术、自动控制、电力电子、模糊控制和机械工业等高端学科的技术结合体，可根据现场实际情况，自主判断危险来源，进行数据收集、处理、传输、反馈及灭火等工作，具有很高的人工智能性。同时，消防机器人可通过遥控操作深入灾害现场的关键部位，利用供给系统输送的灭火剂和洗消剂，进行喷射灭火和化学洗消。消防炮的喷嘴通过转换，可喷出直流和喷雾两种射流，采用的中轮弹性悬挂的六轮移动载体，随障碍物高度的变化随机变动，越野性能好。这些性能都很好地适应了救援环境的需求，可以满足不同险情下的处置技术要求。

四、大功率远程供水技术

大功率远程供水系统是一种采用大功率液压潜水泵进行远距离供水的消防装备，如图 4-12 所示，具有供水流量大、供水距离长、适应性强、动力足、控制性强、供水方式多样（可串联也可并联）等特点。许多国家已将其列为应急预案的首选装备之一，我国一些消防部门也已购置该系统并将其纳入战勤保障体系当中。

图 4-12　大功率远程供水系统

1. 性能参数

以捷达远大供水系统为例，其额定供水流量为 400L/s，并联时流量最大可达 800L/s，最大供水距离可达 8km，该系统不仅可以有效解决大型火场供水困难的难题，而且在地震、洪水和矿难等灾害现场也发挥着积极的作用。

2. 灭火技术与应用

根据自身特点，大功率远程供水系统一般可应用在大型火场或洪涝等特殊灾害的救援现场[15]。

（1）灭火救援 消防救援队伍在火灾处置过程中，因火场水源有限，建筑物中的固定给水设施在爆炸、火灾中遭受破坏，市政供水管网和自动灭火设施的供水强度严重不足等，可能造成大功率、大流量消防车以及移动式消防炮等灭火装备现场供水强度不足，造成灭火能力、功效不能完全发挥等，据此可利用移动式远程供水系统解决上述问题。

（2）在其他灾害中的应用 大功率远程供水系统具有排涝作用，当发生水灾时，该系统能及时进行排清污工作，对恢复水灾后城市居民正常的生产、生活起着非常重要的作用；具有输送饮用水功能，当发生大地震、海啸、重大火灾、水源污染等特大灾难时，在城市饮用水管线遭到破坏，居民以及救灾人员没有生活用水的情况下，大功率远程供水系统能在很短的时间内将饮用水输送到城市，满足居民以及救灾人员的生活用水需要。

此外，利用消防船与远程供水系统联用的方式，既能充分发挥船载消防泵大功率、大流量的优势，又能凸显远程移动供水系统自动铺设超大口径水带系统的便捷性，以有效应对各类超大型火场的供水保障[16]。

五、三相射流灭火技术

三相射流灭火技术是一种集多种新型高效灭火剂优点于一体的新型灭火技术，可将灭火剂以气、液、固三相自由紊动射流的方式喷射到燃烧区使燃烧终止。使用三相射流消防车将混合灭火剂喷射至燃烧区域后，超细干粉灭火剂会从水或泡沫灭火剂射流中分离出来，生成蓝色的气溶胶灭火剂，笼罩火焰，发挥其灭火效能，水系灭火剂分离出来后发挥其降温和抗复燃效果，所以其对油类火灾的灭火效果尤其突出，实现了不同灭火剂之间的优势互补，图 4-13 所示为三相射流消防车。

1. 性能参数

利用三相射流消防车将"气体-水系灭火剂-超细干粉灭火剂"以混合射流的方式射出，三相射流的射程大于 70m，流量可达 80L/s，额定的工作高度也大于 25m。

2. 灭火技术与应用[17]

在 1000m³ 油罐全面积火灾试验中，将三相射流灭火效果与水成膜泡沫灭

图 4-13　三相射流消防车

火剂和氟蛋白泡沫灭火剂的灭火效果进行比较，可以发现就油层的降温效果而言，三相射流＞水成膜泡沫＞氟蛋白泡沫，三相射流灭火系统的降温幅度与降温速度都远超过其他两种泡沫灭火剂。各灭火剂的降温效果参数如表 4-3 所示。

表 4-3　油层降温效果对比表

参数	三相射流	水成膜泡沫	氟蛋白泡沫
开始喷射瞬时温度/℃	88	90	92
火焰熄灭瞬时温度/℃	46	52	56
停止喷射瞬时温度/℃	43	50	53
喷射时间/s	30	50	80
降温幅度/℃	45	40	39
降温速度/(℃/s)	1.5	0.8	0.49

　　三种灭火剂灭火过程中的灭火剂用量、控火和灭火时间的对比，如表 4-4 所示。三相射流喷射 15s 左右已基本控制绝大部分明火，极大地降低了油罐火灾的强辐射热对人员、装备以及邻近设备的威胁。氟蛋白泡沫和水成膜泡沫的灭火时间分别为 75s、45s，三相射流灭火时间为 21s，远优于氟蛋白泡沫和水成膜泡沫。

表 4-4　灭火时间与灭火剂用量对比表

测试类型	灭火剂类型	灭火剂用量	控火时间/s	灭火时间/s	喷射时间/s
25m 三相射流高喷车	HLK 超细干粉	300kg	15	21	30
	KFR-100(3%配比)	50L			
	水	1750L			

续表

测试类型	灭火剂类型	灭火剂用量	控火时间/s	灭火时间/s	喷射时间/s
25m 高喷水罐＋泡沫车	3%型氟蛋白原液	190L	49	75	80
	水	6200L			
25m 高喷水罐＋泡沫车	3%型水成膜原液	120L	39	45	50
	水	3900L			

三相射流灭火剂可根据不同的灭火对象、燃烧物质，将不同介质的高效灭火剂（水、超细干粉及抗复燃灭火剂）以特定比例有机组合使用。超细干粉的适用范围很广，不仅适用于 A 类固体火灾，甲、乙、丙类液体火灾（B 类火灾），可燃气体火灾（C 类火灾），带电设备火灾（E 类火灾），对 D 类火灾也有较好的抑制作用。而抗复燃灭火剂除了对 A、B 类火灾有较好的灭火效果之外，也能有效地扑灭金属火灾，与超细干粉灭火剂配合消灭金属火灾的速度将大大提高。因此，三相混合灭火剂可扑灭 A、B、C、D、E、F 类火灾，兼具多种灭火剂的优点，特别是其对可燃有毒气体具有沉降和稀释作用，更加适合于伴有可燃或有毒气体泄漏的危险化学品类灾害处置。

六、涡喷消防车灭火技术

涡喷消防车是将退役的航空涡轮发动机作为喷射灭火剂的动力，如图 4-14 所示，安装在消防车底盘上，配备常规消防车的水箱、泡沫灭火剂箱和水泵等组件后设计制造的一种特殊消防车。

图 4-14　涡喷消防车

1. 性能参数

以 MX5250TXFWP-5 消防车为例,最高车速为 85 km/h,载水量 5000 kg,消防泵额定流量 80 L/s,灭火剂喷射距离大于 100 m,40m 处喷雾风速 18m/s,60m 处喷雾风速 15m/s,80m 处喷雾风速 12m/s。

2. 灭火技术与应用

涡喷消防车喷射产生的高速射流,可以将注入的海水等灭火剂切割成雾状水高效扑灭油池火、地面燃油流淌火、油气井喷火灾、飞机火灾等。

(1)扑救油池及地面燃油流淌火　涡喷消防车能对油池及地面燃油流淌火有较好的控制作用。扑救油池及地面燃油流淌火时,涡喷消防车应停在着火目标上风方向的有利位置上,炮筒对准火源根部并左右摆动,控制燃烧面积,使燃烧液面上的火焰与空气隔绝,逐渐缩小火的燃烧范围。

(2)扑救油气井喷火灾　涡喷消防车扑救井喷火灾时,应针对不同形式的井喷采取不同的方法:

① 扑救密集射流井喷应从火焰根部开始,灭火射流喷向火焰根部,并对准火柱中心,平稳地顺着井喷射流向上移动,直至切断火焰为止。火焰扑灭后,须继续喷射灭火射流一段时间,以防止复燃。扑救若干股密集射流井喷,须从位置较低的射流开始,然后依次扑救较高位置的射流。

② 扑救分散射流井喷灭火射流应喷向火焰根部,对准井场设备中心,逐渐向上移动,或根据井喷火柱外形水平方向左右摇摆,冲击气流扩散位置直至彻底扑灭。

③ 扑救混合射流井喷应从井喷分散部位开始,在彻底扑救井喷分散部分后,灭火射流转向密集射流。当同时有水平射流和垂直射流时,应先扑救井喷的水平射流,而后扑救垂直射流。如果在 15min 以内,未能扑灭井喷火灾,应停止喷射,查明未扑灭的原因,包括:灭火剂供给强度不够;涡喷消防车距离井口太远;没有选好方向;车辆位置布置不妥,工作不同步等。

(3)化学事故抢险救援

① 物理洗消。通过涡喷消防车喷射大量雾状水,吸收、溶解空气中的氨气、氯气、硫化氢等有毒气体,降低空气中的毒气含量,达到物理洗消的目的。根据事故现场情况,可安排 2~3 台或更多台涡喷消防车同时工作,且涡喷消防车应置于上风位置。氧化、氯化、中和洗消,可在涡喷消防车的水箱中加入适量的漂白粉、次氯酸钠等,当喷射雾状水至有毒气体和染毒区域时,即可通过对有毒物质的氧化、氯化反应来实现消毒的目的。

② 强制通风。在处置隧道、地铁火灾时,涡喷消防车能通过吹入大流量空气,

实现强制吹除有毒烟雾、输送氧气的作用，有助于抢救被困环境中的受害人员。

同时，利用多剂联用涡喷消防车，可喷射大流量"强风-超细水雾"射流，主要用于强力吹除和稀释火灾产生的有毒烟雾，降低火场温度，提高能见度，掩护消防人员抵近灭火和抢险救人；可将干粉灭火剂喷射为气溶胶态射流，射入处在猛烈燃烧阶段的大跨度建筑物、化工车间、化学品仓库、隧道等空间内，快速切断燃烧反应链，熄灭火焰，并阻止爆燃爆轰发生；可喷射"超细水雾-干粉灭火剂"混合气溶胶态射流，适合用于猛烈燃烧大火的快速扑救等[18]。

参考文献

[1] 董希琳. 消防燃烧学 [M]. 北京：中国人民公安大学出版社，2014：6-10.

[2] 李本利，陈智慧. 消防技术装备 [M]. 北京：中国人民公安大学出版社，2014：1-22.

[3] 马良，杨守生. 危险化学品消防 [M]. 北京：化学工业出版社，2005：35-79.

[4] 胡忆沩. 危险化学品应急处置 [M]. 北京：化学工业出版社，2009：304-309.

[5] 李建华. 灭火战术 [M]. 北京：中国人民公安大学出版社，2014.

[6] 商靠定. 灭火救援技术与战术 [M]. 北京：中国人民公安大学出版社，2014.

[7] 王艳华，佟淑娇，陈宝智. 危险化学品道路运输系统危险性分析 [J]. 中国安全科学学报，2005，15 (2)：8-12.

[8] 黄友明. 危险化学品道路运输存在的主要安全问题及对策 [J]. 科技情报开发与经济，2008，18 (12)：227-228.

[9] 汤华清. 基于半球扩散理论的毒气储罐泄漏事故处置研究 [J]. 消防科学与技术，2010，29 (9)：749-752.

[10] 曾明荣，吴宗之，魏利军，等. 化学园区应急管理模式研究 [J]. 中国安全科学学报，2009，19 (2)：172-176.

[11] 白瑞. 安全化工园区发展的保障 [J]. 现代职业安全，2012 (8)：26-27.

[12] 于安. 突发水环境污染事件防范与应急处置体系建设 [J]. 环境监测管理与技术，2012，24 (6)：6-10.

[13] 程宏伟，刘德明，黄文忠. 浅析消防炮灭火系统的应用 [J]. 福建建设科技，2011 (01)：5-7.

[14] 钱铖，蒋静法，李斌. 消防机器人的现状与发展方向 [J]. 消防技术与产品信息，2018，31 (12)：82-84.

[15] 郑春生. 远程供水系统在火灾扑救中的应用探讨 [J]. 消防科学与技术，2016，35 (08)：1145-1148.

[16] 黄先炜. 消防船与远程移动供水系统联用的探讨 [J]. 消防科学与技术，2018，37 (07)：936-938.

[17] 李玉，董希琳，倪军，等. 三相射流灭火技术灭火效能试验研究 [J]. 消防科学与技术，2015，34 (7)：894-896.

[18] 谢奕波，姬永兴，等. 多剂联用涡喷消防车及其应用 [J]. 消防科学与技术，2014，33 (12)：1420-1423.

第五章

危险化学品泄漏控制与处置

第一节 危险化学品泄漏处置程序

危险化学品泄漏事故现场处置程序是反映救援过程运作规律的相对固定的基本阶段和步骤。在处置过程中，处置任务因具体目的、内容、方法和要求的不同，呈现出明显的阶段性和步骤性。由于发生事故单位、地点、化学介质的不同，处置程序也会存在差异。有些环节贯穿危险化学品处置的整个过程，有些环节则因情而定，有时需要多个环节同时进行，有时要将有些环节适当延迟。结合危险化学品泄漏事故救援实际，参考 GB/T 29179—2012《消防应急救援 作业规程》、XF/T 970—2011《危险化学品泄漏事故处置行动要则》以及相关文件规定[1,2]，其处置程序一般包括以下内容和环节：

一、接警调度

1. 接报与通知

接报与通知是指接到执行救援的指示或要求救援的报告。准确了解事故性质和规模等初始信息，是启动应急救援的关键。接报与通知是实施救援工作的第一步，对成功实施救援起到重要的作用。当发生危险化学品泄漏事故，现场人员必须根据各自企业制定的事故预案采取控制措施，尽量减少事故的蔓延，同时向有关部门报告。事故主管领导人应根据事故地点、事态的发展决定应急救援形式：是单位自救还是采取社会救援？对于那些重大的或灾难性的事故，以及依靠本单位力量不能控制或不能及时消除事故后果的事故，应尽早争取社会支援，以便尽快控制事故的发展。

事故单位接报与通知内容如下：①明确 24h 报警电话，建立接报与事故通报程序；②列出所有的通知对象及电话，将事故信息及时按对象及电话清单通知；③接报人一般应由总值班人员担任。

当危险化学品泄漏超出事故单位的处置能力，达到一定规模时，应立即向消防救援队报警。119调度指挥中心接到报警后，接警员应询问并记录相关信息，主要包括：①危险化学品泄漏事故发生的时间、地点、类型；②危险化学品的类型、数量以及主要危险性；③人员被困及伤亡情况；④事故规模及其潜在险情；⑤周围单位、居民分布等情况；⑥现场交通状况；⑦报警人姓名、联系电话。同时，与报警人及时联系，掌握事态发展变化状况。119调度指挥中心应将警情立即报告值班领导，按要求报告当地政府和上级消防部门。

2. 出动应急救援队伍

（1）调集应急救援力量　各主管单位在接到事故报警后，根据接报时了解的危险化学品事故的规模、危害和发生的场所，应迅速组织应急救援专业队，携带相应的救援装备，赶赴现场。如消防救援队伍应迅速确定和派出第一出动力量，带足有关的抢险救援器材，如空气呼吸器、防化服及毒物收集、输转、堵漏、洗消等器材。

（2）设点　各救援队伍进入事故现场，选择有利地形（地点）设置现场救援指挥部或医疗急救点，完成设点工作程序。各救援点的位置选择关系到能否有序地开展救援和保护自身的安全。救援指挥部和医疗急救点的设置应考虑以下几项因素：

a. 地点。应选在上风向的非污染区域，需注意不要远离事故现场，便于指挥和救援工作的实施。

b. 位置。各救援队伍应尽可能在靠近现场救援指挥部的地方设点并随时保持与指挥部的联系。

c. 路段。应选择交通路口，利于救援人员或转送伤员的车辆通行。

d. 条件。指挥部或医疗急救点可设在室内或室外，应便于人员行动或群众伤员的抢救，同时要尽可能利用原有通信、水和电等资源，利于救援工作的实施。

e. 标志。指挥部或医疗急救点，均应设置醒目的标志，方便救援人员和伤员识别。悬挂的旗帜应用轻质面料制作，以便救援人员随时掌握现场风向。

3. 报到

各救援队伍进入救援现场后，应及时向现场指挥部报告。其目的是接受任务，了解现场情况，便于统一指挥。

二、侦检与评估

采取询问和侦检等多种方法，了解和掌握泄漏物种类及性质、泄漏时间、泄漏量、波及范围、潜在险情（爆炸、中毒等）。

1. 侦检的内容

在侦检过程中，主要查明灾情、环境和伤员等信息。

（1）向操作人员、技术人员或驾驶员等询问或索要化学品安全技术说明书（MSDS/CSDS），掌握危险化学品名称、制造商、理化性质、数量、处置措施等信息。

（2）若无法直接得知危险化学品信息，应通过识别各类标签、标识（事故车体、箱体、罐体、瓶体等的形状、标签、颜色等），查阅对照相关规范获取。

（3）通过实地观察、仪器检测等方法，掌握危险化学品泄漏的部位、形态、浓度、范围及人员被困等情况。

（4）事故周边的环境信息（道路、水源、地形、电源、火源、邻近单位等）。

若可以，及时寻求救援协助：询问厂家技术人员、危险化学品处置专家；拨打危险化学品标签、安全技术说明书上的厂家应急电话；拨打国家危险化学品事故应急响应 24h 专线 0532-83889090，0532-83889191。

在危险化学品泄漏事故处置过程中，必须加强侦检环节，做好动态检测。侦检时，遵循先识别、后检测，先定性、后定量的原则。

2. 辨识危险源

通过了解和掌握的情况，应对事故类型和标签、标识进行识别，采用仪器进行侦检。

（1）事故类型识别　这里主要是区分事故是固定源事故还是移动源事故；是危险化学品运输车辆发生事故还是存储的容器、储罐等发生事故；是小量容器发生事故还是大型或散装容器发生事故；是泄漏事故还是火灾爆炸等事故。

（2）标签、标识识别　若危险货物在运输过程中发生事故，可以查看危险货物运输标志、危险化学品运输车辆警示标志、危险化学品储存集装箱标识、包装物和容器产品的标签、工业气瓶标识。若作业场所发生事故，可通过管道标记。危险化学品作业场所标识等进行识别。

（3）仪器侦检　侦检小组使用各种侦检器材识别泄漏介质的种类、浓度及分布情况，并采用不同的标志区分不同的区域边界。

3. 灾情评估

根据现场实时侦检数据，全面分析灾情信息、事故环境信息、事故伤员信息，结合类似处置案例，进行事故发展趋势及潜在风险评估，确定火灾或应急救援的等级，评估行动方案。其中，灾情信息、事故环境信息和事故伤员信息可参考表 5-1～表 5-3。

表 5-1　危险化学品泄漏事故灾情信息记录表

序号	项目	具体信息		
1	事故类型	固定储存装置□	输气管、输油管（管道类）□	生产装置□
		交通事故□	大型管道、沟渠□	其他□
2	危险源物质	名称_____		储量大小_____
		爆炸品□	易燃气体□	毒性气体□
		可燃液体□	易燃固体、易于自燃的物质□	遇水放出易燃气体的物质□
		氧化性物质和有机过氧化物□	有毒品□	腐蚀性物质□
		放射性物质□	其他□	
3	泄漏或扩散	是□		否□
		状态	严重程度	位置　目前状态
		固态□ 液态□ 气态□	滴漏□ 细流□ 有缺口□ 大概的扩散数量：____ 液体面积：____ 固体数量：____	人孔□ 阀门□ 法兰□ 管道□ 其他□　已停止□ 流动形式： 继续在流□ 不规律□
4	火灾	有□		无□
		固体□ 液体□ 气体□	邻近建、构筑物（含槽、罐、桶等容器）受火势威胁□	烟雾、火苗颜色：____ 火势大小：____
5	爆炸	有□		无□

表 5-2　危险化学品泄漏事故环境信息记录表

序号	项目	具体信息
1	气象信息	风力____ 风向____ 温度____
2	地面类型	土□ 泥□ 柏油□ 沙□ 其他□
3	交通道路	
4	沟渠、河流	
5	地形地物	

序号	项目	具体信息
6	电源、火源(警戒范围内)	
7	邻近建、构筑物(含罐体、管线等)	
8	环境气味	蒜味☐　肥皂味☐　鱼腥草味☐　苦杏味☐　油漆味☐ 芳香味☐　酒精味☐　芥末味☐　樟脑味☐　臭鸡蛋味☐ 其他☐

表 5-3　危险化学品泄漏事故伤员信息记录表

序号	项目	具体信息
1	现场人数	
2	受伤人数	
3	被困人数	
4	中毒人数	
5	接触到危险源的人数	

三、等级防护

救援人员根据危险源的性质和控制区域的划分，确定防护等级，选择合适的个人防护装备。

1. 个体防护装备

按照防护功能的不同，消防员个人防护装备分为躯体防护类装备、呼吸保护类装备和随身携带类装备三类。其中，躯体防护类装备主要包括消防员隔热防护服、消防员避火防护服、一级化学防护服、二级化学防护服、特级化学防护服、核沾染防护服、防静电服等；呼吸保护类装备主要包括正压式消防空气呼吸器、正压式消防氧气呼吸器、强制送风呼吸器及消防过滤式综合防毒面具等；随身携带类装备主要包括佩戴式防爆照明灯、消防员呼救器、方位灯、消防腰斧、消防通用安全绳、消防Ⅰ类安全吊带、消防Ⅱ类安全吊带、消防Ⅲ类安全吊带、消防防坠落辅助部件、消防员呼救器后场接收装置、头骨振动式通信装置等。

2. 器材防护等级

器材防护等级是指根据事故危害程度、任务要求和环境因素等条件确定的个人防护器材的等级。根据危险化学品的危害性，将危险化学品泄漏事故防护等级划分为三级。一级防护为最高级别防护，适用于皮肤、呼吸器官、眼睛等需要最高级别保护的情况。二级防护适用于呼吸需要最高级别保护，但皮肤保护级别要求稍低的情况。三级防护适用于空气传播物种类和浓度已知，且适合使用过滤式呼吸器防护的情况。

（1）一级防护　一级防护具体适用情况是：a. 泄漏介质对人体的危害未知或怀疑存在高度危险时；b. 泄漏介质已确定，根据测得的气体、液体、固体的性质，需要对呼吸系统、体表和眼睛采取最高级别防护的情况；c. 事故处置现场涉及喷溅、浸渍或意外接触可能损害皮肤或可能被皮肤吸收的泄漏介质时；d. 在有限空间及通风条件极差的区域作业，是否需要一级防护不确定时。

（2）二级防护　二级防护具体适用情况是：a. 泄漏介质的种类和浓度已确定，需要最高级别的呼吸保护，而对皮肤保护要求不高时；b. 当空气中氧含量低于 19.5% 时；c. 当侦检仪器检测到蒸气和气体存在，但不能完全确定其性质，仅知道不会给皮肤造成严重的化学伤害，也不会被皮肤吸收时；d. 当显示有液态或固态物质存在，而它们不会给皮肤造成严重的化学伤害，也不会被皮肤吸收时。

（3）三级防护　三级防护具体适用情况是：a. 与泄漏介质直接接触不会伤害皮肤也不会被裸露的皮肤吸收时；b. 泄漏介质种类和浓度已确定，可利用过滤式呼吸器进行防护时；c. 当使用过滤式呼吸器进行防护的条件都满足时。

3. 器材防护标准

在危险化学品泄漏事故处置过程中，根据防护等级按标准配备相应的防护器具，具体如表 5-4 所示。

表 5-4　现场安全防护标准

级别	形式	防化服	防护服	呼吸器	其他
一级	全身	特级化学防护服	全棉防静电内衣	—	—
二级	全身	一级化学防护服	全棉防静电内衣	正压式空气呼吸器或正压式氧气呼吸器	防化手套、防化靴
三级	头部	二级化学防护服	防静电内衣	滤毒罐、面罩或口罩、毛巾等防护器具	抢险救援手套、抢险救援靴

此外，根据防护等级确定防护标准时，还应考虑环境及生理因素：

（1）中暑虚脱　穿着防护器材正常散热受到抑制（尤其是隔绝式防护服），在进行中等以上体力劳动时，会出现中暑虚脱，气温愈高这种现象出现愈早、愈多。

（2）疲劳　穿戴全身防护器材的人员，会因面具的呼吸阻力、体力消耗和日晒或现场温度过高而引起体温升高，以及心理、生理的抑制和受力状况而感到疲劳。

（3）感官、反应迟钝　需完成使用感官或有关机能（如手脚灵活、目光敏锐或音响联络等）任务的人员着全身防护器材会不同程度地降低作业效率。

（4）自身需要　人员不能无限期处于全身防护状态，需要饮食、大小便等。

因此，应根据上述条件，灵活地采取适当的防护等级，以保证工作效率和人员的安全。

4. 不同危害类型的防护

（1）毒害性介质的个体防护　根据化学毒物对人体无防护条件下的毒害性，可把毒物依毒性由强至弱分成剧毒、高毒、中毒、低毒、微毒五大类，并充分考虑救援人员所处毒害环境的安全需要，确定相应的防护等级，具体如表 5-5 所示。

表 5-5　毒害性泄漏介质安全防护等级

毒类 ＼ 危险区	重度危险区	中度危险区	轻度危险区
剧毒	一级	一级	二级
高毒	一级	一级	二级
中毒	一级	二级	二级
低毒	二级	三级	三级
微毒	二级	三级	三级

（2）爆炸性介质的个体防护　在易燃易爆气体泄漏现场，救援人员的安全防护尤为重要。虽然没有防护服装能够抵挡爆炸冲击波，但是在个人防护方面可以采取一些有效措施：a. 着气密性防护服，扎好领口、袖口、裤腿口三口，以防混合气体侵入人体与气密性防护服之间。b. 佩戴正压式消防空气呼吸器，防止气体被吸入体内，造成呼吸道灼伤。c. 穿着紧身的纯棉织物，并喷水湿透，防止爆炸燃烧后，衣服与皮肤粘连。

（3）高温环境的个体防护　当救援人员接近高温区域时（如近火关阀），应穿着消防员隔热服，同时在其后方布置喷雾水枪进行降温，防止身着隔热服的消防人员中暑。当救援人员短时间穿越火区，短时间进入火场侦查、救人、关阀、抢救贵重物资等时，应穿着消防员避火服，同时也必须有水枪掩护。

（4）低温环境的个体防护　进入低温泄漏现场，救援人员应着棉衣、棉裤，并用绳子扎紧通气口，防止气体进入、积蓄。有条件时要穿气密性防护服，佩戴正压式消防空气呼吸器，戴防冻手套。开展关阀、堵漏作业时，要有单位技术人员指导或进行现场培训，争取"快进快出"，尽量减少滞留时间。

（5）腐蚀性介质的个体防护　进入危险区域的救援人员，应视情况使用喷雾水枪进行掩护。防护器材应具有防腐蚀性能，如抗腐蚀防护手套、抗腐蚀防化靴等。深入事故现场内部的处置人员应着封闭式防护服。

四、控制险情，消灭危险源

根据灾情评估结果，结合现场泄漏、燃烧、爆炸等不同情况，可采取划定警戒区，设置警戒线；控制火源，防止爆炸；稀释浓度，减弱危害；冷却罐体，降低蒸发；设置水幕，阻止扩散；封堵地沟，堵截流散等措施，控制险情发展。科学运用关阀断源、堵漏止流、包封隔离、倒罐置换、回收输转、强力驱散、引火焚烧等具体技术，消除危险源。

在危险化学品泄漏事故处置过程中，第一到场力量做好初期管控是非常重要的。初期管控主要包括：

（1）第一到场力量在上风或侧上风方向安全区域集结，尽可能在远离且可见危险源的位置停靠车辆，并根据事故类型保持一定的安全距离，建立指挥部。

（2）派出侦检组开展外部侦查，划定初始警戒距离和人员疏散距离，设置安全员控制警戒区出入口。初始警戒距离可参照表5-6中集结停车距离。

（3）在初始警戒区外的上风方向搭建简易洗消站，并在救援力量到场后15min内搭建完成，对疏散人员和救援人员进行应急洗消[3]。

表 5-6　车辆集结距离和处置安全距离

事故类型及情况描述		集结停车距离/m	处置安全距离/m
易燃可燃物泄漏、着火、爆炸	小规模泄漏（固体扩散或液体呈点滴状、细流式泄漏）	300	100
	储存液体的容器破裂且泄漏量较大，或储存气体的容器发生事故	500	300
	情况未知或未发生着火(爆炸)事故	500	300
有毒有害气体泄漏	小规模泄漏	300	150
	泄漏量较大	500	150

续表

事故类型及情况描述		集结停车距离/m	处置安全距离/m
液化天然气(LNG)低温储罐、全/半冷冻低温储罐发生事故		1000	1000
危险化学品仓库或堆场发生事故	情况未知或未发生着火(爆炸)事故	500	300
	已发生着火或爆炸	300	150
LPG、CNG、LNG、汽车罐车发生事故	车辆受损未泄漏	300	100
	车辆受损泄漏	500	150
	情况未知或未发生着火(爆炸)事故	500	150

五、抢救疏散人员

要充分依靠当地的公安民警、事故单位的保安、居民委员会人员、医疗急救中心的医务人员等，迅速对污染区的受害人员进行现场医疗救助，对其他群众进行疏散[4-7]。

做好人员疏散，最重要的是确定疏散范围、疏散路径、疏散方向以及避难场所等。

1. 确定疏散范围

要想进行人员疏散，就要确定应急疏散的范围。目前，在危险化学品事故救援过程中，所处的救援阶段不同，应急疏散范围的划定方法也有所不同，主要有初步划定疏散范围和应急疏散范围的细致划分。

（1）参考国内外权威技术资料，初步确定疏散范围　这些资料主要有美国、加拿大、墨西哥等国家联合编制的《应急响应手册（Emergency Response Guidebook，ERG)》，中国台湾行政当局灾害防救委员会和环境保护署联合颁布的《毒性化学物质灾害疏散避难作业原则（Toxic Chemical Disaster Evacuation Operation Principle，TCDEOP）》及香港特别行政区灾害防救委员会通过的《灾害疏散避难作业原则》。

2016 年版 EPG 中提供了数千种危险化学品的初始隔离距离和防护距离。初始隔离距离是指泄漏源四周所有人员撤离的距离，以此距离为半径画出的圆形区为初始隔离区，在这一区域内，在泄漏源上风向，人员可能暴露于危险浓度下；在泄漏源下风向，人员可能暴露于危及生命的浓度下。防护距离是指泄漏源下风向的距离，以此距离为边长画出的正方形区域即防护区，在此区域内的人员可能失去劳动能力从而产生严重或不可恢复的健康影响。救援人员需要佩戴适当的个人防护用品，其他人员应疏散或就地避难。初始隔离区和防护区如图 5-1 所示。表 5-7 列出了部分危险化学品泄漏事故中的初始隔离距离和防护距离。由于危险货物遇水反应生成吸入毒性危害物质溶到水里，污染源可能从泄漏点流向下游迁移相当长的一段距离。因此，表 5-7 中包含了与水反应放出吸入毒性气体的物质，并以陆地上泄漏和水中泄漏两种形式表示。此外，六种常见吸入毒性危害物质发生大量泄漏时，不同运输容器类型、白天和夜间及不同风速情况下的初始隔离和防护距离如表 5-8 所示。

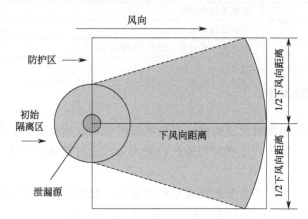

图 5-1　初始隔离区和防护区示意图

表 5-7　部分危险化学品泄漏事故中的初始隔离和防护距离

项目	化学名称	少量泄漏			大量泄漏		
		初始隔离距离/m	下风向防护距离		初始隔离距离/m	下风向防护距离	
			白天/km	夜间/km		白天/km	夜间/km
UN 1005	氨	30	0.1	0.2	参考表 5-8		
UN 1017	氯	60	0.3	1.1	参考表 5-8		
UN 1051	氰化氢	60	0.3	1.0	1000	3.7	8.4
UN 1076	光气（战争毒剂）	150	0.8	3.2	1000	7.5	11.0[①]
UN 1834	黄酰氯（泄漏到陆地上）	30	0.2	0.4	60	0.8	1.5
UN 1834	黄酰氯（泄漏到水里）	30	0.1	0.2	60	0.5	1.6

① 在某些天气条件下，实际距离可能更大。

　　应用时，可以根据泄漏的化学品的名称或 UN 编号，结合泄漏量的大小（小量泄漏是指单个小包装或大包装少量泄漏，其液体泄漏量不大于 208L，泄漏到水中的固体量不大于 300kg；大量泄漏是指一个大包装泄漏或多个小包装同时泄漏，其液体泄漏量大于 208L，泄漏到水中的固体量大于 300kg）、泄漏发生的时间（白天是指日出之后、日落之前的时间；夜间是指日落和日出之间

表5-8　六种常见吸入毒性危害气体发生大量泄漏时的初始隔离和防护距离

物质名称及UN编号	运输容器	初始隔离距离/m	下风向防护距离/km					
			白天			夜间		
			低风速(<10km/h)	中风速(10~20km/h)	高风速(>20km/h)	低风速(<10km/h)	中风速(10~20km/h)	高风速(>20km/h)
氨(无水的) UN 1005	铁路罐车	300	1.7	0.5	0.4	2.0	0.8	1.3
	公路罐车或拖车	150	0.9	0.5	0.4	2.0	0.8	0.6
	农用储罐	60	0.5	0.3	0.3	1.3	0.3	0.3
	多个小钢瓶	30	0.3	0.2	0.1	0.7	0.3	0.2
二氧化硫 UN 1079	铁路罐车	1000	11①	11①	7.0	11①	11①	9.8
	公路罐车或拖车	1000	11①	5.8	5.0	11①	8.0	6.1
	多个吨瓶	1000	5.2	2.4	1.8	7.5	4.0	2.8
	多个小钢瓶或单个吨瓶	200	3.1	1.5	1.1	5.6	2.4	1.5
氟化氢 UN 1052	铁路罐车	400	3.1	1.9	1.6	6.1	2.9	1.6
	公路罐车或拖车	200	1.9	1.0	0.9	3.4	1.6	0.9
	多个小钢瓶或单个吨瓶	100	0.8	0.4	0.3	1.6	0.5	0.3
环氧乙烷 UN 1040	铁路罐车	200	1.6	0.8	0.7	3.3	1.4	0.8
	公路罐车或拖车	100	0.9	0.5	0.4	2.0	0.7	0.4
	多个小钢瓶或单个吨瓶	30	0.4	0.2	0.1	0.9	0.3	0.2
氯 UN 1017	铁路罐车	1000	9.9	6.4	5.1	11①	9.0	6.7
	公路罐车或拖车	600	5.8	3.4	2.9	6.7	5.0	4.1
	多个吨瓶	300	2.1	1.3	1.0	4.0	2.4	1.3
	多个小钢瓶或单个吨瓶	150	1.5	0.8	0.5	2.9	1.3	0.6
氯化氢 (冷冻液体) UN 2186	铁路罐车	500	3.7	2.0	1.7	9.9	3.4	2.3
	公路罐车或拖车	200	1.5	0.8	0.6	3.8	1.5	0.8
	多个吨瓶	30	0.4	0.2	0.1	1.1	0.3	0.2
	多个小钢瓶或单个吨瓶	30	0.3	0.2	0.1	0.9	0.3	0.2

① 在某些天气条件下，实际距离可能更大。

的时间）和泄漏的地点（若不清楚是发生在陆地上还是水中或既发生在陆地上又发生在水中，选择较大的防护距离），查找初始隔离距离，指挥所有人从侧风向疏散到指定区域，远离泄漏源；查找初始防护距离，指导人员初始防护，防护方法有就地避难或疏散。采取疏散还是就地避难，还是两种方法的结合应根据危险化学品、危及的人群以及天气情况等综合决定。

由于理论模型本身固有的缺陷，在实际应用时还应根据现场检测的有关数据，结合事故现场情况，如泄漏量、泄漏压力、泄漏形成的释放池面积、周围建筑或树木情况以及当时风速等，适时对疏散范围进行修订。如有数辆槽罐车、储罐或大钢瓶泄漏，应增加大量泄漏的疏散距离；如泄漏形成的毒气云从山谷或高楼之间穿过，因大气的混合作用减小，表5-7、表5-8中的疏散距离应增加。白天气温逆转或在有雪覆盖的地区，或者在日落时发生泄漏，如伴有稳定的风，也需要增加疏散距离。对液态化学品泄漏，如果物料温度或室外气温超过30℃，疏散距离也应增加。需要注意的是，该方法适用于运输过程中发生危险化学品泄漏事故，初步确定应急疏散范围。

《毒性化学物质灾害疏散避难作业原则》给出了164种常见危险化学品在不同泄漏存量下可能的疏散距离，表5-9列出了部分危险化学品泄漏疏散距离。这些数据是依据ALOHA5.3.1软件中的扩散模型，以ERPG-1、ERPG-2、ER-PG-3 3个中毒性特征浓度值模拟得到的。

表5-9　部分危险化学品泄漏疏散距离

危险化学品		泄漏物质存量/t					计算依据	备注
		1	20	50	100	1000		
氯	ERPG-3＝20×10⁻⁶	2.0km	5.4km	6.9km	＞10.0km	＞10.0km	ALOHA5.3.1	气体
	ERPG-2＝3×10⁻⁶	4.2km	＞10.0km	＞10.0km	＞10.0km	＞10.0km		
苯	ERPG-3＝1000×10⁻⁶	10.0m	79.0m	116.0m	152.0m	692.0m	ALOHA5.3.1	液体
	ERPG-2＝150×10⁻⁶	37.0m	71.0m	108.0m	146.0m	310.0km		
氰化氢	ERPG-3＝25×10⁻⁶	2.0km	4.3km	6.30km	8.5km	＞10.0km	ALOHA5.3.1	液体
	ERPG-2＝10×10⁻⁶	3.1km	6.9km	＞10.0km	＞10.0km	＞10.0km		

应用时，根据泄漏的危险化学品的泄漏物质存量，以ERPG-3和ERPG-2作为临界浓度限值，查表确定紧急隔离距离和下风方向疏散距离。需要注意的是，若泄漏的危险化学品存量与表中数据不同，以最接近的泄漏物质存量为参考；若泄漏的危险化学品没有ERPG值，则使用ERG中提供的相关数据。此外，该方法适用于有毒化学品单纯泄漏事故，不适用于包含潜在火灾或爆炸危害的情景。

基于技术资料初步确定疏散范围，只需知道泄漏的危险化学品的名称、泄漏量、事故发生的时间，就可以查表得到相应的应急疏散距离。当事故现场条件有变化时，可以以此为初始值，适当进行调整就可以了。

（2）基于事故后果的疏散范围的确定　目前，常应用仪器侦检法和软件模拟法确定危险化学品泄漏扩散的危害范围，从而确定疏散范围。

a. 仪器侦检法。仪器侦检法是利用不同类型的侦检器材，测定危险化学品对人体不同伤害的临界浓度，从而确定不同区域的边界。目前，常用的毒性物质临界浓度主要有 TLV、LC_{50}、LD_{50}、AEGL、ERPG、TEEL、IDLH等。为了减轻毒物对受灾人员的伤害，在实际应用过程中，仪器侦检法采用的应急响应浓度标准，建议选用同级别偏严格的标准。应用该方法确定疏散范围简单、可靠性强，但只能检测某点危险化学品的浓度，不能详尽边界上的所有区域。因此，在确定疏散范围时，可能由于未检测某点浓度导致划定的疏散区域不准确。

b. 软件模拟法。危险化学品泄漏扩散过程有一定的规律性，因此，确定其泄漏扩散的范围，可以应用不同的泄漏扩散模型进行模拟。常用的模拟软件有 ALOHA、PHAST、SLAB、TRACE、DEGADIS、SAFETI、化学灾害事故处置辅助决策系统。

c. 应急疏散范围的细致划分。事故发生后，不同危险区域中的人员所受到的伤害是不同的，因此对不同危险区域中的人员选择的疏散措施是有区别的，为了更清晰地表述不同危险区域采取的疏散措施的不同，结合各危险区域的伤害程度将其依次划分为紧急避难区、协助疏散区、引导疏散区、自主疏散区四个分区。以有毒危险化学品为例，采用基于事故后果的方式对应急疏散范围进行细致划分。事故现场风向稳定时，以吸入反应区边界作为疏散范围的边界；风向不确定时，以泄漏点为中心，吸入反应区最大危害距离为半径画圆，由此确定的区域作为疏散范围。泄漏源应急疏散范围的细致划分如图 5-2所示。

2. 选择疏散路径

（1）最佳疏散路径选择原则　选择最佳疏散路径需要考虑两方面问题：

a. 人员在疏散过程中遭受有毒气体伤害的危险性最小。疏散人员所在的建筑物都处于危险区域内，人员在建筑物外的疏散大多是在危险区域内进行的，有可能遭受有毒气体的伤害。安全疏散的一个最基本的原则就是使人员遭受有毒气体伤害最小，即选择的疏散路线的当量长度最小。

b. 人员最快到达疏散目的地。人员在疏散过程中穿过的危险区域毒气浓

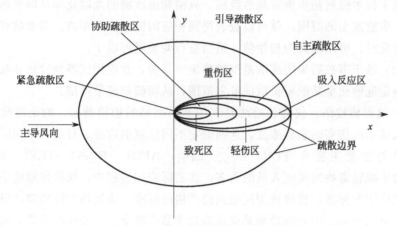

图 5-2　应急疏散范围的细致划分

度一定，在此前提下想要使疏散路径的当量长度最小，就不得不考虑整个疏散过程所耗费的时间。泄漏事故现场人员应急疏散是一项十分复杂的工作，特别是在人口稠密、街区复杂、道路狭窄等场合，把成千上万人最快地疏散到安全避难场所是件十分困难的事情。因此，必须选择交通状况、交通控制条件良好的道路把人员尽快疏散到目的地。

（2）最佳疏散路径的选择　　最佳疏散路线，从实质上讲就是最为安全、对疏散人员造成危害最小的路径。最佳疏散路线并不等于距离最短的路径，这是由于道路的通行难易程度不一样。例如，同样长的道路，宽阔公路与狭窄小路的通行速度显然不同。最佳疏散路线也不等于疏散时间最短的路径，这是由于不同疏散路径受到毒气的危害程度不同。因此，对于事故现场周边的街区道路，影响人员或车辆行进速度的因素不仅有道路的平坦程度、宽度、车流量、风速等，也与人员遭受的毒气浓度有关。最佳疏散路线是指当量长度最小的路径。

3. 优选避难场所

疏散工作的真正完成是以疏散人员安全抵达避难场所为标志的。采取的疏散决策必须考虑避难场所的选择问题。泄漏事故发生后，需要疏散的人员数量大，在相当一段时间内无法返回居所。因此，必须选择安全且具备足够容纳能力的避难场所以供疏散人员停留。

一般来说，避难场所的选择应注意以下几点原则：

（1）避难场所应围绕危险区域呈离散分布，以使危险区域内的疏散人员就近快速到达，但危险源的下风向区域不适宜选择作为避难场所；

（2）应距危险区域一定的距离，要充分考虑事故的持续时间较长，或者风向有可能会改变而波及避难场所等情况；

（3）应具备为大量疏散人员提供最基本生活条件保障的能力，若人员在避难场所停留时间较长的话，应做好饮食、住宿、医疗等相关事宜的后勤保障工作。一般可选择宽阔、容纳人员数量多的学校、工厂、企事业单位等作为泄漏事故的临时避难场所。

4. 现场人员疏散的组织和实施

（1）划定疏散的区域范围，制定正确的疏散路线，有明确的疏散路线标志，并派驻专人看守。

（2）在警戒区域内发出通告、告示，通过广播、电视、移动宣传车等通知区域内人员疏散，说明疏散的原因、范围、去向及注意事项，避免不准确的消息在人群中传播，要保持人群的心理稳定。

（3）由政府、公安、社区、乡村等人员组成联合工作小组，分头动员、宣传、督促群众疏散，对开始疏散的人员，安排专门人员对疏散人员进行引导，并负责疏散秩序的维护，避免出现拥挤现象。

（4）组织收容小组，对疏散区域进行最后的搜寻疏散，对行动不便的老弱病幼给予帮助，对无故迫留的人员予以劝说，并动员其主动疏散。

（5）由公安组织对疏散区域的巡逻检查，注意是否有不安全的隐患，是否有个别人员因故没有疏散转移，并督促其立即疏散或强迫疏散。

（6）若在疏散过程中出现人群恐慌状态，要尽量缩短恐慌状态的时间，使人群的情绪恢复到正常状态，提倡发扬团结互助的精神，做好疏散人员的安置。

六、现场洗消

洗消是消除现场残留有毒物质的有效方法。它是利用大量的、清洁的、加温的水，对人员和事故发生地域进行的清洗。当发生的泄漏事故特别严重，仅使用普通清水无法达到洗消效果时，要使用特殊的洗消剂进行洗消。现场洗消包括对人员的洗消、对器材装备（甚至洗消设备）的洗消、对污染区域的地面及建筑的洗消。洗消污水的排放，要经过环保部门的检测，以防止造成二次污染中毒。

七、结束归队

全面、细致检查清理现场，并视情况留有必要力量实施监护和配合后续处置，向事故单位和政府有关部门移交现场。撤离现场时，应清点人员和装备，整理装备。归队后，迅速补充油料、器材和灭火剂，恢复战备状态，并向上级消防部门报告。

第二节　现场侦检

侦察检测简称侦检，侦检是危险化学品泄漏事故处置过程中的重要环节。通过侦检，可以了解事故现场的各方面信息，给出定性和定量检测结果，为救援行动的顺利开展提供决策依据。

一、侦检的任务

1. 确定泄漏物的种类

侦检工作的首要目标是确定泄漏物质的种类。只有知道是什么物质发生了泄漏，才能根据泄漏物质的物理和化学性质采取相应的处置措施。在没有弄清楚泄漏物质性质的情况下，采取的任何措施都是盲目的，有可能导致事态的恶化或造成重大的人员伤亡。

2. 确定泄漏物质浓度

根据该物质的理化性质和相应的检测技术原理，采取合适的仪器装备测量其浓度及扩散范围，对其进行定量检测，以确定泄漏物质浓度，进而确定现场的危险区域，以便迅速、有序、有效地实施救援。

3. 实时监测污染区泄漏物质浓度变化及分布

危险化学品泄漏后，容易发生扩散，而且在不同时间其浓度也是不同的。因此，必须实时监测各危害区域边界的毒物浓度变化，根据检测数据及时调整危害区域范围，掌握事故危害区域的动态变化情况。

二、侦检方法

危险化学品泄漏事故检测是根据物理、化学、生物化学和毒理等特性，识别危险化学品和测定其含量。侦检的方法有很多，按检测原理可分为物理检测法、化学检测法、生化检测法等[8]。

1. 物理检测法

利用危险化学品的物理性质建立的侦检方法或分析方法叫物理检测法，简称物理法。物质的物理性质大多数要用仪器才能测量。因此，物理检测法也叫仪器分析法，即利用分析仪器检测毒物的物理性质，对其进行定性、定量和结构鉴定的分析方法。物理检测法有光谱分析法、电分析法和分离分析法三类。

2. 化学检测法

利用化学品与化学试剂反应生成不同颜色、沉淀、荧光或产生电位变化进行侦检的方法称为化学检测法。用于侦检的化学反应有亲核反应、亲电反应、氧化还原反应、催化反应、分解反应和配位反应等。在事故现场，化学检测法利用的反应主要是生色反应。通过反应前后的颜色变化识别物质。应用这种技术能研制出各种侦检纸和检测管，能方便地检测现场环境中的危险化学品。

3. 生化检测法

应用物质与某些生物活性物质的特殊作用检测化学毒剂的方法即为生化检测法。常用的生物制剂有马血清、鸭血清或电鳗酶制成的胆碱酶制剂。

4. 动植物检测法

利用动物的嗅觉、敏感性或通过观察有毒物质引起动物中毒症状或死亡状态，以及引起植物花、叶颜色变化和枯萎的方法，概略判断有毒物质的存在及其种类。一些鸟类对有毒有害气体特别敏感，如在农药厂的生产车间里养一种金丝鸟或雏鸡，当有微量化学物质泄漏时，这些动物就会立即有不安的表现，甚至挣扎死亡。有些植物对某些有毒气体很敏感，如氢氟酸污染叶片后，其伤斑呈环带状，分布于叶片的尖端和边缘，并逐渐向内发展。利用动植物这种特有的"症状"，可为事故现场检测提供旁证。

5. 感官检测法

感官检测法是最简易的检测方法，即根据各种危险化学品的物理性质，通过受过训练人员的感觉器官，如鼻、眼、口、皮肤等人体器官察觉危险化学品的颜色、气味、状态和刺激性，初步确定危险化学品种类。

三、侦检工作的准备

1. 侦检队伍的组成

一般来说，侦检队伍由基层单位检测队伍、救援现场专业队伍和分析实验室组成。

（1）基层单位检测队伍 基层单位检测队伍由危险源目标单位的环保和生

产化验部门的人员组成。配备1~2名分析人员对主要毒物建立快速分析方法，所用仪器随时处于应急备用状态，一旦发生事故，上述人员立即到事故现场检测或取样分析，确定事故源毒物品种后，及时向本单位负责人、抢险救援指挥人员及相关部门报告。

（2）救援现场专业队伍　包括省、市、区（县）危险化学品事故救援侦检专业队伍和消防救援队伍侦检小组。危险化学品事故发生后，救援人员率先赶到现场，使用配备的侦检器材，对现场检测定性，并测试其浓度范围，检测后及时将情况报告现场救援指挥部、消防救援队伍指挥员和相关部门。

（3）分析实验室　环保监测中心和市防疫站中心分析实验室、职业病防治院（所）化验室组成侦检队伍，当一线侦检队伍难以完成任务时，应及时取样送到上述实验室，使用实验室精密仪器进行快速分析，及时确定毒物品种和浓度。

2. 现场检测点的设置

检测点的设置，应根据泄漏事故的严重程度、泄漏物质的扩散范围、当时的气象条件（特别是风向、风力）以及现场可供使用的侦检设备而定。一般来说，以下风方向为主，侧风方向次之，上风方向兼顾。

（1）单组多点检测　现场泄漏量不大，扩散范围较小时，可以组织一个侦检小组，先从下风方向适当部位开始，然后侦检两侧，最后上风方向，并向指挥员提供侦检结果和扩散范围图，注明不同的浓度区位。

（2）多组多点交叉检测　现场泄漏严重，扩散范围较大时，应组织几个侦检小组展开工作。

a. 多点检测，以下风方向为主，分成几组同时测试。

b. 交叉检测，几个小组互换位置，交叉展开测试，比较侦检结果，防止仪器或操作有误。

c. 随时复测，隔一个时间段复检一次，始终把握现场扩散状况，并随时向救援指挥部报告。

（3）多组定点复合检测　当泄漏扩散范围很大时，应在不同的方位组织多个侦检小组定点检测，随时报告扩散变化情况。若现场发现有新的扩散物质成分，或既有泄漏扩散，又涉及环境污染，则要组织现场复合检测，在不同部位、针对不同物质、使用不同的侦检仪器或设备进行检测。

3. 侦检器材准备

根据侦检工作的任务需求，准备好所用的侦检仪器，检查侦检仪器是否齐全、完好；备好各种标志物。

四、侦检工作的实施

侦检小组在进行侦检时，不同情况下定性和定量有所侧重。一般在情况不明又十分紧迫时，以定性查明危险化学品的品种为主；在确定如何救援时，则要重视定量分析，即确定危险化学品的浓度及其分布。

1. 确定危险化学品的种类

（1）初步判断　救援力量到场后，首先进行初步判断，常用的方法有：

a. 通过询问知情人，进行初步判断。救援力量先在安全区寻找泄漏装置、容器物权、事权关系人，了解泄漏介质种类、泄漏部位、容积、实际储量、泄漏量的大小等有关信息。

b. 根据危险化学品的包装和标签，进行初步判断。不同形态的物品，采用的包装类型不同。产品标签通常粘贴或悬挂在产品的外包装或容器的外表面。通过观察到的危险化学品包装和标签，对泄漏介质的危险性进行判断，初步确定泄漏介质的种类。常见危险化学品的包装和标签如图 5-3 所示。

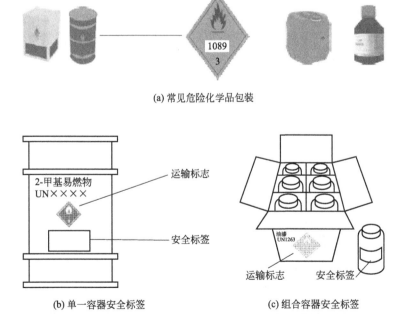

(a) 常见危险化学品包装

(b) 单一容器安全标签　　(c) 组合容器安全标签

图 5-3　常见危险化学品的包装和标签示意图

c. 根据作业场所化学品安全标签，进行初步判断。作业场所化学品安全标签作用主要是对化学品的生产、操作处置、运输、储存、排放、容器清洗等的化学危害进行分级，提出防护和应急处理信息，以标签的形式标示出来，警示人们进行正确预防和防护。作业场所化学品安全标签危险性分级如图 5-4 所示。

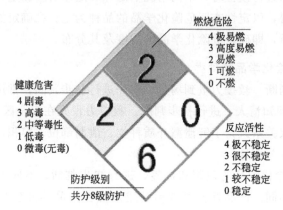

图 5-4 作业场所化学品安全标签危险性分级示例图

d. 根据危险货物运输车辆警示标志，进行初步判断。危险货物运输车体两侧和车后位置通常悬挂危险货物通用标志、联合国危险货物编号和安全告知牌。一旦发生危险化学品运输事故，可以通过观察车辆上悬挂的危险货物运输车辆警示标志判断危险化学品所属的类别，缩小侦检范围。危险货物运输车辆警示标志如图 5-5 所示。

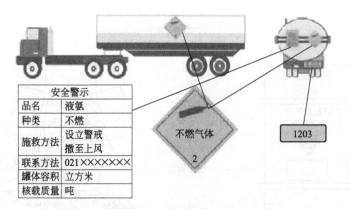

图 5-5 危险货物运输车辆警示标志示意图

e. 根据气瓶的警示标识，进行初步判断。盛装有毒有害物的气瓶，一般要求涂有专门的漆色，并写有物质名称字样及其字样颜色标识，因此，在事故现场可以根据现场盛装有毒有害气体的气瓶颜色对泄漏气体进行初步判断。气瓶涂膜配色类型如表 5-10 所示。

表 5-10　气瓶涂膜配色类型

充装气体类别		气瓶涂膜配色类型	
		瓶色	字色
烃类	烷烃	棕	白
	烯烃		淡黄
稀有气体类		银灰	深绿
氟氯烷类		铝白	可燃气体:大红 不燃气体:黑
剧毒类		白	
其他气体		银灰	

　　气瓶颜色标志内容包括气体名称字样和气瓶颜色。字样是指气瓶的充装气体名称（也可含气瓶所属单位名称和其他内容，如溶解乙炔气瓶的"不可近火"等）。常见工业气瓶颜色如表 5-11 所示。

表 5-11　工业气瓶颜色速查表

序号	充装气体名称	化学式（或符号）	瓶色	字样	字色
1	乙炔	$CH\!\equiv\!CH$	白	乙炔不可近火	大红
2	氢	H_2	淡绿	氢	大红
3	氧	O_2	淡（钛）蓝	氧	黑
4	氮	N_2	黑	氮	淡黄
5	空气	Air	黑	空气	白
6	二氧化碳	CO_2	铝白	液化二氧化碳	黑
7	氨	NH_3	淡黄	液化氨	黑
8	氯	Cl_2	淡绿	液化氯	白
9	氟	F_2	白	氟	黑
10	一氧化氮	NO	白	一氧化氮	黑
11	二氧化氮	NO_2	白	液化二氧化氮	黑
12	碳酰氯	$COCl_2$	白	液化光气	黑
13	砷化氢	AsH_3	白	液化砷化氢	大红
14	磷化氢	PH_3	白	液化磷化氢	大红
15	乙硼烷	B_2H_6	白	液化乙硼烷	大红
16	四氟甲烷	CF_4	白	氟氯烷14	黑
17	二氟二氯甲烷	CCl_2F_2	铝白	液化氟氯烷12	黑
18	二氟溴氯甲烷	$CBrClF_2$	铝白	液化氟氯烷12B1	黑
19	三氟氯甲烷	$CClF_3$	铝白	液化氟氯烷13	黑

续表

序号	充装气体名称		化学式(或符号)	瓶色	字样	字色
20	三氟溴甲烷		$CBrF_3$	铝白	液化氟氯烷 B1	黑
21	六氟乙烷		CF_3CF_3	铝白	液化氟氯烷 116	黑
22	一氟二氯甲烷		$CHCl_2F$	铝白	液化氟氯烷 21	黑
23	二氟氯甲烷		$CHClF_2$	铝白	液化氟氯烷 22	黑
24	三氟甲烷		CHF_3	铝白	液化氟氯烷 23	黑
25	四氟二氯乙烷		$CClF_2—CClF_2$	铝白	液化氟氯烷 114	黑
26	五氟氯乙烷		$CF_3—CClF_2$	铝白	液化氟氯烷 115	黑
27	三氟氯乙烷		$CH_2Cl—CF_3$	铝白	液化氟氯烷 133a	黑
28	八氟环丁烷		$CF_2CF_2CF_2CF_2$	铝白	液化氟氯烷 C318	黑
29	二氟氯乙烷		CH_3CClF_2	铝白	液化氟氯烷 142b	大红
30	1,1,1-三氟乙烷		CH_3CF_3	铝白	液化氟氯烷 143a	大红
31	1,1-二氟乙烷		CH_3CHF_2	铝白	液化氟氯烷 152a	大红
32	甲烷		CH_4	银灰	甲烷	白
33	天然气		—	棕	天然气	白
34	乙烷		CH_3CH_3	棕	液化乙烷	白
35	丙烷		$CH_3CH_2CH_3$	棕	液化丙烷	白
36	环丙烷		$CH_2CH_2CH_2$	棕	液化环丙烷	白
37	丁烷		$CH_3CH_2CH_2CH_3$	棕	液化丁烷	白
38	异丁烷		$(CH_3)_3CH$	棕	液化异丁烷	白
39	液化石油气	工业用	—	棕	液化石油气	白
		民用	—	银灰	液化石油气	大红
40	乙烯		$CH_2=CH_2$	棕	液化乙烯	淡黄
41	丙烯		$CH_3CH=CH_2$	棕	液化丙烯	淡黄
42	1-丁烯		$CH_3CH_2CH=CH_2$	棕	液化丁烯	淡黄
43	顺-2-丁烯		$\begin{array}{c} H_3C \quad\quad CH_3 \\ C=C \\ H \quad\quad H \end{array}$	棕	液化顺丁烯	淡黄
44	反-2-丁烯		$\begin{array}{c} H \quad\quad CH_3 \\ C=C \\ H_3C \quad\quad H \end{array}$	棕	液化反丁烯	淡黄
45	异丁烯		$(CH_3)_2C=CH_2$	棕	液化异丁烯	淡黄
46	1,3-丁二烯		$CH_2=(CH)_2=CH_2$	棕	液化丁二烯	淡黄
47	氩		Ar	银灰	氩	深绿

续表

序号	充装气体名称	化学式（或符号）	瓶色	字样	字色
48	氦	He	银灰	氦	深绿
49	氖	Ne	银灰	氖	深绿
50	氪	Kr	银灰	氪	深绿
51	氙	Xe	银灰	液氙	深绿
52	三氟化硼	BF_3	银灰	氟化硼	黑
53	一氧化二氮	N_2O	银灰	液化笑气	黑
54	六氟化硫	SF_6	银灰	液化六氟化硫	黑
55	二氧化硫	SO_2	银灰	液化二氧化硫	黑
56	三氯化硼	BCl_3	银灰	液化氯化硼	黑
57	氟化氢	HF	银灰	液化氟化氢	黑
58	氯化氢	HCl	银灰	液化氯化氢	黑
59	溴化氢	HBr	银灰	液化溴化氢	黑
60	六氟丙烯	$CF_3CF{=\!=}CF_2$	银灰	液化全氟丙烯	黑
61	硫酰氟	SO_2F_2	银灰	液化硫酰氟	黑
62	氘	D_2	银灰	氘	大红
63	一氧化碳	CO	银灰	一氧化碳	大红
64	氟乙烯	$CH_2{=\!=}CHF$	银灰	液化氟乙烯	大红
65	1,1-二氟乙烯	$CH_2{=\!=}CF_2$	银灰	液化偏二氟乙烯	大红
66	甲硅烷	SiH_4	银灰	液化甲硅烷	大红
67	氯甲烷	CH_3Cl	银灰	液化氯甲烷	大红
68	溴甲烷	CH_3Br	银灰	液化溴甲烷	大红
69	氯乙烷	C_2H_5Cl	银灰	液化氯乙烷	大红
70	氯乙烯	$CH_2{=\!=}CHCl$	银灰	液化氯乙烯	大红
71	三氟氯乙烯	$CF_2{=\!=}CClF$	银灰	液化三氟氯乙烯	大红
72	溴乙烯	$CH_2{=\!=}CHBr$	银灰	液化溴乙烯	大红
73	甲胺	CH_3NH_2	银灰	液化甲胺	大红
74	二甲胺	$(CH_3)_2NH$	银灰	液化二甲胺	大红
75	三甲胺	$(CH_3)_3N$	银灰	液化三甲胺	大红
76	乙胺	$C_2H_5NH_2$	银灰	液化乙胺	大红
77	二甲醚	CH_3OCH_3	银灰	液化甲醚	大红
78	甲基乙烯基醚	$CH_2{=\!=}CHOCH_3$	银灰	液化乙烯基甲醚	大红

常见工业管道标识颜色如表 5-12 所示。

表 5-12　工业管道识别颜色速查表

介质分类	基本识别色	颜色标准编号
水	艳绿	G03
水蒸气/泡沫	大红	R03
空气	浅灰	B03
气体(氮气、氩气等)	中黄	Y07
酸或碱	紫	P02
可燃液体	棕	YR05
其他液体	黑	
氧	浅蓝	PB06

　　f. 根据危险化学品的物理性质，进行初步判断。危险化学品的物理性质包括气味、颜色、沸点等。不同危险化学品的物理性质不同，在事故现场的表现也有所不同。常见的危险化学品的特征颜色或气味如表 5-13 所示。许多化学物质的形态、颜色相同，无法区别，所以单靠感官侦检是不够的，并且对于剧毒物质也不能用感官方法侦检。因此，只能根据危险化学品的物理性质对事故现场进行初步的判断。

表 5-13　常见危险化学品的特征颜色或气味

化学物质	特征颜色或气味
F_2	淡黄色气体,有刺激性气味
Cl_2	黄绿色,具有异臭的强烈刺激性气味
光气	无色气体或烟性液体,有烂干草或烂苹果气味,浓度较高时气味辛辣
NH_3	无色有强烈臭味的刺激性气体
SO_2	具有强烈辛辣、特殊臭味的刺激性气体
H_2S	无色,具有臭鸡蛋的臭味
HCN	无色气体或液体,具有苦杏仁气味
硫酸二甲酯	无色、无臭或略带葱味的油状气体
硝酸	黄色至无色液体,有刺激性气味
盐酸	无色或微黄色发烟液体,有刺鼻的酸味
汽油	无色或淡黄色易挥发的略带臭味的油状液体
苯	具有特殊芳香气味的无色、易挥发和易燃的油状液体
四氯化碳	无色透明液体,有类似氯仿的味甜气味或醇样气味

续表

化学物质	特征颜色或气味
氯乙烯	无色液体或气体,微弱甜味
甲醇	无色、易燃、极易挥发性液体,纯品略带有酒精气味
甲苯二异氰酸酯	无色至淡黄色液体,有强烈的刺激气味
丙烯腈	无色或淡黄色易燃液体,其蒸气具有苦杏仁或桃仁气味
苯酚	无色针状结晶块状物,不纯时呈粉红色,为具有特殊气味的晶体
4-甲基苯酚	无色晶体,有特殊气味
沙林	有微弱的水果香味或樟脑味
维埃克斯	无色油状液体,具有特殊的臭味
芥子气	无色有微弱大蒜气味的油状液体
苯胺	无色或淡黄色油状液体,具有特殊的臭味和灼烧味
有机磷杀虫剂	具有大蒜臭味,黄色或棕色油状液体
敌敌畏	纯品为无色,工业品为浅黄色至棕黄色油状液体,微带芳香味
乐果	纯品为白色晶体,工业品为浅黄棕色乳剂,有樟脑气味

g. 根据人或动物中毒的症状,进行初步判断。由于不同的化学物质的结构和性质不同,毒害作用原理和对人或动物的作用途径也不同,所以表现的中毒症状也有一定的差异。因此,根据中毒者的某些特殊的中毒症状,可以推断出何种类型的有毒物质和具体物质的种类。常见气体的中毒症状如表 5-14 所示。

表 5-14 常见气体的中毒症状

名称	中毒症状
氯气	首先出现明显的上呼吸道黏膜刺激症状:剧烈的咳嗽、吐痰、咽喉疼痛发辣、呼吸急促困难、颜面青紫、气喘。当出现支气管肺炎时,肺部听诊可闻及干、湿性啰音。中毒继续加重,造成肺泡水肿,引起急性肺水肿,全身情况也趋于衰竭等
氨气	低浓度的氨对眼和上呼吸道有刺激和腐蚀作用,会出现流泪、咽痛、咳嗽、胸闷、呼吸困难、头晕、呕吐、乏力等症状;高浓度时可引起中枢神经系统兴奋增强,导致痉挛,并可造成组织溶解性坏死,引起皮肤和上呼吸道黏膜化学性炎症及烧伤,肺充血,肺水肿及出血
硫化氢	流泪、眼部烧灼疼痛、怕光、结膜充血;剧烈的咳嗽,胸部胀闷,恶心呕吐,头晕、头痛,随着中毒加重,出现呼吸困难,心慌,颜面青紫,高度兴奋,狂躁不安,甚至引起中风,意识模糊,最后陷入昏迷,人事不省,发生"电击样"死亡
氮氧化物	吸入初期仅有轻微的眼及呼吸道刺激症状,如咽部不适、干咳等。常经数小时至十几小时或更长时间潜伏期后发生迟发性肺水肿、成人呼吸窘迫综合征,出现胸闷、呼吸窘迫、咳嗽、咯泡沫痰、发绀等。可并发气胸和纵膈气肿
光气	首先有局部刺激症状,如两眼烧灼、咽喉干燥发热,以后迅速出现刺激性咳嗽、咯痰(痰中带血)、呼吸变快、喘息、面部青紫,全身皮肤转为灰白色,最后可因呼吸、循环衰竭而死亡

续表

名称	中毒症状
液化石油气	头晕、乏力、恶心、呕吐,并有四肢麻木及手套袜筒形的感觉障碍,接触高浓度时可使人昏迷
天然气	头晕、头痛、恶心、呕吐、乏力等,严重者出现直视、昏迷、呼吸困难、四肢强直、去大脑皮质综合征等
一氧化碳	轻度有头痛、眩晕、心悸、恶心、呕吐、全身乏力或短暂昏厥。中度皮肤黏膜呈樱桃红色,脉快,烦躁,常有昏迷或虚脱。重度可突然昏倒,继而昏迷。可伴有心肌损害、高热惊厥、肺水肿、脑水肿等
氰化氢	头痛、头昏或意识丧失;胸闷或呼吸浅表;血压下降;皮肤黏膜呈樱桃红色;痉挛或阵发性抽搐;高浓度或大剂量摄入,可引起呼吸和心脏骤停,发生"闪电样"死亡
苯	轻者有黏膜刺激症状,继而出现嗜睡、眩晕、头痛、头昏、恶心、呕吐,步态不稳,重者引起判断和感觉能力下降、抽搐、死亡
丙烯腈	轻度中毒可出现头晕、恶心、呕吐并黏膜刺激症状。重度者出现胸闷、心悸、呼吸困难、抽搐、昏迷等
丙酮	轻度中毒症状有流泪、流涕、畏光等;重度中毒有晕厥,甚至嗜睡、痉挛等

(2) 现场侦检　如果通过初步判断不能确定有毒有害物的种类,现场侦检人员可以利用侦检纸、气体检测管、水质分析仪、红外光谱分析仪、便携式色质联用分析仪进行定性、半定性检测,得到初步判断结论。在化学品泄漏事故现场,应该使用多种定性检测仪器进行联合侦检。

(3) 送样检测　难以准确判断的未知毒物,应及时采样,并送至有关毒物分析检测机构或实验室进行检测。检测手段可以采取气相色谱分析、红外光谱分析、质谱分析等。

2. 测定危险化学品的浓度及其分布

为了准确、迅速地测出现场的毒气浓度及其分布,应掌握现场侦检的行进方式和实施方法。

(1) 行进方式　较大的毒气泄漏扩散现场,其浓度及其分布侦检的行进方式常有三种。

a. 从下风处迎风向化学危险源行进。侦检小组按照现场指挥员指定的路线和位置接近染毒区域,从危险源的下风方向朝上风方向行进,边行进,边侦检,边标志危险区边界,如图5-6所示。

b. 从侧风方向平行斜穿行进。侦检小组按照现场指挥员指定的路线和位置接近染毒区域,从染毒区域的侧风方向平行斜穿行进,边行进,边侦检,边标志危险区边界,如图5-7所示。

c. 分区域从各方向环绕行进。侦检小组按照现场指挥员指定的路线和位置接近染毒区域,分若干组,明确各自的侦检任务分区,同时在分区内环绕行

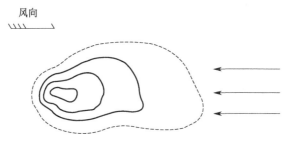

图 5-6 从下风处迎风侦检示意图

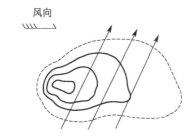

图 5-7 从侧风方向平行斜穿侦检示意图

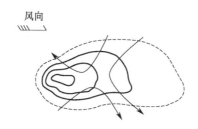

图 5-8 分区域从各方向环绕行进侦检示意图

进，边行进，边侦检，边标志危险区边界，如图 5-8 所示。

（2）实施方法 各侦检小组至少应由 3 人组成，其中 2 人负责检测浓度，1 人随后记录和设置标志。其行进队形可根据现场地形特点，采用倒三角（前 2 人后 1 人）形式向前推进。在较大的事故现场，担任检测的 2 名队员，间隔应在 50m 以内，便于相互呼应。负责设置标志的队员（通常由组长担任）紧跟其后。当有毒气体浓度超过最高容许浓度（或预定轻度区边界浓度）时，开始放置标志，由这些标志物构成的线，即为轻度危险区边界。然后，继续推进，边前进边侦检，直至测得中度危害浓度时，再设置标志，为中度危险区边界。以此类推，直至标出重度危险区边界。

3. 监视毒区边界的变化

由于现场测得的是毒物气体的瞬间浓度。随着气体的扩散和气象条件的变化，毒物浓度不断变化，因此，在测得毒区边界后应派 1~2 名侦检人员，监视毒区边界的变化，以便随时了解事故危害的动态变化。指挥员应根据变化情况重新设置标志，随时扩大染毒区域或缩小染毒区域，及时调整警戒范围，并及时向上级报告。

第三节　泄漏源的控制与泄漏物的处置

危险化学品发生泄漏，极易引发人员中毒、环境污染，甚至引发火灾或爆炸事故。因此，泄漏处理要及时、得当，避免重大事故的发生。处置泄漏一般包括泄漏源的控制和泄漏物的处置。

一、泄漏的分类

1. 泄漏的定义

泄漏是指盛装有流体的容器、设备、管道或装置，在各种内外因素的作用下，其密闭性受到不同程度的破坏，而导致流体非正常泄放、渗漏的现象。造成泄漏的根本原因是具有密封功能的容器、设备、管道或装置等在使用过程中出现缺陷通道，而推动流体泄漏的能量则是泄漏缺陷两侧的压力差。流体泛指液体、气体、气液混合体、含有固体颗粒的气体或液体等。非正常泄放、渗漏是指不允许泄漏的部位产生了泄漏，或允许有一定泄漏量的部位的实际泄漏量超过了规定值。

2. 泄漏的分类

（1）按介质泄漏的机理分类

a. 界面泄漏。在密封件（垫片、垫圈、填料）表面与接触件表面之间产生的一种泄漏现象，如法兰与垫片之间、填料与旋转轴之间的泄漏（封闭不严的结果）。

b. 渗透泄漏。介质通过密封件自身（垫片、填料）的毛细管或缺陷渗透出来，垫片质量不好或损坏、磨损时常发生渗透泄漏。

c. 破坏性泄漏。密闭体（如容器、罐、管道、阀门体）由于破裂、变形失效等引起介质的泄漏，常见的是设备腐蚀穿孔、受外力作用破裂而泄漏。

（2）按介质泄漏的部位分类

a. 密封体泄漏。在容器、管道或装置上起密封作用的部件处发生的泄漏，如法兰、螺栓处泄漏，或旋转轴与填料、动环与静环之间的泄漏。

b. 关闭体泄漏。关闭体（如闸阀板、阀瓣、旋塞等）之间的泄漏。关闭体是起关闭、开启作用的部件，而非起密封作用。

c. 本体泄漏。密闭设备的主体（如容器、管道、阀门）产生的泄漏，常见原因是裂缝、腐蚀砂眼，甚至断裂等。

二、泄漏源的控制

泄漏源控制是指通过控制泄放和渗漏，从而消除危险化学品的进一步扩散的方法和措施[9]。

1. 关阀断料

关阀断料是指通过中断泄漏设备物料的供应，从而控制灾情的发展。如果泄漏部位上游有可以关闭的阀门，应首先关闭该阀门，泄漏自然消除；如果反应容器、换热容器发生泄漏，应考虑关闭进料阀。通过关闭有关阀门、停止作业，或通过采取改变工艺流程、物料走副线、局部停车、打循环、减负荷运行等方法控制泄漏源。

2. 堵漏封口

堵漏是泄漏源控制最重要的手段之一，是从源头解决问题的根本措施。管道、阀门、法兰或容器壁发生泄漏，且泄漏点处于阀门以前或阀门损坏，不能关阀止漏时，可使用针对性的堵漏器具和方法实施封堵泄漏口，控制危险化学品的泄漏。

能否成功堵漏取决于以下几个因素：接近泄漏点的危险程度、泄漏孔的尺寸、泄漏点处实际的或潜在的压力、泄漏介质的理化性质。堵漏操作时，要做好安全防护措施：以泄漏点为中心，在储罐或容器的四周设置水幕、喷雾水枪或利用雾状水对泄漏扩散的气体进行围堵、稀释降毒或驱散。

3. 工艺倒罐

储罐或槽车等容器发生泄漏，采取堵漏措施无效或无法实施堵漏，储罐或槽车在短时间内又无法安全转移，泄漏物质向周围不断扩散蔓延，储罐或槽车内存留量较大时，可采取倒罐措施，即把储罐或槽车中的物料通过输送设备和管道转移到另外的储罐、槽车或其他容器中。

倒罐的方法有两类：一类是靠罐内压差倒罐，即液面高、压力大的罐向空罐导流；另一类是外接泵、压缩机利用动力抽或压等进行倒罐。常用的倒罐方法有静压差倒罐、压缩气体倒罐、压缩机倒罐和烃泵倒罐。

（1）静压差倒罐　静压差倒罐是将事故装置和安全装置的气、液相管相连通，利用两装置的位置高低之差产生的静压差将事故装置中的液体导入安全装置中，如图 5-9 所示。该法工艺流程简单，操作方便，但是倒罐速度慢，很容易达到两罐压力平衡，倒罐不完全。

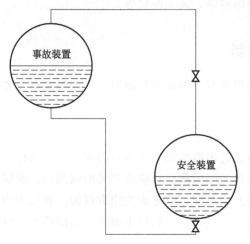

图 5-9　静压差倒罐示意图

（2）压缩气体倒罐　压缩气体倒罐是将甲烷、氮气、二氧化碳等压缩气体或其他与储罐内液体混合后不会引起爆炸的不凝、不溶的高压惰性气体送入事故装置，使其与安全装置间产生一定的压差，从而将事故装置内的液体导入安全装置中，如图 5-10 所示。该法工艺流程简单，操作方便。需要注意的是，

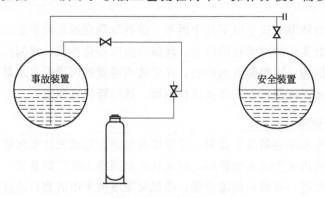

图 5-10　压缩气体倒罐示意图

压缩气体在导入事故装置前应减压，且进入装置的压缩气体压力应低于装置的设计压力。

（3）压缩机倒罐　压缩机倒罐首先将事故装置和安全装置的液相管连通，然后将事故装置的气相管接到压缩机出口管路上，安全装置的气相管接到压缩机入口管路上，用压缩机来抽吸安全装置的气相压力，经压缩后注入事故装置，这样在装置压力差的作用下将泄漏的液体由事故装置导入安全装置，如图 5-11 所示。采用压缩机进行倒罐作业，事故装置和安全装置之间的压差应保持在 0.2～0.3MPa 范围内。为加快倒罐作业速度，可同时开启两台压缩机。需要注意的是：应密切注意事故装置的压力和液位的变化情况，压力一般保持在 147～196kPa 范围内；在开机前，应用惰性气体对压缩机汽缸及管路中的空气进行置换。

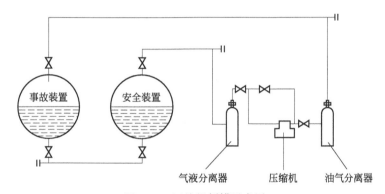

图 5-11　压缩机倒罐示意图

（4）烃泵倒罐　烃泵倒罐是将事故装置和安全装置的气相管相接通，事故装置的出液管接在烃泵入口，安全装置的进液管接在烃泵出口，然后开启烃泵，将液体由事故装置导入安全装置，如图 5-12 所示。该法工艺流程简单，操作方便，能耗小；当事故装置压力过低时，应和压缩机联用，以提高事故装

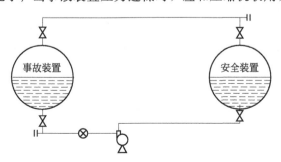

图 5-12　烃泵倒罐示意图

置内的气相压力，避免发生气阻和抽空。

4. 注水排险

注水排险是指当储罐底部发生泄漏时，利用介质（如汽油、液化石油气等）比水轻，且与水不相溶的性质，向罐内注入一定量的水，以便在罐内底部形成水垫层，使泄漏处外泄的是水而不是罐内液体，从而减少泄漏量，切断泄漏源，然后再采取堵漏等其他措施，从而控制事态的进一步恶化。注水排险如图 5-13 所示。

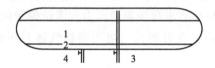

图 5-13　注水排险示意图
1—液化气层；2—水层；3—气相管；4—液相管

操作时，若罐内液位较高，注水容易造成储罐冒顶，增加危险，故在注水前必须采取倒罐措施。待腾空量达到注水量要求后，再行注水。注水前，应利用泄漏点的高度、储罐的横截面积、泄漏量，并考虑一定的附加量等，计算出所需的注水量，以远超过泄漏量的速度注入罐内；注水到一定液面高度时，应停止注水，关闭阀门，选择合理的堵漏方法对泄漏部位进行堵漏。注水排险操作危险性高，处置人员要精而少，应加强个人防护，使用开花或喷雾水枪作掩护。尽量选择位置较低的孔口作为注水口，增加安全系数。

5. 主动点燃

当事故装置顶部泄漏，无法实施堵漏和倒罐，且泄漏的可燃气体范围和浓度有限时，可采取点燃措施使泄漏出的可燃性气体或挥发性的可燃液体在外来引火物的作用下形成稳定燃烧，控制其泄漏。

实施点燃前必须做好准备工作，要确认危险区域内人员已经撤离，担任掩护和冷却等任务的喷雾水枪手要到达指定位置，检测泄漏周边地区已无高浓度混合可燃气体后，处置人员可在上风方向穿防护服，根据现场情况在事故装置的顶部或架设排空管线，使用点火棒（如长杆）或电打火器等方法点燃。

当泄漏的事故装置内可燃化学品已燃烧时，处置人员可在实施冷却控制、保证安全的前提下从排污管接出引流管，向安全区域排放点燃。

6. 转移

当储罐、容器、管道内的液体大量外泄，堵漏方法不奏效又来不及倒罐时，可将事故装置转移到安全地点处置。处置时先在事故点周围的安全区域修建围堤或处置池；然后将事故装置及内部的液体导入围堤或处置池内；再根据泄漏液体的性质采用相应的处置方法。

三、堵漏方法

堵漏是一项综合性强、技术性高、危险性大的特殊的密封技术，是控制危险化学品泄漏事故发展的重要的现场处置措施。因此，应树立"处置泄漏，堵为先"的原则。

1. 堵漏的原理

堵漏是指在带压、带温或不停车的情况下，采用调整、堵塞等手段重建密封，终止泄漏的过程。要实现堵漏，重建密封，必须施加一个大于泄漏介质压力的外力，才能保证有效地切断泄漏通道。这个外力可以是机械力、黏结力、热应力、气体压力等；传递外力至泄漏通道的机构可以是刚性体、弹性体或塑性流体等。因此，堵漏机理是在大于泄漏介质压力的人为外力作用下，重建密封，切断泄漏通道，实现止漏的目的。

2. 常用的堵漏方法

（1）调整间隙消漏法 调整间隙消漏法是采用调节密封件预紧力、调整零件间相对位置、改变操作条件、关闭阀门等手段消除泄漏的方法。常用的有关闭法、紧固法、调位法、操作条件改变法等。

关闭法是对于关闭体不严，管道内物料泄漏的情况，采用关阀的方法即可堵漏。

紧固法是对于密封件因预紧力小而渗漏的现象，采用增加密封件的预紧力的方法，如紧固法兰的螺栓，进一步压紧垫片、填料或阀门的密封面等。

调位法是通过调整零部件间的相对位置，如调整法兰、机械密封等间隙和位置，达到堵漏目的的方法。

操作条件改变法是降低设备或系统内操作压力或温度来控制或减少非破坏性的渗漏的方法。

（2）机械堵漏法 机械堵漏法是利用密封层的机械变形力强压堵漏的方法，主要有卡箍法、塞楔法、上罩法、顶压法、压盖法等。

卡箍法是利用金属卡箍带和密封垫片堵漏的方法。

塞楔法是利用韧性大的金属、木质、塑料等材料挤塞入泄漏孔、裂缝、洞而止漏的方法。

上罩法是用金属或非金属材料的罩子将泄漏部位整个罩住而止漏的方法。

顶压法是在设备和管道上固定一个螺杆直接或间接堵住设备和管道上的泄漏处的方法。这种方法适用于中低压设备上的砂眼、小洞等的堵漏。

压盖法是用螺栓将密封垫和压盖紧压在孔洞外面或内面而达到止漏的方法。这种方法适用于低压、便于操作的设备或管道的堵漏。

（3）气垫堵漏法　气垫堵漏法是利用固定在泄漏口处的气垫或气袋，通过充气后的膨胀力，将泄漏口压住而堵漏的方法，主要有气垫外堵法、气垫内堵法和楔形气垫堵漏法。

（4）胶堵密封法　胶堵密封法是利用密封胶在泄漏口处形成的密封层进行堵漏的方法，主要有内涂法、外涂法和强压注胶法。其中，内涂法是将密封机置入设备或管道内部，在泄漏处自动喷射密封胶进行堵漏的方法；外涂法是将密封胶涂于设备外部裂缝、孔洞处进行堵漏的方法。

（5）焊补堵漏法　焊补堵漏法是利用焊接方法直接或间接地把泄漏口密封的方法，主要有直焊法和间焊法。

直焊法是直接在泄漏口填焊堵漏的方法。间焊法是通过金属盖或其他密封件先将泄漏口包盖住，再将这些罩盖物焊在设备上而堵漏的方法。该法仅适用于焊接性能好、介质温度较高的设备、容器、管道或阀门，不能用于易燃易爆的场合。

（6）磁压堵漏法　磁压堵漏法是利用磁铁的强大磁力，将密封垫或密封胶压在设备的泄漏口而堵漏的方法，适用于泄漏处表面平坦、设备内压不高，因砂眼、夹渣的漏孔泄漏的堵漏。

（7）冷冻堵漏法　冷冻堵漏法是在泄漏处制造低温，或利用介质的汽化制造低温，使泄漏介质在泄漏处冻结起来，或使泼于其上的水冻结而形成密封层堵漏的方法。

3. 受压本体堵漏

受压本体是指设备、容器、管道、阀门中除静密封、动密封、关闭件等以外的受压腔体。受压本体发生泄漏时，常采取机械堵漏法、气垫堵漏法、磁压堵漏法、强压注胶法等进行堵漏。

（1）机械堵漏法　在受压本体上，常用的机械堵漏法有卡箍堵漏法、塞楔堵漏法、捆扎堵漏法、顶压堵漏法和压盖堵漏法。

a. 卡箍堵漏法。用卡箍将密封垫卡死在泄漏处而达到止漏的方法称为卡箍法。卡箍法适用于管道和直径较小的设备的中低压介质堵漏。

卡箍堵漏法是将密封垫压在管道的泄漏口处，再套上卡箍，上紧卡箍上的螺栓，直至泄漏停止。卡箍堵漏法用得较为普遍，主要用在金属、塑料、水泥等管道上，适用于孔洞、裂缝等泄漏处。卡箍是由两块半圆形片箍组成，其形式有整卡式、半卡式、软卡式和堵头式。不同类型卡箍如图 5-14 所示。

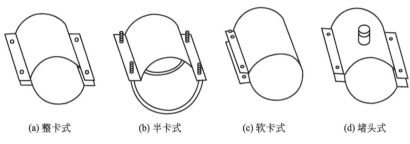

(a) 整卡式　　　(b) 半卡式　　　(c) 软卡式　　　(d) 堵头式

图 5-14　卡箍堵漏工具中的卡箍形式

b. 塞楔堵漏法。用韧性大的金属、木材、塑料等材料制成的圆锥体楔或斜楔塞入泄漏的孔洞而止漏的一种方法，称为塞楔堵漏法。这种方法适用于常压或低压设备本体小孔、裂缝的堵漏。塞楔堵漏法所用的材料一般有木材、塑料、铝、铜、低碳钢、不锈钢等。

堵漏前，先将泄漏口周围的脆弱的锈层除去，露出结实的本体；可在泄漏口和塞楔上涂上一层密封胶；将塞楔压入泄漏口，用无火花或木质手锤有节奏地将其打入泄漏孔口，敲打点应对准，用力先小后大。如塞楔堵漏效果不够理想，可把留在本体外的堵塞除掉，然后采用黏结或卡箍方法，进行第二次堵漏。

根据泄漏介质性质选材，对于易燃易爆介质，选不产生火花的材料，如木材、塑料、铝、铜；对于腐蚀介质，选塑料、木材、不锈钢，不能选低碳钢。

根据漏口形状选形，常用的形状有圆锥形、圆柱形、楔形。对于较大圆形孔洞，选大圆锥形塞楔；对于较小孔洞、砂眼，选小圆锥形塞楔；对于内外口径相近的漏口，选圆柱形塞楔；对于长孔形或缝隙，选楔形塞楔。图 5-15 为不同形式的堵漏塞。

c. 捆扎堵漏法。利用捆扎工具使钢带（钢丝）紧紧地把设备或管道泄漏点上的密封垫、仿型压板、压块、密封胶压死而止漏的方法，称为捆扎堵漏法。该法适用于管道上较小泄漏孔、缝隙的堵漏。

捆扎堵漏法采用的器材有密封垫、捆扎（钢）带或丝、捆扎工具。密封垫材料为橡胶、聚四氟乙烯、石棉、石墨等。捆扎（钢）带或丝材料为碳钢、不

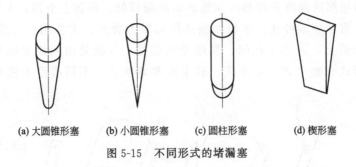

(a) 大圆锥形塞　　(b) 小圆锥形塞　　(c) 圆柱形塞　　(d) 楔形塞

图 5-15　不同形式的堵漏塞

锈钢等。捆扎工具主要由切断钢带的切断机构、夹紧钢带的夹持机构、捆扎紧钢带的扎紧机构组成，如图 5-16 所示。

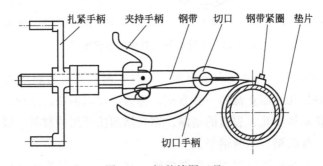

图 5-16　捆扎堵漏工具

　　堵漏操作时，将选好的钢带包在管道或设备上，钢带两端从不同方向穿在紧圈中，内面一端钢带应事先在钳台上弯成 L 形，并使 L 形卡在紧圈上，以不滑脱、不碍捆扎为准。外面一端钢带穿在捆扎工具上，首先将钢带放置在切口槽中，然后把钢带放置在夹持槽中，扳动夹持手柄夹紧钢带。用手或工具自然压紧钢带的另一端，转动扎紧手柄，拉紧钢带。当钢带拉紧到一定程度，把预先准备好的密封垫放在钢带的内侧正对泄漏处，然后迅速转动扎紧手柄堵住泄漏处。待泄漏停止后，将紧圈上的紧固螺钉拧紧，扳动切断手柄，切断钢带，并把切口一端从紧固处弯折，以防钢带滑脱。捆扎堵漏过程如图 5-17 所示。

　　d. 顶压堵漏法。在设备和管道上固定一个螺杆直接或间接堵住设备和管道上的泄漏处的方法称为顶压堵漏法。这种方法适用于中低压设备上的砂眼、小洞和短裂缝等处的堵漏。根据泄漏部位及尺寸大小不同，选用支撑顶、半卡顶等。

　　支撑顶是用一个三角形支架固定在设备泄漏处附近（埋在地下或固定在设备上），顶杆与泄漏处在一条直线上。支撑顶适用于罐、塔等大型设备的堵漏，具体如图 5-18 所示。

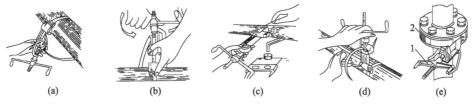

图 5-17　捆扎堵漏过程示意

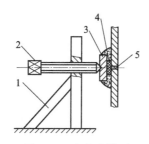

图 5-18　直角支撑顶

1—支架；2—顶杆；3—顶板；4—密封剂；5—泄漏本体

半卡顶是用扁钢弯成半圆形，两端对称焊上螺杆，上套一横梁，横梁中间有一螺孔，与顶杆相啮合，顶压时转动螺杆，这种工具适用于管道堵漏。图 5-19 为半卡顶派生出来的一种形式，它用钢丝绳代替了半卡箍，可用于管道、容器、阀门等设备的砂眼、小孔的堵漏。

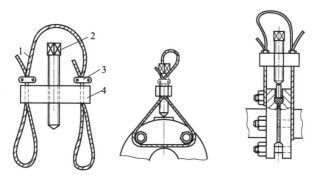

图 5-19　半卡顶

1—钢丝；2—螺杆；3—卡子；4—横梁

顶压堵漏按先后顺序，可分为只顶漏不粘固、先顶漏后粘固等形式，前者称为一步法，后者称为两步法。

　　e. 压盖堵漏法。压盖堵漏法是依靠泄漏缺陷内外表面，形成一个机械式的密封结构，通过拧紧螺栓来产生足够的密封压力而止住泄漏的方法。压盖堵漏法适用于压力较低的管道、容器等设备的堵漏。

　　压盖堵漏工具由 T 形活络螺栓、压盖、密封垫组成。T 形活络螺栓将压盖、密封垫（或密封胶）压紧在泄漏本体上，达到止漏的目的。

　　压盖堵漏法分为内盖堵漏和外盖堵漏两种，如图 5-20 所示。内盖堵漏适用于长孔和椭圆孔的堵漏。外盖堵漏比内盖堵漏操作简单，但堵漏效果不如内盖堵漏。

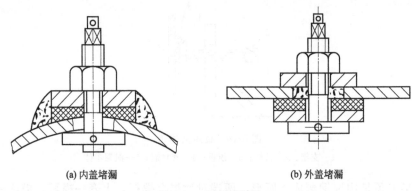

(a) 内盖堵漏　　　　　　　　　　　(b) 外盖堵漏

图 5-20　压盖堵漏法

　　（2）气垫堵漏法　气垫堵漏法是经过特殊处理的、具有良好可塑性的充气袋（筒）在带压气体作用下膨胀，直接封堵泄漏处，从而控制流体泄漏的方法。气垫堵漏法适用于低压设备、容器、管道等本体孔洞、裂缝、断口的泄漏，主要用于液体的堵漏，适用的介质压力不超过 0.6MPa，适用温度不超过 85～95℃。

　　a. 气垫外堵法。气垫外堵法是利用压紧在泄漏部位外部的气垫内部的压力对气垫下的密封垫产生的密封比压，在泄漏部位重建密封，从而达到堵漏的目的。

　　b. 气垫内堵法。气垫内堵法利用管道内的圆柱形气垫充气后的膨胀力与管道之间形成的密封比压，堵住泄漏。在有害物质发生泄漏后，为了防止有害液体污染排水管道，用气垫堵住下水道，或在管道破裂后，用气垫堵住破裂管道的终端等。

　　c. 气楔堵漏法。气楔堵漏法与机械塞楔堵漏法相似，主要用于低压本体上的裂缝或孔洞的堵漏，具有操作简单、迅速的特点，可以用密封枪从安全距离以外进行操作，需气量极小，可用脚踏气泵充气。它适用于直径小于

90mm、宽度小于 60mm 孔洞或裂缝的堵漏。

（3）**磁压堵漏法**　磁压堵漏法是利用磁铁对受压体的吸引力，将密封胶、胶黏剂、密封垫压紧和固定在泄漏处而堵住泄漏的方法。这种堵漏方法适用于温度低于 80℃，压力从真空到 1.8MPa，不能动火，无法固定压具或夹具，用其他方法无法解决的裂缝、松散组织、孔洞等低压泄漏部位的堵漏。磁压堵漏具有使用方便、操作简单的特点，可用于低碳钢、中碳钢、高碳钢、低合金钢及铸铁等顺磁性材料的立式罐、卧式罐、球罐和异型罐等大型储罐所产生的孔、缝、线、面等的泄漏，也可用于一般管线和设备上的堵漏。常用的磁压堵漏工具可参见第六章第二节。

（4）**强压注胶法**　本体的强压注胶堵漏法是注入等于或大于受压体内介质压力的密封剂，用以填充泄漏间隙或在泄漏处内外建立密封圈，从而阻止介质泄漏的一种方法。强压注胶堵漏原理如图 5-21 所示。这种方法不但适用于金属和非金属受压本体，也适用于法兰和填料等静密封处和阀门等的堵漏。从砂眼、夹渣直至长裂缝、大洞等缺陷的堵漏均可适用。

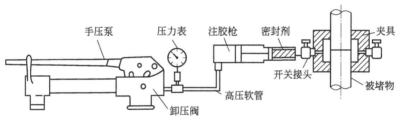

图 5-21　强压注胶堵漏工作原理

强压注胶法堵漏工具主要包括注胶工具、注胶阀和换向阀、夹具、密封剂等。其中，注胶工具可参见第六章第二节。夹具是强压注胶法的关键工具，是加装在泄漏部位的上部与泄漏部位的部分外表面形成新的密封空间的金属构件。它与泄漏部位的外表面构成封闭的空腔，包容注入的密封剂，承受泄漏介质的压力和注射压力，并由注射压力产生足够的密封比压，才能消除泄漏。常用夹具的主要类型有：法兰夹具、弯头夹具、三通夹具、大型设备或容器夹具等。各种常用夹具如图 5-22 所示。

注胶堵漏的密封剂有多种，常用的剂料有热固型和非热固型两大类，它们是用合成橡胶作基体，与填充剂、催化剂、固化剂等配制而成。其种类比较多，不同的种类适用于不同的泄漏介质和温度、压力条件。密封剂性能的好坏判断指标有密封剂的使用温度、固化时间、耐介质性能以及使用寿命等。

(a)法兰夹具　　　　　　　(b)弯头夹具　　　　　　　(c)三通夹具

图 5-22　各种注胶堵漏夹具

应用强压注胶法进行注胶时，先从远离泄漏口位置的注射口开始，然后从两边分别逐渐向泄漏口处逼近，最后再对着泄漏口的注射口注入，待密封剂固化。补注少量密封剂，只要使注入压力在原有压力基础上增加 3~5MPa 即可。注胶过程如图 5-23 所示。

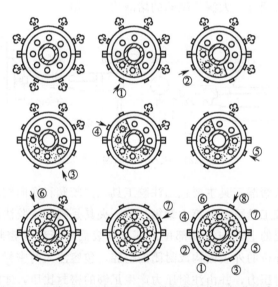

图 5-23　注胶过程示意图（图中带圈数字代表操作顺序）

4. 密封体堵漏

密封体（法兰）连接是最常见的连接结构，在设备、工具、管道、容器、阀门等受压体中应用十分广泛，其泄漏现象较为突出，许多重大事故常发生在法兰连接处。此部位发生泄漏的原因主要有法兰盘、密封垫圈或固定螺栓安装不正确或密封垫圈失效。密封体（法兰）的堵漏方法有多种，主要包括调整止漏法、机械堵漏法和强压注胶法。

(1) 调整止漏法 调整止漏法首先认真查找，并确认法兰泄漏的原因，然后在有预紧间隙的前提下进行。具体做法是：

a. 如果法兰不在一条直线上，出现错口现象而泄漏，应先微松一下螺栓，将法兰的位置校正，使它们在一条直线上，然后均匀、对称轮流拧紧螺栓后即可止漏。

b. 如果法兰的圆周间隙一边大、一边小，出现偏口而泄漏，一般在间隙大的一侧产生泄漏，拧紧间隙大的一边的螺栓，泄漏即可消除。

c. 如果法兰的圆周间隙基本一致，可以在泄漏一边开始，再向两边逐一拧紧螺栓，最后轮流对称地拧紧所有螺栓，即可止漏。

d. 因螺栓本身损坏时，应用 G 形夹紧器夹持在该螺栓处，然后松开该处的螺栓，更换新螺栓，螺栓拧紧后卸下 G 形夹紧器。

(2) 机械堵漏法 密封体堵漏常用的机械堵漏法有全包式堵漏法、卡箍堵漏法和顶压堵漏法等。

a. 全包式堵漏法。全包式堵漏工具是由钢板焊接的两个半圆腔组成，对于压力较高的部位，密封圈应嵌在槽中，根据具体情况可设置 1～2 道密封圈。密封圈厚度以 0.5～1.5mm 为宜，必要时，夹具上应设引流孔。安装前，认真检查法兰两端的管子的同轴度，除去上面的污物，将全包工具套在法兰上，对齐并拧紧螺栓，螺栓拧紧时应对称均匀，使密封圈与管道紧紧贴合，达到堵漏的目的。

b. 卡箍堵漏法。卡箍堵漏法用于法兰。堵漏前，应清洗法兰外圆面，使法兰外圆面保持一定的光洁度和同轴度。堵漏时，用 G 形工具夹紧螺栓处，卸下螺母，套上事先选定的螺栓密封垫，并上紧螺母。这样一一将各个螺栓密封好，然后在泄漏处用 G 形螺栓夹紧，并卸下最后一只螺栓作引流孔，让介质从螺栓孔漏出，将密封垫绕在法兰外圆面，搭接要吻合，厚薄要均匀，上好卡箍，使卡箍夹紧密封垫，最后穿上带有密封垫的螺栓，用螺母堵住引流螺孔，即可堵住法兰的泄漏。

c. 顶压堵漏法。顶压堵漏法用于法兰堵漏时，先将钢丝绳套在泄漏处两边的螺栓上，并穿在带有顶杆的横梁上，用轧头卡紧。除去泄漏处周围的污物，将预制的密封填料压在泄漏处，填料的厚度为法兰间隙值，其长度为两螺栓空隙值。密封填料视工况选用石棉盘根、柔性石墨盘根、聚四氟乙烯、橡胶盘根等。密封填料上面放梯形顶板，上小下大，并有顶压凹坑，下边呈圆弧状，压在填料上。顶压前最好在填料上、顶板上、法兰内侧上胶。预制的顶板与法兰两侧的间隙一般以 0.5mm 左右为宜，顶压好后，顶板两端和两侧用胶黏剂固定，待固化后可拆除顶压工具。

（3）强压注胶法　法兰的强压注胶堵漏主要有以下几种：

a. 卡箍夹具注胶堵漏法。卡箍夹具与法兰形成空腔，用于注射密封胶。它的适用范围广，能用于低温、高温、低压、高压部位的堵漏。操作方法是：查明受压体内介质、温度和压力；找出泄漏口位置和泄漏原因；检查密封的完好程度、螺栓的紧固程度；根据法兰的尺寸和间隙，选用备用夹具；清洗泄漏处，上好夹具；进行注胶堵漏作业，注胶顺序应从泄漏孔对面的注入孔开始，逐一注入密封胶，封堵泄漏处两侧面，最后注入密封胶，封堵泄漏处；检查堵漏效果，如果效果不佳，应补堵，直至泄漏终止。其堵漏原理如图 5-24 所示。

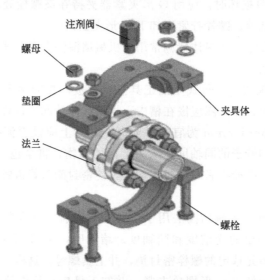

图 5-24　卡箍夹具注胶堵漏示意

b. 铜丝夹具注胶堵漏法。铜丝夹具注胶堵漏法适用于法兰间隙小于 8mm，泄漏量较小，泄漏介质压力低于 2.5MPa 时选用。注胶一般采用耳子式注胶孔具。其安装方法是：用 G 形夹具夹持在安装注胶孔的螺栓处，换上长螺栓，穿上耳子式注胶孔具，拧紧螺母，按此方法一一将所有法兰螺母安装上耳子式注胶孔具。铜丝的直径应按法兰间隙选定，铜丝的嵌入深度一般不小于 3mm，也不宜过深，铜丝长度应大于泄漏法兰的外圆周长的 2 倍或至少是一周外加 200mm，接头可对接或搭接。铜丝的固定可使用平口錾子，将铜丝圈压入法兰盘的间隙中，并通过捻打法兰盘内边缘，将铜丝固定。密封胶的注入方法与卡箍夹具注胶堵漏法相同。密封胶注入堵漏作业要平稳进行，并合理地控制操作压力，以保证密封胶有足够的工作密封比压，同时又要防止把密封胶注射到泄漏系统中去。

c. 钢带夹具注胶堵漏法。钢带夹具注胶堵漏法用钢带代替卡箍夹具，一般适用于压力在 2.5MPa 以下的法兰。安装注胶孔具时，在泄漏点附近装上一个 G 形卡具。松开泄漏点附近的一个螺栓，拧下螺母，装上螺栓专用注胶接头，再把螺母拧紧。拆下 G 形卡具，移到离泄漏点最远处装好，松开附近的一个螺栓，拧下螺母，装上螺栓专用注胶接头，再把螺母拧紧。其方法与铜丝夹具注胶堵漏法相同。其堵漏原理如图 5-25 所示。

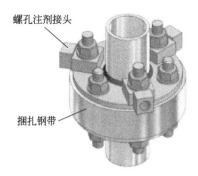

图 5-25　钢带夹具注胶堵漏示意

5. 半闭体堵漏

半闭体（阀门）是设备和管道上不可缺少的配件，它是设备和管道中的主要泄漏源，许多事故都发生在阀门上。对于阀门本体的泄漏可用前面介绍的本体堵漏方法进行堵漏，阀门的连接法兰的泄漏可用法兰的堵漏方法进行堵漏。这里主要介绍阀门填料的堵漏方法。

（1）焊接堵漏法　焊接堵漏法只适用于普通的介质，不适用于易燃易爆介质的堵漏。常用的方法有：

a. 上罩堵漏法。其堵漏方法是按照现场实测的阀门尺寸，制作一个钢罩，其技术要求应满足介质、温度、压力等条件。用于高压工况的钢罩上应设置引流装置，如堵头、小阀门等。打开引流装置，卸下手轮等碍事部件，装好钢罩，将其全道焊焊死在阀门上。钢罩焊死后，及时关闭小阀门。

b. 直接焊接堵漏法。它是用焊接方法直接堵住压盖、压套螺母与轴、阀杆之间的泄漏，一般只适用于压力较低的普通介质。焊堵时，应先焊堵泄漏量小的部位，后焊堵泄漏量大的部位，焊到最后使介质集中到一点泄漏，这时可采用大电流快速焊堵泄漏孔。

（2）强压注胶堵漏法　阀门填料的强压注胶堵漏法是在填料损坏导致泄漏的情况下，从阀门填料函内部进行修复的一种堵漏技术。常用的堵漏方法包括：

a. 螺纹连接注胶堵漏法。螺纹连接注胶堵漏法适用于较大的填料装置和在填料函壁较厚的条件下进行。直接在阀门本体上钻孔，并注入密封胶，对泄漏部位实施封堵。其方法是：查明工况条件，了解填料结构、壁厚，正确判断填料损坏程度和部位，确定钻孔位置和深度。确定钻孔位置后，用风钻或电钻钻孔，但不能钻透，攻丝，拧上特制的阀门，并将其开启，再用细长钻头打穿填料函壁和填料。把注射枪连接到特制阀门上，打开特制阀门，强压注入密封胶，直至填料止漏为止。填料采用注入密封胶堵漏，一般只需一个注胶孔，密封胶用量大时，也可考虑设置两个注胶孔。

b. 卡箍接头注胶堵漏法。当阀门填料函壁较薄时，无法在填料函壁上钻孔和攻丝，可采用卡箍接头注入密封胶实施堵漏。卡箍接头分封闭式和开口式两种。封闭式一般为两半圆卡箍，其形状随填料函外壁外形而变化，上面有密封注胶注入螺孔，安装好后，螺孔应紧贴在填料函外壁上，以免注入密封胶时外泄。开口式卡箍接头为 G 形，其上有一个顶丝注胶孔，安装时将顶丝处用样冲打一凹坑，旋转顶丝注胶孔，顶住凹坑。卡箍接头安装好后，通过注胶孔向填料函壁和填料钻孔，然后可注入密封胶。

c. 焊接接头注胶堵漏法。在填料函壁能施焊的情况下，直接在阀门外壁上焊接螺口接头或特制阀门。焊接接头焊好后，打开注胶阀开关，直接进行钻孔，钻孔处介质外泄时，抽出钻头，关闭注胶阀，连接注胶工具，实施注胶堵漏。

四、泄漏物的处置

对于泄漏物的处置，应结合泄漏物的状态，选择合适的方法。泄漏物主要包括气体泄漏物、液体泄漏物和固体泄漏物。

1. 气体泄漏物的处置

（1）喷雾稀释　为减少大气污染，通常采用喷雾水枪向有害物蒸气云喷射雾状水，加速气体向高空扩散，使其在安全地带扩散。对于能溶于水的泄漏气体，通过喷雾水的溶解作用降低有毒气体在空气中的浓度，同时可根据气体性质，在水中加入酸或碱液进行中和处理。在使用这一技术时，将产生大量的污水，对污水进行洗消处理，严禁任意排放。对于易燃气体，也可以在现场施放大量水蒸气或氮气，破坏燃烧条件。

除了遇水反应物质，一般危险化学品泄漏场合都应首先布置喷雾水枪，稀释驱散，降低浓度，减轻毒性，预防辐射热的作用，掩护救援小组行动，建立相对安全的局部区域等。

（2）点燃放空　在易燃气体和有毒气体泄漏事故现场，为了减少和降低气体泄漏造成的危害程度，需要采取点燃、放空的工艺措施。

点燃就是使泄漏出的气体在外来引火物的作用下发生燃烧。对于泄漏的易燃气体和有毒气体，点燃的目的是避免易燃气体扩散后，在一定区域内达到爆炸极限，引起爆燃或爆炸；消除或降低泄漏毒气的毒害；加快处置速度，尽快恢复正常秩序。采取点燃措施具体条件是泄漏物扩散，不点燃将会引起严重的后果；一般适用于顶部泄漏，而且无法实施有效的堵漏措施；扩散范围较小，泄漏浓度小于爆炸下限的 30％；泄漏后能形成稳定燃烧，而且燃烧产物无毒或毒性较小。为了保证点燃的效果，其准备工作包括：要确认危险区域内人员已经撤离；灭火、掩护、冷却等防范措施要准备就位。在实施点燃时，可以根据事故现场情况，选择合适的点燃方法：铺设导火索，在安全区域内点燃；在上风方向，穿着避火服，使用长杆点燃；在上风方向，抛射火种（信号枪、火把）点燃；使用电打火器点燃。

放空是指打开相关阀门，加速物料的泄漏，使其尽快散失在大气环境中，浓度降低到允许的安全浓度以下，从而消除险情的方法。放空处置措施适用于密度比空气小的气体泄漏，如氢气、甲烷等。放空操作前，根据当时的天气等情况，在外围必须布置喷雾水枪、排风机（防爆）等加速气体稀释。

2. 液体泄漏物的处置

（1）筑堤引流　修筑围堤是控制陆地上的液体泄漏物最常用的处理方法。常用的围堤有环形、直线型、Ｖ形等。通常根据泄漏物流动情况修筑围堤拦截泄漏物。如果泄漏发生在平地上，则在泄漏点的周围修筑环形围堤。如果泄漏发生在斜坡上，则在泄漏物流动的下方修筑Ｖ形围堤。储罐区发生液体泄漏时，要及时关闭雨水阀，防止物料沿明沟外流。

利用围堤拦截泄漏物除了确定泄漏物本身的特性外，就是确定修筑围堤的地点，这个地点既要离泄漏点足够远，保证有足够的时间在泄漏物到达前修好围堤，又要避免离泄漏点太远，使污染区域扩大。如果泄漏物是易燃物，操作时要特别注意，避免发生火灾。

（2）泡沫或其他覆盖物品覆盖　对于液体泄漏，为降低物料向大气中的蒸发速度，可用泡沫或其他覆盖物品覆盖外泄的物料，在其表面形成覆盖层，抑制其蒸发。应用时，要根据泄漏物的特性选择合适的泡沫。常用的普通蛋白泡沫适用于非极性物质；对于极性物质，使用抗溶泡沫。对于所有类型的泡沫，使用时建议每隔 30～60min 再覆盖一次，以便有效地抑制泄漏物的挥发。

泡沫覆盖必须和其他收容措施如围堤、沟槽等配合使用。通常泡沫覆盖只适用于陆地泄漏物。

（3）低温冷却　低温冷却是将冷冻剂散布于整个泄漏物的表面上，减少有害泄漏物的挥发。在许多情况下，冷冻剂不仅能降低有害泄漏物的蒸气压，而且能通过冷冻将泄漏物固定住。

常用的冷冻剂包括二氧化碳、液氮和湿冰。二氧化碳冷冻剂有液态和固态两种形式。液态二氧化碳通常装于钢瓶中或装于带冷冻系统的大槽罐中。应用时，先使用膨胀喷嘴将其转化为固态二氧化碳，再用雪片鼓风机将固态二氧化碳播撒至泄漏物表面。固态二氧化碳又称干冰。应用时，先进行破碎，然后用雪片鼓风机将破碎好的干冰播撒至泄漏物表面。液氮温度比干冰低得多，但冷冻效果低于二氧化碳。因为若用喷嘴喷射，液氮一离开喷嘴就全部挥发为气态；若将液氮直接倾倒在泄漏物表面上，则局部形成冰面，冰面上的液氮立即沸腾挥发，有爆炸的潜在危害。湿冰用作冷冻剂，主要优点是成本低、易于制备、易播撒；主要缺点是湿冰不挥发而融化成水，增加了需要处理的污染物的量。

（4）收集输转　对于大型液体泄漏，为了减少泄漏液体的挥发，降低危害，可选用隔膜泵将泄漏的物料抽入容器内或槽车内，收集后再集中处置。

（5）吸附法　所有的陆地泄漏和某些有机物的水中泄漏都可用吸附法处理。吸附法处理泄漏物的关键是选择合适的吸附剂。常用吸附剂有活性炭、木纤维、玉米秆、稻草、木屑、树皮、花生皮等天然有机吸附剂，黏土、珍珠岩、蛭石、膨胀页岩和天然沸石等无机吸附剂，聚氨酯、聚丙烯和有大量网眼的树脂等合成吸附剂。当泄漏量小时，可用沙子、吸附材料等吸收。

（6）固化处理　通过加入能与泄漏物发生化学反应的固化剂或稳定剂使泄漏物转化成稳定形式，以便于处理、运输和处置。有的泄漏物变成稳定形式后，由原来的有害物变成了无害物，可原地堆放不需进一步处理；有的泄漏物变成稳定形式后仍然有害，必须运至废物处理场所进一步处理或在专用废弃场所掩埋。

常用的固化剂有水泥、凝胶、石灰。对于含高浓度重金属的场合，使用水泥固化非常有效。凝胶是由亲液溶胶和某些憎液溶胶通过胶凝作用而形成的冻状物，没有流动性，可以使泄漏物形成固体凝胶体；若形成的凝胶体仍是有害物，需进一步处置。使用石灰作固化剂时，加入石灰的同时需加入适量的细粒硬凝性材料如粉煤灰、研碎了的高炉炉渣或水泥窑灰等。

（7）中和泄漏物　只有酸性有害物和碱性有害物才能用中和法处理。对于泄入水体的酸、碱或泄入水体后能生成酸、碱的物质，也可考虑用中和法处理。对于陆地泄漏物，如果反应能控制，常常用强酸、强碱中和，这样比较经济；对于水体泄漏物，建议使用弱酸、弱碱中和。现场应用中和法要求最终 pH 值控制在 6～9 之间，反应期间必须监测 pH 值变化。

常用的弱酸有醋酸、磷酸二氢钠，有时可用气态二氧化碳。磷酸二氢钠几乎能用于所有的碱泄漏。当氨泄入水中时，可以用气态二氧化碳处理。常用的强碱有碳酸氢钠水溶液、碳酸钠水溶液、氢氧化钠水溶液，这些物质也可用来中和泄漏的氯。有时也用石灰、固体碳酸钠、苏打灰中和酸性泄漏物。常用的弱碱有碳酸氢钠、碳酸钠和碳酸钙。

对于水体泄漏物，如果中和过程中可能产生金属离子，必须用沉淀剂清除。中和反应常常是剧烈的，由于放热和生成气体产生沸腾和飞溅，所以应急人员必须穿防化服、佩戴呼吸器，通过降低反应温度和稀释反应物来控制飞溅。

如果非常弱的酸和非常弱的碱泄入水体，pH 值能维持在 6～9 之间，不建议使用中和法处理。

3. 固体泄漏物的处置

（1）机械转移法　机械转移法是采用除去或覆盖的方法，同时采用密封转移或密封掩埋的方式，处理固体泄漏物。比如：将泄漏的固体物质用煤渣、沙土进行覆盖，并将泄漏物与沙土一起铲入密封桶或密封罐。

（2）喷洒可剥性覆盖剂　可剥性覆盖剂是由成膜剂、混合溶剂、增塑剂、剥离剂等组分形成的液体或胶体。对于大量粉末性固体泄漏物，喷洒可剥性覆盖剂是一种理想的处理方法。通过采用这一措施，可实现固体物质的固化，经干燥形成薄膜后，非常容易清理。

（3）固化处理　无法回收或回收价值不大的固体泄漏物，可以用水泥、沥青、热塑性材料固化后废弃。

第四节　现场应急洗消

洗消是危险化学品事故处置过程中一个必不可少的环节，它可以从根本上降低和消除毒源造成的污染。洗消工作原来由解放军防化部队防化洗消分队实施，现在这类任务一般由消防救援队伍中的消防特勤防化专业洗消力量承担。目前，救援力量对洗消工作重视程度不够，洗消剂种类单一，洗消装备缺乏，重大危险化学品事故现场洗消任务重，洗消对象多，因此，救援力量应加强危险化学品事故的泄漏现场洗消工作。

一、洗消对象及原则

1. 洗消的定义

洗消是对染有化学毒剂、生物战剂、放射性物质等的人员、装备、环境等染毒对象进行的洗涤、消毒、去除、灭活，使污染程度降低或消除到可以接受的安全水平。通过洗消，把化学毒剂、放射性物质和病原体从各种物体表面上除掉或使之变得无害，以减少伤亡，保障生存。

2. 洗消对象

根据危险化学品事故现场染毒对象的不同，应急洗消任务可分为：染毒战斗人员的洗消；染毒群众的洗消；染毒地面的洗消；染毒空气的洗消；染毒水源的洗消；染毒衣物的洗消；染毒植物的洗消；染毒动物的洗消；染毒器材装备的洗消；染毒建、构筑物的洗消。消防救援队伍主要承担染毒人员、车辆和环境的洗消。

（1）人员的洗消　人员的洗消包括：染毒区作业人员的洗消；染毒群众的洗消；警戒区内警戒人员、记者、医务人员等工作人员的洗消。

（2）车辆装备的洗消　对灾害现场投入处置行动的消防车辆及其器材装备；社会联动力量投入的处置装备，包括各种侦检、输转、堵漏等设备、仪器进行洗消。原来停留在警戒区域内的车辆，有染毒可能的应予全部洗消。

（3）环境的洗消　环境的洗消包括：染毒空气的洗消；染毒地面的洗消；染毒水域的洗消；染毒建、构筑物的洗消；染毒树木、植被的洗消。

3. 洗消原则

危险化学品的洗消工作必须坚持"因地制宜，积极兼容，快速高效，专业洗消与指导群众自己洗消相结合"的积极洗消原则。

（1）因地制宜　由于国家和地方政府对消防救援队伍在危险化学品事故处置方面的专项投入有限，很多消防救援队还没有配备制式洗消器材，消防器材装备也十分有限。因此，消防救援队伍在开展洗消工作时，必须立足于现有的消防器材装备，并充分发挥它们的洗消优势，结合事故现场的实际情况来完成洗消任务。

（2）积极兼容　对于大型危险化学品事故，消防救援队在组织实施洗消时，必须考虑到社会上现有的各种可用于洗消的器材装备，调动各种社会力量来弥补消防救援队洗消器材装备和技术的不足，以满足危险化学品事故现场应急洗消的需要。

（3）快速高效　危险化学品事故的发生具有突发性强的特点，这就要求消防救援队平时要加强技战术训练，加强与社会协同力量的沟通与业务指导，危险化学品事故一旦发生，消防救援队及时到达现场，实施快速高效的洗消。

（4）专业洗消与指导群众自己洗消相结合　平时消防救援队不仅要提高自身的洗消技术业务水平，做到人人能消，人人会消；同时，还要加大宣传力度，提高群众的自己洗消水平。消防救援队在事故现场不仅要有效地组织洗消，还要指导警戒区内受污染的轻微的群众进行自己洗消，以满足危险化学品事故现场对应急洗消的需要。

二、洗消方法

1. 化学洗消法

化学洗消法是利用消毒剂与有毒化学物质发生化学反应，改变化学毒物的化学性质，使之成为无毒或低毒物质，从而达到消毒的目的。常用的化学洗消方法如下：

（1）中和洗消法　中和洗消法是利用酸和碱发生中和反应的原理，来实施对酸或碱消毒的方法。

酸和碱都能强烈地腐蚀皮肤、设备，且具有较强的刺激性气味，吸入体内能引起呼吸道和肺部的伤害。如果有强酸大量泄漏，可用碱液如氢氧化钠水溶液、碳酸钠水溶液、氨水、石灰水等实施洗消。如果大量碱性物质发生泄漏如氨的泄漏，可用酸性物质中和消毒，如醋酸的水溶液、稀硫酸、稀硝酸、稀盐酸等。氨水本身是一种刺激性物质，用作消毒剂时其浓度不宜超过 10%，以免造成氨的伤害。无论是消毒酸还是消毒碱，使用时必须配制成稀的水溶液使用，以免引起新的酸碱伤害。强酸和强碱溶解于水时会放出大量的溶解热，因此配制水溶液时应将酸或碱慢慢地倒入水中，并不断搅动，使其散热。中和消毒完毕，还要用大量的水实施冲洗。

（2）氧化还原洗消法　氧化还原洗消法是利用氧化还原反应原理，使化学毒物的毒性得到降低或消除的消毒方法。

氧化还原反应的实质是反应物之间的电子转移，通过毒物电子的得失，使毒物中某些元素的价态发生变化，从而使毒物的毒性得到降低或消除。例如，硫醇、硫化氢、磷化氢、硫磷农药、含硫磷的某些军事毒剂等低价硫磷化合物，可用氧化剂如漂白粉、三合二（三次氯酸钙合二氢氧化钙）等强氧化剂，迅速将其氧化成高价态的无毒化合物。

（3）催化洗消法　催化洗消法是利用催化原理，在催化剂的作用下，使有毒化学物质加速生成无毒物的消毒方法。其实质是催化剂的加入改变了化学反应的途径，降低了化学反应的活化能，使化学反应加速进行，而催化剂本身的化学性质和数量在反应前后并没有发生变化。催化洗消法只需少量的催化剂即可，是一种经济高效，很有发展前途的化学消毒方法。

（4）络合洗消法　络合洗消法是利用络合剂与有毒化学物质快速络合，生成无毒的络合物，使原有的毒物失去毒性。

（5）燃烧洗消法　燃烧洗消法是通过燃烧来破坏有毒化学物质，使其毒性降低或失去毒性的消毒方法。对价值不大的物品实施消毒时可采用燃烧洗消法，但燃烧洗消法是一种不彻底的消毒方法，燃烧可能会使有毒化学物质挥发，造成邻近或下风方向空气污染，故使用燃烧洗消法时洗消人员应采取相应的防护措施。

化学洗消法是较为彻底的消毒方法，但也具有很多局限性，一种洗消剂往往只对某种或几种毒剂作用，不能适合大多数毒剂的洗消；反应受温度影响较大，温度越低，反应速率越慢，在寒冷季节必须加热以提高反应速率；使用化学洗消方法，一般需使用过量的消毒剂，在后勤保障及经济性方面加重了负担。

2. 物理洗消法

物理洗消法是利用物理的手段，如通风、稀释、溶解、收集输转、掩埋隔离等，将染毒体的浓度降低、泄漏物隔离封闭或清离现场，达到消除毒物危害的方法。常用的物理洗消法如下：

（1）吸附洗消法　吸附洗消法是利用具有较强吸附能力的物质来吸附化学毒物，如活性白土、硅胶、活性炭等。吸附洗消法是将吸附剂布洒在染毒表面，将毒剂转移到吸附剂中，从而达到消毒目的。吸附洗消法的优点是操作简单，吸附剂没有刺激性和腐蚀性，对各种液体毒剂吸附剂没有选择性，来源广泛，适用于人员的自消。其缺点是消毒效率较低，只适于液体毒物的局部消毒，同时吸附剂不能破坏毒剂，用过的吸附剂为染毒物质，必须做进一步消毒处理。

（2）通风洗消法　通风洗消法是采用通风的方法，使局部区域内的有毒气体或有毒蒸气浓度得到降低的消毒方法。通风洗消法一般适用于局部空间区域的消毒，如车间内、库房内、污水井内、下水道内等。根据局部空间区域内有毒气体或蒸气浓度的高低，可采用自然通风或强制通风的消毒措施。采用强制通风消毒时，局部空间区域内排出的有毒气体或蒸气不得重新进入局部空间区域。若采用机械排毒通风的方法实施消毒，排毒口应根据有毒气体或有毒蒸气的相对密度的大小，来确定排毒口的具体位置。采用机械通风排毒时，若排出的毒物具有燃爆性，排毒设备必须防爆。

（3）溶洗洗消法　溶洗洗消法是指用棉花、纱布等浸以汽油、酒精、煤油等溶剂，将染毒物表面的毒物溶解擦洗掉。此种消毒方法消耗溶剂较多，消毒不彻底，多用于精密仪器和电子设备的消毒。

（4）机械转移洗消法　机械转移洗消法是采用除去或覆盖染毒层的办法，也可将染毒物密封移走或密封掩埋，使事故现场的毒物浓度得以降低。例如，用推土机铲除并移走染毒的土层或雪层，用沙土、水泥粉、炉渣等对染毒地面实施覆盖等。对消除放射性污染，这是最常用的洗消方法。对于消毒胶黏毒剂，进行剥离铲除是非常必要的先行工作。机械转移洗消法不仅可用人工方法，也可使用工程机械。但需要充足的时间、人力和设备，只适合在没有或缺少洗消装备的情况下作为辅助方法使用。

（5）冲洗洗消法　冲洗洗消法是用水冲洗染毒物的表面，使毒物与物体表面脱离，并随水一起被清除，从而达到消毒的目的。在采用冲洗洗消法实施消毒时，若在水中加入某些洗涤剂，如洗衣粉、肥皂、洗涤液、表面活性剂之类的物质，冲洗效果更好。冲洗洗消法的优点是操作简单，腐蚀性小，冲洗剂价廉易得。其缺点是水耗量大，处理不当会使毒剂扩散和渗透，扩大染毒区域的范围。

（6）蒸发洗消法　将染毒的表面暴露在热气流中使化学毒剂蒸发，从而达到消毒的目的。理论上所需的最低能量由化学毒剂的沸点、蒸发潜热以及沾染毒剂的热容量所决定。对车辆内部、精密仪器的消毒，该方法是比较理想的方法。在寒冷地区，热空气消毒也许是最令人满意的消毒方法。蒸发消毒虽然可使部分毒剂受热分解，但大部分毒剂将转变成更加活跃的染毒空气，对下风区域有威胁。实施时，应根据大气扩散模式和毒剂种类，估算出危害范围和程度，进行合理的指挥和防护。

（7）反渗透洗消法　指采用具有选择透过性的薄膜，在压力推动下使水透过而其他物质滞留的过程。反渗透主要用于水源消毒，用一定的压力把染毒的水通过特殊的半透膜，透过半透膜将会出来干净的可供饮用的水。反渗透消毒的最大优点是高效节能，分离范围广。

物理洗消法在洗消过程中不破坏毒剂的分子结构，只是通过溶洗、吸附、蒸发和渗透等措施将毒剂从染毒对象上清除掉。物理洗消法俗称"搬家"，其实质是通过将毒物的浓度稀释至其最高容许浓度以下，或防止人体接触来减弱或控制毒物的危害，采用的洗消剂（或其他消毒介质如热空气、高压水）不能与毒剂发生化学反应。其突出特点是通用性好，洗消时可不用考虑毒剂的化学结构，但是它只适合于临时性解决现场毒物的危害，清除下来的毒剂可能对地面和环境造成二次危害，需要进行二次消毒。

3. 生物洗消法

生物洗消法是利用酶、微生物等生物材料和生物技术，使有毒有害化学品和有害微生物转化为低毒或无毒物质的洗消方法。常用的生物洗消法有酶洗消法、微生物洗消法。生物酶洗消剂是利用生物发酵培养得到的一类高效水解酶，其主要原理是利用降解酶的生物活性快速高效地切断磷脂键，使不溶于水的毒剂大分子降解为无毒且可以溶于水的小分子，从而达到使染毒部位迅速消毒的目的，并且降解后的溶液无毒，不会造成二次污染。生物酶洗消剂与传统的化学反应型洗消剂相比，具有快速、高效、安全、环境友好、用量少、后勤负担小等独特的优点。

4. 自然消毒法

自然消毒法是靠风吹日晒的自然消毒，它包括物理、化学和生物等多方面的复杂过程。利用自然消毒，需要指挥员有丰富的关于毒剂、有毒有害化学品和有害微生物的自然降解与气候地理等条件的关系方面的知识。

三、洗消药剂

洗消药剂是化学毒剂消毒剂、放射性沾染消除剂、生物战剂灭菌剂的总称。洗消药剂是能消除核生化污染的化学物质。凡能与化学毒物作用，使其失去毒性或毒性降低的化学物质均统称为消毒剂。按一定比例将消毒剂溶于溶剂中，而配成的溶液称为消毒液[10,11]。

1. 洗消药剂的分类

（1）按作用特点分类　根据洗消剂与沾染物的作用特点，可将洗消剂分为反应型洗消剂和吸附型洗消剂，前者主要包括酸碱型洗消剂和氧化还原型洗消剂。酸碱型洗消剂是利用酸碱中和反应的原理消除沾染物。吸附型洗消剂不同于反应型洗消剂，是利用固体吸附剂的吸附性把沾染物从染毒表面上除去，从而达到消毒目的，这类洗消剂包括活性白土、纳米氧化物等。另外，其他具有较强吸附能力的物质，如毛巾、棉花、木屑等在应急情况下也可以作为吸附剂使用，使沾染物尽可能被收集转移。

（2）按洗消剂状态分类　洗消剂依据状态可分为"气、液、固"三种单相及其复相剂型。其中，"泡沫"消毒剂为气液两相；液体消毒剂包括水基和非水基消毒剂，"乳液"消毒剂为水油两相；"凝胶"消毒剂为溶液和固体的混合体，固体洗消剂包括"吸附型"和"吸附反应型"洗消剂。气相洗消剂包括臭氧（O_3）、二氧化氯（ClO_2）和过氧化氢（H_2O_2）蒸气等；水基洗消剂包括三合二、一氯胺和氢氧化钠等水溶液；非水基洗消剂包括 191、DS-2 和 GD-5 等；固相洗消剂包括活性白土、纳米氧化物等；泡沫洗消剂包括 CASCAD 和 MDF200 等；乳液洗消剂包括二甲苯乳液等；凝胶洗消剂包括 $CuSO_4$-oxone-硅凝胶和 $FeSO_4$-H_2O_2-oxone-硅凝胶等。

2. 常用洗消药剂的种类

（1）氧化氯化洗消剂　这类洗消剂主要有次氯酸盐类洗消剂和氯胺类洗消剂，适用于低价有毒而高价无毒的化合物的消毒。

a. 次氯酸盐类。次氯酸盐类洗消剂主要用于对地面、道路、建构筑物、水域、空气甚至器材装备的大面积消毒。由于其具有一定腐蚀性和刺激性，故不能对精密仪器、电子设备及不耐腐蚀的物体表面洗消。次氯酸盐类洗消剂既可配成水的悬浊液使用，也可以粉状形式使用。以粉状形式使用时，要注意可能与某些有机物作用猛烈而引起燃烧。

常见的次氯酸盐类洗消剂有三合二[$3Ca(OCl)_2 \cdot 2Ca(OH)_2$]、漂白粉。漂白粉由于经济、易得而被广泛使用按 1:1 或 1:2 体积比调制的漂白粉水浆，可以对混凝土表面、木质以及粗糙金属表面消毒。按 1:5 调制的悬浊液可以对道路、工厂、仓库地面消毒。漂白粉除有消毒能力外，还有灭菌能力。漂白粉的水溶液释放出有效氯，破坏细菌代谢酶的活性而起杀菌作用。0.03%～0.15%用于饮水消毒；1%～3%喷洒或擦拭消毒；0.5%浸泡餐具消毒；干粉用于粪便的消毒。

b. 氯胺类。氯胺类消毒剂其刺激性和腐蚀性较小，主要用于对人员皮肤的消毒，一般配成稀溶液使用。

常见的氯胺类消毒剂主要有一氯胺、二氯胺。18%～25%的一氯胺水溶液

（含有效氯 4%～5%）用于对人员的皮肤消毒（这是指低价硫毒剂毒物，以下同）。5%～10%一氯胺酒精溶液可对精密器材消毒。可用 0.1%～0.5%的一氯胺水溶液对眼、耳、鼻、口腔等消毒。用 10%的二氯胺二氯乙烷溶液对金属、木质表面消毒（指对低价硫化合物）消毒后 10～15min，用氨水等碱性物质破坏剩余的二氯胺，然后用水擦拭，清洗物体表面，晾干后上油保养。在没有一氯胺的情况下，也可用 5%二氯胺酒精溶液对皮肤和服装消毒，消毒后 10～15min 用清水冲洗干净。

（2）酸碱中和型洗消剂　酸碱中和型洗消剂主要包括碱性洗消剂和酸性洗消剂。

a. 碱性洗消剂。碱性洗消剂包括强碱性洗消剂、弱碱性洗消剂、碱性盐洗消剂。

强碱性洗消剂主要用于对地面、道路、建构筑物、水域的洗消。常用的如氢氧化钠、氢氧化钾等，洗消时需配成稀的水溶液，水溶液的浓度一般控制在 5%～10%。对于氢氧化钠，通常采用 5%～10%的水溶液对硫酸、盐酸、硝酸中和洗消。此外，5%的氢氧化钠水溶液是常用的除漆剂。

最常用的弱碱性洗消剂是氨水。市售的氨水浓度在 10%～25%之间。不同的氨水凝固点不同，浓度越大，凝固点越低。因此，氨水可在冬季使用，也是较好的中和型洗消剂。

碱性盐洗消剂主要有碳酸钠、碳酸氢钠、乙醇钠和碱醇胺等，一般配成水溶液使用。碳酸钠腐蚀性比氢氧化钠小，可对皮肤、服装上染有的酸消毒。碳酸氢钠用于强酸（硫酸 H_2SO_4、盐酸 HCl、硝酸 HNO_3）、氯气、氯化氢、农药大量泄漏的洗消，既可配成水的悬浊液使用，也可以粉状形式使用。与水混合时，制成 5%～10%碳酸氢钠溶液进行现场中和洗消。其水溶液呈弱碱性，对人员皮肤的刺激性很小，通常用 2%的碳酸氢钠水溶液来洗口、洗眼、洗鼻等。碱醇胺洗消剂是将苛性碱（氢氧化钠或氢氧化钾）溶解于醇中，再加脂肪胺配制成的多组分溶液。由于碱醇胺对环境有污染，本身有一定毒性，所以逐渐被其他洗消剂所取代。

b. 酸性洗消剂。酸性洗消剂可分为强酸性洗消剂和弱酸性洗消剂。强酸性洗消剂主要有稀硫酸、稀盐酸和稀硝酸，弱酸性洗消剂主要有苯酚、醋酸和碳酸等。弱酸的稀溶液可对人员的皮肤实施消毒，强酸在实施消毒时必须配成稀溶液，中和后需用大量的水冲净，以免引起酸的伤害。

（3）溶剂型洗消剂　溶剂型洗消剂主要有水、酒精、汽油和煤油等。

a. 水。水是洗消中最常用的溶剂，大部分洗消剂都用水作溶剂调制洗消液。水除了可用作溶剂外，还能直接破坏某些毒物的毒性（用水浸泡、煮沸，使其水解），也可用水来冲洗污染物体。在冬季，为了防冻，可以在水中加入适量的防冻剂以降低凝固点。常用的防冻剂有氯化钙、氯化镁、氯化钠等，用量应随气温变化情况而定。

b.酒精。酒精能溶解一些洗消剂，也可溶解一些有毒有害物质。洗消时，可用酒精或酒精水溶液来调制洗消液，也可用酒精直接擦拭消毒灭菌。

c.煤油和汽油。煤油和汽油能溶解一些有毒有害物质，特别是有机的、黏度高的化合物。

（4）吸附型洗消剂　吸附型洗消剂是利用其较强吸附能力来吸附化学毒物，从而达到洗消的目的，常用的有活性炭、活性白土等。这些吸附型洗消剂虽然使用简单、操作方便，本身无刺激性和腐蚀性，但是消毒效率较低，还存在吸附的毒剂在解吸时二次染毒的问题。

（5）新型洗消剂　新型洗消剂有比亚酶洗消剂、中国"催化-氧化"泡沫洗消剂、敌腐特灵、乳状液洗消剂和反应型吸附洗消粉、特利沃瑞克斯、GD-6雾化洗消剂、美国SNL泡沫（DF-2000）洗消剂和美国L凝胶洗消剂等[12-15]。

a.比亚酶洗消剂。"比亚有机磷降解酶"是我国"863"高技术研究发展计划重大生物工程成果。洗消原理是利用降解酶的生物活性快速高效地将高毒的农药大分子降解为无毒的可以溶于水的小分子，可用作有机磷农药、甲胺磷和氧乐果的降毒。

b.中国"催化-氧化"泡沫洗消剂。该洗消剂对已知化学毒剂、生物战剂和一些有毒工业品均具有良好洗消效果。其由固体过氧化物与金属离子形成催化-氧化泡沫消毒体系，呈弱碱性，泡沫可增强毒物的溶解度、提高消毒剂在表面上的附着力、减少消毒剂用量、降低废液的产生量，有显著的环境友好特性，消毒快速高效，携行方便安全。

c.敌腐特灵。敌腐特灵是法国开发的一种酸碱两性的螯合剂，能与侵入人体表面的化学物质结合，生成物质为中性，然后将其排出。它是一种眼睛及皮肤化学溅触的水性除污剂，可以有效除去600种化学物质，包括酸、碱、氧化剂及还原剂、刺激物、催泪瓦斯、溶剂、烷基化合物。敌腐特灵无毒，无刺激性，无腐蚀性，是一种适用于化学灼伤的多用途溶剂。

d.乳状液洗消剂和反应型吸附洗消粉。将洗消活性成分制成乳液、微乳液或微乳胶，可以降低次氯酸盐类洗消剂的腐蚀性。这类洗消剂有德国以次氯酸钙为活性成分的C8乳液洗消剂以及意大利以有机氯胺为活性成分的BX24洗消剂等。改进后的氯化、氧化洗消剂腐蚀性显著降低，而且因洗消剂黏度较单纯水溶液大，可在洗消表面上滞留较长时间，从而减少了洗消剂用量，提高了洗消效率。为了提高吸附型洗消粉反应性能，美国、德国进行了大量研究，主要是将一些反应活性成分（如次氯酸钙）或催化剂，通过高科技手段均匀混入已装备的吸附洗消粉中，所吸附的毒剂会被活性成分消毒降解，这在一定程度上解决了毒剂解吸造成二次染毒的问题。

e. 特利沃瑞克斯。它可用于任何一种泄漏化学液体洗消。应用时，事先无须确认物质类别，可快速与化学物质中和。对于酸和碱，中和完成后，液体变回黄绿色；接着由于胶凝作用，化学物质被包裹在一层分子网膜内；最后化学物质被固化而易于移走。

f. GD-6 雾化洗消剂。GD-6 是一种不导电，不溶于水，对人体和环境没有危害的生化洗消剂，在同等消毒效果下，用量仅相当于 DS-2 的 10％，且 GD-6 非常稳定，储存期可达 10 年。可以直接对开放环境、基础设施、毒气云团、屋内屋外、车体内外、大型装备、精密仪器等进行洗消，紧急时还可以直接对着人体洗消。GD-6 能洗消绝大多数已知的化学战剂、生物战剂、致病微生物及大部分工业毒气。

g. 美国 SNL 泡沫（DF-2000）洗消剂。由美国圣地亚国家实验室 20 世纪 90 年代末开发研制，被誉为核生化反恐第一响应洗消剂，对 HD（芥子气）、VX（维埃克斯）、GD（梭曼）和生物战剂均具有良好的消毒效果。

h. 美国 L 凝胶洗消剂。对 VX、细菌、病毒具有广谱消毒作用，用量仅 $0.2L/m^2$ 左右。从应用角度，凝胶体系较泡沫更有优势，表现在黏附性好，用量少，凝胶自动龟裂而脱落，无污染，具有很好的黏度性质和触变性，适合垂直表面和天花板消毒，可用于受染的大型体育场馆等设施。

3. 洗消剂的选用原则

洗消剂的种类繁多，对特定的化学毒物在进行现场洗消时，应根据化学毒物的种类、泄漏量、性质、状态及被污染或洗消的对象等因素，综合考虑洗消方法的选择。总体来说，本着"净、快、省、廉、易、稳、安"的原则进行优化。"净"是指洗消剂的消毒效果要彻底，"快"是指洗消剂的消毒速度要快，"省"是指洗消剂的用量要少，"廉"是指洗消剂的价格要尽可能低廉，"易"是指洗消剂要易于得到，"稳"是指洗消剂在运输和储存过程中要具有较好的稳定性，"安"是指洗消剂本身对于人员、器材装备不构成不安全因素。

四、洗消工作的实施

1. 洗消等级与方式

（1）洗消等级　洗消的目的是保障生存、维持和恢复救援能力。与此相对应，洗消可分为局部洗消和全面洗消两个等级。

a. 局部洗消。局部洗消是以保障生存、维持救援能力为目的所采取的应急措施，通常由染毒分队指挥员组织染毒分队利用自身配备的制式洗消装备或就便器材自行洗消。局部洗消的范围包括染毒人员、染毒装备上的必要部位和有限的活动区域。其洗消顺序一般为：皮肤洗消，个人服装、面具、手套的洗消，装备的操作部位及活动区域的洗消。局部洗消所使用的洗消剂应具有多效性，即洗消时不必鉴别危险化学品的种类而直接使用，这样才能保证快速完成洗消工作。局部洗消完成后，人员不能解除防护，可以使人员在救援时不直接接触致死性沾染，并防止污染的扩散。

b. 全面洗消。全面洗消也称彻底洗消，是以恢复救援能力、重建生存条件为目的所采取的应急措施。全面洗消包括对染毒人员、染毒服装、染毒车辆、染毒装备、染毒地域和染毒建（构）筑物等的彻底洗消。全面洗消通常是在局部洗消后，根据指挥部的指示，在洗消专业分队开设的洗消站进行。全面洗消应有充分的时间和后勤保障，要有洗消专业分队的技术保障。全面洗消后，人员可以解除防护，但要定期对染毒情况进行检测和观察人员是否有中毒症状。

（2）洗消方式　根据危险化学品事故应急救援的要求，洗消大体上可以分为固定洗消和移动洗消两种方式。

a. 固定洗消。固定洗消是开设固定洗消站，接受被污染对象前来消毒去污的一种洗消方式，适宜于洗消对象数量多、洗消任务繁重时采用。固定洗消站一般设人员洗消场和车辆装备洗消场，并根据地形条件及洗消站需占用的面积划定污染区与洁净区，污染区应位于下风方向。

固定洗消站一般应设在便于污染对象到达的非污染地区，并尽可能靠近水源，洗消场地可在应急准备阶段构筑完成。固定洗消站可按照洗消任务量及洗消对象的情况，全面启动或部分启动。洗消站应在被污染对象进入处设置检查点，确定前来的对象有无洗消的必要或指出洗消的重点部位。由洗消站派出的作业人员在被污染对象的集合点清点其数量，并会同运送被污染对象的负责人，将被污染的人员分成若干组，或将被污染的器材装备分成若干批，根据洗消站的容量和作业能力，确定每次进入洗消站的数量，使消毒去污工作有秩序地进行。

b. 移动洗消。移动洗消是利用移动洗消装备对需要紧急处理的染毒对象实施消毒去污的一种洗消方式。特别是对于在危险区域完成工程抢险、消防任务而严重被污染的人员，需要及时进行洗消，如果令其前往固定洗消站进行洗消，就会耽误时机，造成较严重的伤亡后果。为此，洗消分队应派出洗消装备和作业人员随同工程抢险人员、消防救援队伍行动，在危险区域边界外开设临时洗消点。临时洗消点可同时接受被污染伤员的洗消工作。

2. 洗消准备

（1）建立洗消小组　根据现场洗消工作需求，视情况组建若干洗消小组。每个洗消小组至少由 5 名队员组成，其中，组长 1 名，检测人员 2 名，指导协助洗消人员 2 名。对于洗消量大，洗消持续时间长的现场，洗消人员应做好轮换工作。依据泄漏事故不同危险区域和毒物的毒性，洗消人员采取相应的安全防护等级与标准。

（2）划分洗消场地　洗消场地主要用于污染人员和污染装备的洗消。洗消场地应设置在危险区以外、上风向的安全区内，且靠近危险区边界，出入口应有明显的标识，并有检测人员。根据洗消量的大小及地形条件，将洗消场地划分为待洗区、洗消区、观察区，洗消现场示意图如图 5-26 所示。

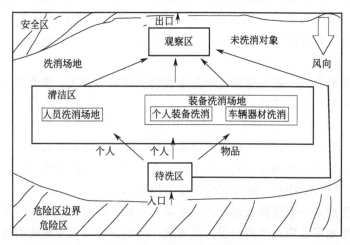

图 5-26　洗消现场示意图

不同区域的设置要求及功能：a. 待洗区应位于下风方向，负责对污染人员、污染装备的评估，筛选出洗消对象，编配人员和物品，并将不需要洗消的送至观察区；b. 洗消区应选择在地势平坦、水源充足的区域，负责对洗消对象进行洗消；c. 观察区应设置在交通便利的区域，负责未洗消对象的观察，完成洗消的人员和装备的检测，以及个人物品、装备的重新组合。采用固定洗消时，洗消站应设置在洗消场地内的洗消区，洗消站包括人员洗消场地和装备洗消场地。采用移动洗消时，临时洗消点应根据污染人员、污染装备的洗消需要，在洗消区内临时确定。

（3）展开洗消装备　做好洗消车辆、器材的准备工作，主要包括以下内容：a. 检查洗消车辆、器材；b. 卸下装备，连接设备，使洗消车辆、器材达到待运行状态；c. 做好发电、送电、供水、供液的准备。

（4）准备洗消剂　主要包括确定洗消剂的用量和配制洗消液。

a. 洗消剂用量的确定。明确污染物的种类时，根据污染物与洗消剂发生物理或化学作用的对应关系，确定洗消剂的理论用量；实际用量应考虑配制及洗消过程中的损失，可为理论用量的 1.5～2.0 倍。不能确定污染物的种类或多种污染物共存时，可利用消防站配备的有机磷降解酶、漂白粉等洗消剂，根据洗消剂的日消耗量和洗消的任务量来估算。

b. 洗消液的配制。首先根据受染对象和洗消要求，确定洗消液的浓度；然后根据洗消液的用量，分别计算洗消剂和溶剂的用量；最后依据洗消器材的不同，将洗消剂和溶剂按比例进行配制。

3. 洗消行动的实施

（1）染毒人员的洗消　人员的洗消需要大量的洁净热水，有条件的单位可通过洗消装置或喷洗装置对人员进行喷淋冲洗。对人员洗消的场所必须密闭，同时要保障大量的热水供应。染毒人员洗消完毕经检测合格后，方可离开洗消站。否则，染毒人员需要重新洗消、检测，直到检测合格。

对皮肤的洗消，可按吸、消、洗的顺序实施。先用纱布、棉花或纸片等将明显的毒剂液滴轻轻吸掉；然后用细纱布浸渍皮肤消毒液，对染毒部位由外向里进行擦拭，重复消毒 2～3 次；数分钟后，用纱布或毛巾等浸上干净的温水，将皮肤消毒部位擦净。人员皮肤局部染毒后，也可立即拍撒消毒粉，停留 1～3min 后，用泡沫塑料擦拭并除去，需要重复 3 次；然后用细纱布浸渍皮肤消毒液，对染毒部位由外向里进行擦拭，重复消毒 2～3 次；数分钟后，用纱布或毛巾等浸上干净的温水，将皮肤消毒部位擦净。

眼睛和面部的洗消要深呼吸，憋住气，脱掉面具，立即用水冲洗眼睛。冲洗时，应闭嘴，防止液体流入嘴内。对面部和面罩，可将皮肤消毒液浸在纱布上，进行擦拭消毒，然后用干净的温水冲洗干净。

伤口染毒时，必须立即用纱布将伤口内的毒剂液滴吸掉。肢体部位负伤，应在其上端扎上止血带或其他代用品，用皮肤消毒液加数倍水或用大量清水反复冲洗伤口，然后包扎。

对人员实施洗消时，应依照伤员、妇幼、老年、青壮年的顺序安排洗消。参战人员在脱去防护服装之前，必须进行彻底洗消，经检测合格后方可脱去防护服装。

(2) 服装及装具的洗消　服装及装具的洗消，可利用人员消毒包或其他方法进行紧急局部消毒，关键要将服装上的毒剂液滴清除；还可以采取多种方法对服装、装具进行全部消毒。

a. 自然消毒。自然消毒是利用自然条件（如风吹、雨淋、日晒等）引起毒剂解吸附、挥发和分解的消毒方法，适合于被易挥发有毒气体污染的透气式防毒服，不需专门装备，简便、易行，但对空气有污染。

b. 消毒粉消毒。消毒粉为白色粉末，不溶于水和有机溶剂，无腐蚀性，具有多孔结构，可吸附各种液态毒剂。人员服装局部染毒后，消毒人员应全身防护，迅速将消毒粉均匀拍撒在染毒部位，停留 1～3min 后，揉擦数十次，拍打干净，然后再重复两次上述消毒过程，消毒粉用量为 1g/10cm^2。消毒时，人员应全身防护，应站在上风方向，并经常变换位置，以免造成重新染毒。

c. 药剂/水淋消毒。该方法适合于隔绝式防护器材消毒。通过淋浴或喷枪将药剂分散在防护服表面，保持一定时间后，用清水冲洗。根据污染类型可选择适合的洗消剂，需专门的洗消装备，会产生洗消废水。

d. 高温煮沸消毒。将染毒的服装、装具放在沸水中煮，使毒剂发生水解的消毒方法。通常在水中加入 2% 碳酸钠，用于中和酸性和破坏毒性，加速水解。可用专门洗消装备或其他容器（如盆、桶）与热水等组合进行消毒。合成纤维、毛皮、皮革、活性炭布等不适合煮沸消毒。

e. 蒸气熏蒸消毒。该方法适合于易分解、易反应的毒剂污染物和各种服装消毒。在密闭空间，采用湿热蒸气、反应型气雾剂等对受染装具进行熏蒸消毒，根据洗消对象选择温度和洗消剂。

f. 热空气洗消法。利用热空气的热效应使沾染在服装、装具上的毒剂蒸发掉的消毒方法。消毒时，将染毒的服装、装具悬挂在密闭的消毒室内，向室内通入热空气，使吸附的毒剂受热蒸发。消毒室每隔 0.5～3min 换气一次，排出蒸发的毒气。房间、地坑、帐篷等均可作为消毒室。

(3) 精密敏感设备洗消　精密敏感设备主要指电子、光学、音像、通信、数字化设备等。此类设备精密、价值昂贵，甚至内部存有极为重要的文件信息，设备染毒后不能使用有腐蚀性的洗消剂及水进行洗消处理。

对忌水的精密仪器设备，可用药棉蘸取洗消剂反复擦拭，经检测合格，方可离开洗消场。也可采用非水反应型气雾剂消毒技术，热空气流吹扫技术，真空负压热空气组合技术实施洗消。

(4) 器材装备的洗消　由于不同的器材装备的材质不同，因此，洗消方法也有差异。对金属、玻璃等坚硬的材料，毒物不易渗入，只需表面洗消即可；对木质、橡胶、皮革等松软的材料，毒剂容易渗透，需要多次进行洗消。在洗消时，应根据不同的材料，确定消毒液的用量和消毒次数。

对器材装备的局部，若进行擦拭消毒，应按自上而下，由前至后，自外向里，分段逐面的顺序，先吸去明显毒剂液滴，然后用消毒液擦拭 2～3 次，对人员经常接触的部位及缝隙、沟槽和油垢较多的部位，应用铁丝或细木棍等缠上棉花或布，蘸消毒液擦拭。消毒 10～15min 后，用清水冲洗干净，并擦干上油保养。

对染毒器材若采用喷洗或高压冲洗的办法实施洗消，其洗消顺序一般为：a. 集中染毒器材实施洗消液的外部喷淋或高压冲洗；b. 用洗消液对染毒器材的内部冲洗；c. 将染毒器材可拆卸的部件拆开，并集中用洗消液喷淋或冲洗；d. 用洁净水冲洗后，检测合格；e. 擦拭干净上油保养，并驶离洗消场。经检测不合格的器材，应重新洗消。

对染毒车辆的洗消应使用高压清洗机、高压水枪等射水器材，实施自上而下的洗消。特别对车辆的隐蔽部位、轮胎等难以洗涤的部位，要用高压水流彻底消毒。各部位经检测合格，上油保养后，方可驶离现场。

（5）危险化学品事故发生区及染毒区的洗消　对危险化学品事故发生区及染毒区的洗消包括对泄漏对象、道路、地面、树木、建构筑物表面和水源的消毒处理。针对不同介质的染毒区，可以采用的化学洗消方法是：a. 对于有毒泄漏介质，将石灰粉、漂白粉、三合二等溶液喷洒在染毒区域或受污染物体表面，进行化学反应，形成无毒或低毒物质；b. 对于酸性腐蚀性泄漏介质，用石灰乳及氢氧化钠、氢氧化钙、氨水等碱性溶液喷洒在染毒区域或受污染物体表面，进行化学中和；c. 对于碱性腐蚀性泄漏介质，用稀硫酸等酸性水溶液喷洒在染毒区域或受污染物体表面，进行化学中和；d. 其他类危险化学品泄漏，若没有其他毒性和腐蚀性，一般不用洗消。

对危险化学品事故发生区的消毒作业必须周密组织。对液体泄漏毒物必须在毒物泄漏得到控制后，才能开始实施洗消。如果染毒面积较小，有可能全面消毒时，可以根据消毒面积的大小，由洗消专业组织统一指挥，集中可使用的洗消车辆，将消毒区划分成若干条和块，一次或多次反复作业。注意，对事故发生区进行洗消，不宜集中过多的车辆，应该采用轮番作业的方法。为了保障抢修、抢险工作的顺利实施，在事故发生区开辟消毒通道的方法经常被采用。此时，只需 1～2 辆消防车即可完成任务。如果需要进行地面消毒的范围很小，不必使用洗消车辆，应由洗消专业组织派出洗消作业人员携带轻便洗消器材进行处理。对建构筑物表面和高源点附近设施表面的洗消作业，应充分发挥高压水枪、高压清洗泵的作用。

参考文献

[1] GB/T 29179—2012. 消防应急救援 作业规程［S］.

[2] XF/T 970—2011. 危险化学品泄漏事故处置行动要则［S］.

[3] 公安部消防局. 危险化学品事故处置研究指南［M］. 武汉：湖北科学技术出版社，2010.

[4] 李向欣. 有毒化学品泄漏事故应急疏散决策优化模型研究［J］. 安全与环境学报，2009，9（1）：123-126.

[5] 李向欣. 流动危险源泄漏事故应急疏散决策［J］. 武警学院学报，2010，26（8）：1-4.

[6] 李向欣. 有毒化学品泄漏事故最佳疏散路径研究［J］. 武警学院学报，2013，29（6）：26-28.

[7] 辛晶，陈华，李向欣，等. 有毒化学品泄漏事故应急防护行动决策探讨［J］. 中国安全生产科学技术，2012，8（2）：93-96.

[8] 邵建章. 化学侦检技术［M］. 北京：中国人民公安大学出版社，2014.

[9] 卢林刚，李向欣，赵艳华. 化学事故抢险与急救［M］. 北京：化学工业出版社，2018.

[10] 吴文娟，张文昌，牛福，等. 化学毒剂侦检防护与洗消装备的现状与发展［J］. 国际药学研究杂志，2011，38（6）：414-427.

[11] 卢林刚，徐晓楠. 洗消剂及洗消技术［M］. 北京：化学工业出版社，2014.

[12] 卢林刚，李冠男，刘鲁楠，等. 新型改性膨润土吸附剂的制备及对苯酚的吸附性能［J］. 河北师范大学学报（自然科学版），2015，39（1）：53-57.

[13] 卢林刚，战世翠，李焕群. 几种不同试剂洗消氨水的实验［J］. 消防科学与技术，2018，37（7）：884-887.

[14] 卢林刚，李向欣，石兴隆. 新型改性膨润土洗消剂对苯胺和硝基苯洗消性能的实验研究［J］. 消防科学与技术，2019，38（6）：853-856.

[15] 李向欣，卢林刚，石兴隆. 改性钠基膨润土制备及对苯胺吸附性能的优化［J］. 科学技术及工程，2019，19（16）：388-392.

第六章

危险化学品消防事故处置装备

第一节　侦检装备

　　侦查检测是危险化学品事故处置的首要环节。通过侦查检测获得事故现场化学品相关数据和结果是科学、安全处置危险化学品事故的前提[1]。通常侦检工作由消防队伍、专业化学品处置队伍和化学分析实验室完成。专业化学品处置队伍可携带便携侦检装备现场对泄漏物质进行快速检测、定性分析。

一、气体检测管

　　气体检测管（简称检气管）是一种填充显色指示剂的细玻璃管，利用化学试剂与载体制成的指示剂与被检测气体发生化学反应，使指示剂的颜色发生变化，根据颜色的变化进行定性鉴定，根据变色柱长度或颜色的深度进行定量测定。气体检测管检测法具有检测灵敏度较高、测定速度快、定性能力强、检测成本低、便于携带等特点，是一种应用十分广泛的气体快速检测技术。

1. 气体检测管的结构
　　气体检测管一般由玻璃管、堵塞物、保护剂和指示剂组成，玻璃管两端熔封。其基本结构如图 6-1 所示。

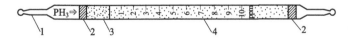

图 6-1　检气管的基本结构

1—玻璃管；2—堵塞物；3—保护剂；4—指示剂

　　a. 载体。载体是比表面较大、具有一定吸附能力的粒状物质，作用是将化学试剂吸附在其表面上。装入玻璃管中的载体颗粒间要留有空隙，能让气体通过并与指示剂有足够的接触时间，以便发生化学反应，使指示剂发生颜色变化。用于检气管的载体应具备不与被测气体和所用试剂发生化学反应，质地较牢固，能被粉碎成一定大小的颗粒，呈白色、多孔或表面粗糙的固体形态等特点。最常用的载体为硅胶和素陶瓷，有时也用浮石、活性氧化铝、石英砂等。

　　b. 指示剂。能与被测气体发生颜色反应的物质，并且尽量在较小的载体表面上能与最小量的被测气体作用，生成明显的带色物质。制备指示剂时载体上的试剂量对变色柱长度或颜色深度影响相当大，增加试剂量可使变色柱长度缩短或颜色加深，反之则增长或变浅。载体的粒度对变色柱长度、界限清晰与否也有影响，粒度大，抽气阻力小，变色柱长，界限不清晰；粒度小，抽气阻力大，变色柱短，界限清晰。常用检气管的指示剂及其颜色变化等见表 6-1。

　　c. 保护剂。防止干扰物质与指示剂发生反应而产生干扰和防止指示剂吸收水分而变质，采用能与干扰物质发生反应而不与被测气体发生反应的试剂作保护剂。

表 6-1　几种常用检气管的基本情况

检气管	灵敏度 /(mg/m³)	抽气量 /mL	抽气速度 /(mL/s)	颜色变化	指示剂	类型
一氧化碳	20	450	1.5	黄→绿→蓝	硫酸钯、硫酸铵、硫酸、硅胶	比色型
二氧化碳	400	100	1.5	蓝→白	百里酚蓝、氢氧化钠、氧化铬	比长型
二氧化硫	10	100	0.5	棕黄→红	亚硝基铁氰化钠、氯化锌、乌络托品、素陶瓷	比长型
硫化氢	10	200	2	白→褐	醋酸铅、氯化钡、素陶瓷	比长型
氯	2	100	2	黄→红	荧光素、溴化钾、碳酸钾、氢氧化钠、硅胶	比长型
氨	10	100	2	红→黄	百里酚蓝、硫酸、硅胶	比长型
二氧化氮	10	100	1	白→绿	邻甲联苯胺、硫酸铜、硅胶	比长型
磷化氢	3	100	2	白→黑	硝酸银、硅胶	比长型
氰化氢	12	100	2	白→蓝绿	邻甲联苯胺、硫酸铜、硅胶	比长型
丙烯腈	14	100	2	白→蓝	邻甲联苯胺、硫酸铜、硅胶	比长型
苯	10	100	1	白→紫褐	发烟硫酸、多聚甲醛、硅胶	比长型

2. 检测管的分类

　　按测定对象分类有气体和蒸气检测管、气溶胶检测管和液体离子检测管。按测定方法分类有比长型检测管和比色型检测管。按测定时间分类有短时间检测管和长时间检测管。应用最多的是气体或蒸气瞬时浓度的比长型检测管和比色型检测管。

（1）比长型检测管　比长型检测管的测定原理是线性比色法，被检测气体通过检测管与指示剂发生有色反应，形成变色层（变色柱），变色长度与被测气体浓度成正比，通过检测管上已印制好的刻度即可得知被测气体的浓度。这类检测管灵敏度、准确度最高，应用最为广泛。

（2）比色型检测管　比色型检测管是通过一定体积的样品与指示剂产生的变色强弱度同标准色卡比较来确定被测气体的单位体积含量。

二、侦检纸（片）

侦检纸是用化学试剂处理过的试纸、合成纤维或其他合成材料压成的纸样薄片。其制作方法是先将试剂配成溶液，浸渍到纸基上，以适当的方法干燥，也有将试剂（要求有一定的稳定性，多数为染料）分散和纸浆一道制成试纸。当被测物与侦检纸接触后，侦检纸的颜色发生变化。根据颜色变化进行定性鉴定，确定被测物的种类；根据产生的颜色深度与标准比色板比较进行定量，测定被测物的浓度。

被测物与侦检纸接触的方式有自然扩散、抽气通过（需有抽吸装置）、滴在侦检纸上等。侦检纸既可在危险化学品事故现场使用，也可采样后离开现场进行检测。侦检纸检测化学物质的优点是操作简便、快速，可现场测定。缺点是精度较低，不宜久存。许多化学危险物质，如光气、氢氰酸、一氧化碳等，都可用侦检纸检测。常用侦检纸的显色剂及颜色变化见表 6-2。

表 6-2　常用侦检纸的显色剂及颜色变化

被测危险物质名称	显色剂	颜色变化
一氧化碳	氯化钯	白色→黑色
二氧化硫	亚硝酰铁氰化钠＋硫酸锌	浅玫瑰色→砖红色
二氧化氮	邻甲联苯胺	白色→黄色
二氧化碳	碘酸钾＋淀粉	白色→紫蓝色
二氧化氯	邻甲联苯胺	白色→黄色
二硫化碳	哌啶＋硫酸铜	白色→褐色
光气	对二甲氨基苯甲醛＋二甲苯胺	白色→蓝色
苯胺	对二甲氨基苯甲醛	白色→黄色
氨气	石蕊	红色→蓝色
氟化氢	对二甲基偶氮苯胂酸	浅棕色→红色
砷化氢	氯化汞	白色→棕色

被测危险物质名称	显色剂	颜色变化
硒化氢	硝酸银	白色→黑色
硫化氢	醋酸铅	白色→褐色
氢氰酸	对硝基苯甲醛＋碳酸钾（钠）	白色→红棕色
溴	荧光素	黄色→桃红色
氯	邻甲联苯胺	白色→蓝色
氯化氢	铬酸银	紫色→白色
磷化氢	氯化汞	白色→棕色

侦检纸检测化学物质时，其变色时间和着色强度与被测化学物质的浓度有关。被测化学物质的浓度越大，显色时间越短，着色强度越大；被测化学物质的浓度越小，显色时间越长，着色强度越小。

1. 一色纸

与军事毒剂液滴反应显示出一种特定颜色的侦检纸。用于发现沙林、梭曼、维埃克斯和芥子气。通过颜色斑点的出现能确定毒剂液滴存在，但不能区分毒剂的种类。

2. 三色纸

与军事毒剂液滴反应显示三种特定颜色，遇沙林（或梭曼）液滴显黄色斑点，遇维埃克斯显绿色斑点，遇芥子气显红色斑点。

3. 便携危险化学品检测片

便携危险化学品检测片佩戴于手腕、脚腕或上臂等上，方便观察，通过检测片的颜色变化检测周围环境中的有毒化学气体或蒸气，如图 6-2 所示。

三、可燃气体检测仪

可燃气体检测仪用于检测可燃气体或蒸气。消防救援队伍主要用可燃气体检测仪探测和记录灾害现场可燃气体浓度是否达到爆炸下限。大部分可燃气体检测仪都利用热线圈原理，当细丝线圈与可燃气体或蒸气接触时，线圈会被加热，又称为接触燃烧式。传感器是用纯度 99.999% 的铂丝（直径 0.05mm）绕成线圈，在氧化铝载体上均匀涂上催化剂，将载体均匀涂在线圈上，高温（约 1000℃）烧结，然后与烧结的温度补偿元件构成检测元件。当可燃气体或蒸气在检测元件表面受到催化剂的作用被氧化而发热，使铂丝线圈温度上升。温度上升的幅度和气体的浓度成比例，而线圈温度上升又和铂丝电阻值成比例

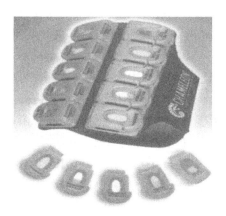

图 6-2 便携危险化学品检测片

变化。通过测定检测电路中电桥的电压差可测定出气体的浓度。电压输出与气体浓度成比例，直到爆炸下限，两者大约成直线关系。EX2000 可燃气体检测仪如图 6-3 所示。

图 6-3 EX2000 可燃气体检测仪

四、氧气检测仪

氧气检测仪主要用于检测火场上（特别是封闭场所内）氧气浓度是否能够满足呼吸要求；或采用封洞窒息灭火时，确定封闭空间内氧气浓度是否达到窒息条件；或在富氧火灾时确定氧气浓度。氧气检测仪有时与其他气体检测仪器制作在一体。其检测范围一般在 $0 \sim 25\%$，氧气浓度报警点设置在 19% 和 23%。

氧气检测仪常利用电化学原理中的原电池原理。传感器的检测元件是一个微型原电池，也称为伽伐尼电池，由阴极、阳极和内部的电解液构成。阴极为金、银贵金属电极，上覆盖一层聚四氟乙烯过滤膜；阳极为铅电极。

根据原电池原理，O_2 扩散透过过滤膜，在阴极上发生还原反应，即

$$O_2 + 2H_2O + 4e^- \longrightarrow 4OH^-$$

同时，在阳极上，铅发生氧化反应，即

$$2Pb \longrightarrow 2Pb^{2+} + 4e^-$$

因此，反应产生的电子在两电极之间通过电解液和外部的电路，形成电流。该电流在外部电阻上可产生电压降，通过检测电压降值，可测定电流的大小，进而检测发生反应的氧的浓度。发生反应的氧的浓度越高，产生的电流越大。

这种仪器的输出呈线性，测量范围宽；由于电解液组成变化、蒸发等，氧气检测仪往往使用寿命不长。OX-87 型氧气检测仪如图 6-4 所示。

图 6-4　OX-87 型氧气检测仪

五、有毒气体检测仪

有毒气体检测仪主要用于测定一氧化碳、硫化氢、一氧化氮、二氧化氮、砷化氢、磷化氢等有毒气体。其传感器按原理可分为定电位电解式、半导体式

等多种形式。其中，定电位电解式传感器由工作电极、参比电极和对极三个电极及电解液组成。在工作电极和参比电极之间保持一个恒电位，被测气体扩散到传感器内后，在工作电极和对极发生电解反应，产生电解电流，其输出与气体浓度成比例，即可通过测量电解电流获得气体的浓度。参比电极的作用是恒定工作电极和参比电极之间的电位，两者之间并无电流通过。

有毒气体检测仪有单一功能的，也有复合功能的。下面介绍几种常见有毒气体检测仪。

1. CMS 芯片式有毒气体检测仪

CMS 芯片式有毒气体检测仪用于快速测量空气中有毒有害气体及蒸气浓度，主要可测氯气、氯化氢、氨气、一氧化碳、二氧化碳、乙醇蒸气、氮的各类氧化物气体、二氧化硫、磷酸蒸气、硫化氢等。其外观如图 6-5 所示。

图 6-5　CMS 芯片式有毒气体检测仪

2. MX21 有毒气体探测仪

MX21 有毒气体探测仪是一种便携式智能型有毒气体检测仪。该探测仪可通过四种探测元件，检测可燃气体（甲烷、煤气、丙烷、丁烷等 31 种）、有毒气体（CO、H_2S、HCl 等）、氧气和有机挥发性气体四类气体。通过快速检测，确定事故现场的泄漏物质、危险程度和警戒范围。MX21 有毒气体探测仪主要组件包括主机、取样气泵和取样器等，如图 6-6 所示。MX21 有毒气体探测仪主要性能见表 6-3。

表 6-3　MX21 有毒气体探测仪技术性能

项目	性能参数	
工作环境	工作温度/℃	−20～50
	工作湿度/%	5～95
	工作压力/kPa	95～110

续表

项目	性能参数
检测气体类型及检测范围	可燃气体能从"0～100％LEL（爆炸下限，以 1％为增量）"，"0～100％（体积分数）"的范围测量（当可燃气体浓度达到 100％ LEL 后实现自动转换）
	有毒气体/CO：0～5‰（以 0.001‰为增量）；H_2S：0～0.1‰（以 0.001‰为增量）
	挥发性有机化合物：0～0.5％（以 0.1％为增量）
	氧气：0～30％（以 0.1％为增量），氧含量低于 17％或高于 23.5％时报警

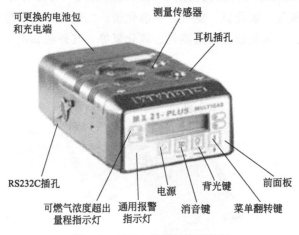

图 6-6　MX21 有毒气体探测仪

3. AreaRAE 复合式气体检测仪

AreaRAE 复合式气体检测仪可以有选择性地对灾害现场开展多种气体检测。检测时通过无线接收装置把检测数据传输到控制电脑上，可以提供实时检测并当危险值超限时启动报警信号。该检测仪主要由主机、电源和取样附件等构成，如图 6-7 所示。其主要性能参数见表 6-4。

表 6-4　AreaRAE 复合式气体检测仪技术性能

项目		性能参数
工作温度/℃		−20～45
传感器及检测气体类型	三个固定	氧气（OXY）、可燃气体（LEL）和有机挥发性混合气体（VOC）
	两个可选	氯气（Cl_2）、氨气（NH_3）、硫化氢（H_2S）等有毒气体
		γ 射线（GMMA）

图 6-7　AreaRAE 复合式气体检测仪

4. PGM-7800 手持式多气体检测仪

PGM-7800 手持式多气体检测仪，由主机和取样附件组成，如图 6-8 所示，通过一个采样泵和数据采集器实现对危险或工业环境中的有毒有害气体进行连续监测。检测物质包括 H_2S、NH_3、HCN、Cl_2、O_2 及可燃气体（LEL）。

图 6-8　PGM-7800 手持式多气体检测仪

5. PGM-54 复合式气体检测仪

PGM-54 复合式气体检测仪，用于化学事故中对氧气、一氧化碳、有机挥发性混合气体（VOC）和可燃气体的检测。仪器主要由主机、取样附件、电池组成，如图 6-9 所示。仪器配置 5 个传感器：1 个 LEL 传感器检测可燃气体，1 个 EC 传感器检测有毒气体，1 个 EC 传感器检测氧气，1 个 PID 光离子化传感器检测 VOC，1 个 IR 非扩散红外传感器检测二氧化碳。

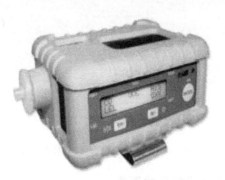

图 6-9　PGM-54 复合式气体检测仪

六、红外探测仪器

红外探测仪器是利用红外技术制作的多种侦检仪器，如红外测温仪、火焰探测器及烟雾视像仪等。其原理是：所有温度超过绝对零度的物体都辐射红外能。这种能量向四面八方传播。当对准一个目标时，红外仪器的透镜就把能量聚集在红外探测器上。探测器产生一个相应的电压信号。这个信号与接受的能量成正比，也和目标温度成正比。这个信号可转化为数字信号，也可转化为视像信号，从而可以制成红外测温仪、火焰探测器和烟雾视像仪等。

1. 红外测温仪

红外测温仪可用于检测火场建筑、油罐、化工装置等各部位温度，从而帮助指挥员判断火源位置以及建筑倒塌、储罐爆炸和坍塌的时间。

2. 火场热像仪

火场热像仪用于在浓烟和黑暗环境观测火源位置、寻找被困人员。

七、气相色谱/质谱分析仪

气相色谱/质谱分析仪用于定性和半定量地检测挥发性有机危害性空气污

染物。HAPSITE气相色谱/质谱分析仪由真空系统、进样系统、离子源、质量分析器、检测器、采集数据和控制仪器的工作站组成，适用于便携式的现场检测，如图6-10所示。

图6-10　HAPSITE气相色谱/质谱分析仪

八、军事毒剂侦检仪

军事毒剂侦检仪是利用毒剂分子中含有的有机磷或有机硫元素在高温燃烧时产生的特有光谱进行检测的。GT-AP2C型军事毒剂侦检仪是用于化学灾害、污染及毒剂袭击等事故的便携装备，如图6-11所示。该设备采用焰色反应原理，鉴别装备是否遭受污染，进出避难所、警戒区、洗消作业区是否安全，侦检空气、地面、装备上存留的气态或液态神经类毒气和芥子毒气（镓、钒、芥子类化学物质），G类（GA、GB、GD、GF）化学毒剂，VX（A4）、HD等化学战剂，含硫基、磷基的有毒有害物质。该设备主要由侦检器、氢气罐、电池、报警器及取样器等组件构成。

图6-11　GT-AP2C型军事毒剂侦检仪

九、水质分析仪

水质分析仪能对地表水、地下水、各种废水、饮用水及处理过的固体颗粒内的化学物质进行定性分析。利用化学反应变色原理，使用特殊催化剂，使被测原液颜色发生变化，再通过光谱分析仪的偏光原理进行分析。水质分析仪主要由 SQ118 型光谱分析仪主机、特定元素催化剂和 TR205 型加热器组成。分析仪可同电子计算机连接，打印分析结果。水质分析仪如图 6-12 所示。

图 6-12　水质分析仪

第二节　堵漏装备

堵漏是危险化学品泄漏事故发生时的重要处置手段。对于危险化学品泄漏事故，如果能够及时封堵泄漏点，就可减少甚至省略隔离、疏散、现场洗消、火灾控制和废弃物处理等事故处置环节，因此有"处置泄漏，堵为先"的说法[2]。根据泄漏源的压力、温度、泄漏物质、泄漏点特征等因素，堵漏的技术原理和方法不同，堵漏装备种类较多。消防堵漏装备主要用于处置易燃、易爆或有毒、有害气体、液体泄漏等事故，按功能可分为罐体、阀门和管道堵漏工具，孔洞堵漏工具和下水道阻流袋等[3,4]。

一、罐体、阀门和管道堵漏工具

罐体、阀门和管道堵漏工具包括内封式堵漏袋、外封式堵漏袋、捆绑式堵漏袋、金属堵漏套管、真空吸附堵漏器、法兰堵漏夹具、注入式堵漏工具、粘贴式堵漏工具等，可针对不同特性的泄漏物以及罐体、阀门、管道等多种结构的泄漏点选用。

1. 内封式堵漏袋

内封式堵漏袋主要用于圆形容器、密封沟渠或排水管道等内部泄漏的堵漏作业，阻止有害液体污染排水沟渠、排水管道、地下水及河流。内封式堵漏袋一般由单出口或双出口控制阀、脚踏泵或手泵、10m 长带快速接头的气管、安全限压阀、减压表（当使用压缩空气瓶时）等组成，如图 6-13 所示。

图 6-13　内封式堵漏袋

堵漏袋由防腐橡胶制成，具有一定的工作压力（大约 0.15MPa）。其直径一般为 100~500mm，膨胀后的直径约增加一倍。

使用时将供气源（气瓶或脚踏泵）与减压器、充气软管、操纵仪进气口和出气口连接好；根据泄漏点尺寸选择合适的堵漏带与操纵仪、充气软管连接；在堵漏带的铁环上安装固定杆，手执固定杆并将堵漏带塞入泄漏处（深度至少是带身的 75%）；控制操纵仪并充气直至泄漏处密封，关闭气源开关。操作时还要注意防止锋利的物体损坏袋体或充气软管；气瓶不可直接置于烈日下暴晒，不可接触火源；充气软管工作时不得打结（绞）；不可超过气囊的工作压力；不可接触腐蚀性物质；对器材应轻拿轻放，勿在地上拖拉摩擦，防止损坏器材；控制好供气阀开关，注意观察各表压力显示；堵漏时最好顺流放置；操作人员按需要穿戴好个人防护装备。

2. 外封式堵漏袋

外封式堵漏袋主要应用于外部直径大于 480mm 的管道、容器、油罐车或油槽车、油桶与储罐罐体裂缝的堵漏作业。主要由控制阀、减压表、带快速接头的气管、脚踏泵（气瓶）、4 条 10m 长带挂钩的绷带、防化衬垫、堵漏气袋等组成，如图 6-14 所示。

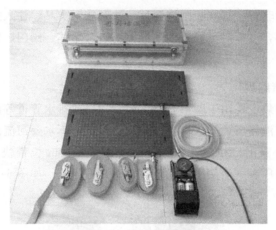

图 6-14 外封式堵漏袋

外封式堵漏袋由防腐橡胶制成，有多种规格型号，堵漏袋工作压力分别为 0.15MPa 或 0.6MPa。0.15MPa 密封袋可承受反压 0.14MPa，0.6MPa 密封袋可承受反压 0.58MPa。

3. 捆绑式堵漏袋

捆绑式堵漏袋应用于圆形管道以及圆形容器裂缝的堵漏作业，管道和圆形容器的直径在 50～480mm 之间。捆绑式堵漏袋由控制阀、减压表、脚踏泵（气瓶）、带快速接头的气管和两条带收紧器的绷带组成，如图 6-15 所示。捆绑式堵漏袋材料通常为防腐橡胶，抗油、抗臭氧、抗化学良好。

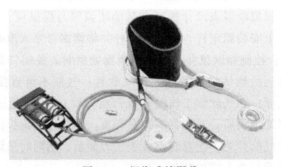

图 6-15 捆绑式堵漏袋

使用时首先连接脚踏泵（气瓶）、减压器、操纵仪和充气软管，做好充气准备。将设有捆绑带的一面朝外，不带充气快速接头的一端捆绕在管道裂缝处，用堵漏袋上的捆绑带绕堵漏袋一圈，与导向扣接好，然后再把另一根捆绑带对称绕堵漏袋与导向扣接好，再用导向扣把两根捆绑带均匀用力收紧，把操纵仪、充气软管与堵漏袋接好，用充气钢瓶供气直至裂缝处密封即可。

4. 金属堵漏套管

金属堵漏套管主要用于各种金属管道的孔、洞、裂缝的密封堵漏。它外部由金属铸件制成，内嵌具有化学耐抗性能的橡胶密封套，适用介质温度为 $-70 \sim 150℃$，可承受 1.6MPa 的反压。金属堵漏套管主要由金属套管、防化防油胶垫、一副内六角扳手组成，如图 6-16 所示。例如，德国威特金属堵漏套管可用于各种金属管道裂缝的密封堵漏，可承受 1.6MPa 反压，密封直径小到 $\frac{1}{2}$in（1in＝25.4mm）管道的裂缝与小孔，不需压缩空气，用 4～6 个内六角螺钉固定，可长期使用。规格有 9 种，尺寸 0.5～4in。

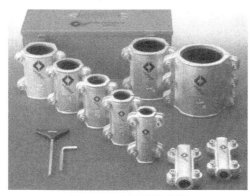

图 6-16　金属堵漏套管

5. 真空吸附堵漏器

真空吸附堵漏器主要用于对稍呈拱形与平滑结构面的裂缝进行密封，利用真空进行密封排流，封堵不规则空洞。由钢瓶、减压器（减压阀）、操纵仪、充气软管、输送管、吸附盘等组成，如图 6-17 所示。

图 6-17　真空吸附堵漏器

常用的真空吸附堵漏器有：

（1）费特尔 DLD 50 VAC 型气动吸盘式堵漏器　VAC 漏泄排流软垫直径 50cm，排流箱直径 20cm，排流面积达 300cm²，真空喷嘴极小，结构坚固，配有 5m 软管；其化学耐抗性能中等，耐热性达 90℃（短期）或 85℃（长期）；200～300bar 压缩空气瓶；空气压缩机，4bar 功率至少每分钟 200L。

（2）费特尔 LD 50/30 VAC 真空吸附堵漏器　覆盖层用增强聚酰胺织料制成，抗静电，自行溶解并抗油，与臭氧化学耐抗性能良好。耐热性达 115℃（短期）或 95℃（长期）。充气密封面 50cm×30cm，VAC 漏泄排流软垫，规格（长×宽×高）为 95cm×12cm×16mm。

6. 法兰堵漏夹具

法兰堵漏夹具用于法兰泄漏时的堵漏。法兰堵漏夹具由轻质合金制成，可以对不同大小的法兰进行堵漏，使用方便有效，如图 6-18 所示。

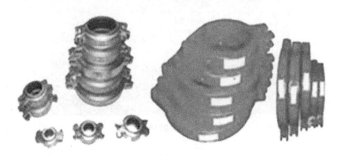

图 6-18　法兰堵漏夹具

7. 注入式堵漏工具

注入式堵漏工具适用于化工、化肥、炼油、煤气、发电、冶金等装置管道上的各种静密封点堵漏密封，如法兰、阀门、接头、弯头、三通管等破损泄漏及储油塔、煤气柜、变压器等泄漏。注入式堵漏工具由夹具、注胶头、注胶枪、高压连接管、手动液压泵、专用扳手及堵漏胶等组成，如图 6-19 所示。

BF-ZR 型系列注入式堵漏工具采用无火花材料，操作时不会产生火花，能在工业管道带温、带压、不停车的情况下进行堵漏。手动液压泵泵缸压力大于等于 74MPa，使用温度为 -200～650℃。BF-ZR 型系列注入式堵漏工具规格有：ZR-2000、ZR-2002、ZR-2006、ZR-2008。其储油量为 1.5L，液压油型号 20#。防爆携带箱中包括：注胶枪 1 把，堵漏注胶 1 箱，手动油压泵 1 把，高压油管 1 根，压力表 1 块，快速接头 2 副，旋塞阀 4 个，专用扳手 1 把，45°换向接头、90°换向接头、直向接头各 1 只，M12、M14、M6、M8、M20、M22、M24 注胶螺母各 1 个。

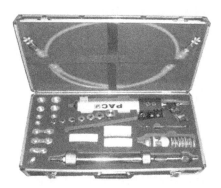

图 6-19 注入式堵漏工具

使用注入式堵漏工具堵漏时，首先在泄漏部位周围用注胶夹具制作一个包含泄漏门在内的空腔，然后用注胶枪将专用的密封剂注入空腔并将其完全填充，这就形成了新的密封层，并以此制止泄漏。

8. 粘贴式堵漏工具

粘贴式堵漏工具主要用于各种罐体和管道表面点状、线状泄漏的堵漏作业，由组合工具和快速堵漏胶组成。组合工具由多种不同的器械构成，这些器械既可单独使用，又可组合成相互配合的组合，它们几乎可以适用于各种复杂几何形状的泄漏，如图 6-20 所示。

图 6-20 粘贴式堵漏工具

粘贴式堵漏工具采用无火花材料制作，其基本原理是根据泄漏口的形状，选用一块与之相吻合的仿形钢板，将快速堵漏胶按 1：1 调好后敷在钢板上，待堵漏胶达到固化临界点时，用预先选好的组合工具将钢板迅速压至泄漏口上，几分钟后胶体固化撤除工具，堵漏即告完成。该工具可应用于介质温度为 $-70\sim250℃$，压力为 $-1.0\sim2.5MPa$ 的泄漏。

二、孔洞堵漏工具

常用的孔洞堵漏工具包括木制堵漏楔和快速堵漏胶等，主要用于各类孔洞状较低压力的堵漏作业。

1. 木制堵漏楔

木制堵漏楔采用进口红松经蒸馏、防腐、干燥等处理，用于各种容器的点、线、裂纹产生泄漏的临时堵漏，适用于介质温度在 $-70\sim100℃$、压力在 $-1.0\sim0.8MPa$ 的堵漏。木制堵漏楔如图 6-21 所示。

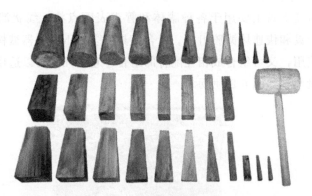

图 6-21　木制堵漏楔

木制堵漏楔主要由圆锥形、梯形、三角形三种不同规格木楔和木锤等组成。使用时将木楔插入泄漏点，经外力施压后封堵泄漏点。使用后，要及时补充木楔，保证工具箱内不同规格、不同形状的木楔齐全；备战时，要将其放置在干燥、阴凉处。

2. 气楔堵漏工具

气楔堵漏是将橡胶制成的圆锥体楔或扁楔塞入泄漏的孔洞，然后充气而止漏的方法。使用时根据泄漏孔的大小和形状，选择合适的气楔，将气楔用连接管连接好，塞入泄漏孔内，用脚踏泵充气，利用气楔的膨胀力压紧泄漏孔壁，堵住泄漏。气楔堵漏与木楔堵漏相似，主要用于常、低压本体上的大裂缝或孔洞泄漏的堵漏，具有操作简单、迅速的特点，可以用密封枪从安全距离以外进行操作，需气量极小，适用于直径小于90mm、宽度小于60mm孔洞或裂缝的堵漏。对于气体槽车来说，适用于槽车罐体的小孔、裂缝及焊缝等处的堵漏，对于紧急切断阀整体断裂、装卸管道出现断裂时的堵漏也有较好的效果。

气楔堵漏工具主要由以下几部分组成，如图6-22所示。

（1）气楔：有圆锥形和楔形两种。圆锥形气楔：规格有多种，直径2.5～80cm，气楔用橡胶制成，工作压力一般为0.15MPa、0.25MPa、0.6MPa，其耐压范围为0.1～0.6MPa。

（2）密封枪：金属管制成，用于连接气楔，根据需要可以组合成需要的长度。

（3）气源：脚踏泵（配有安全阀）和压缩空气瓶（用于向气楔充气，气瓶压力为20～30MPa）。

（4）截流器：在停止充气时防止气体流失与压力下降。

（5）连接器（带减压阀、安全阀）：用于连接气瓶和气楔，并将气瓶内的高压减压，当气楔内的压力达到其操作压力时，安全阀自动打开。

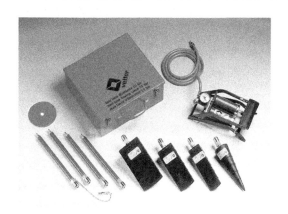

图6-22　气楔堵漏工具

3. 快速堵漏胶

快速堵漏胶为双组分胶，对金属或非金属制成的用于储存、运输各类水、油、酸、碱、盐、气体及有机溶剂等介质的容器泄漏，可进行现场边堵漏边无火花修复，无须倒装及清洗容器，安全、可靠，能实现快速固化，修理一般只需2～10 min，使用寿命可达8年以上。快速堵漏胶的性能：抗剪切强度≥30MPa；温度使用范围在−70～250℃；修复后耐内压力≥30MPa。

使用时，首先对泄漏区表面进行必要的表面处理，使泄漏区表面达到合适的粗糙度（紧急情况下该步骤可省略）；然后根据用胶量按体积甲Ａ∶乙Ａ＝1∶1配比，将甲Ａ、乙Ａ两种液态胶挤在调胶板上，用刮刀将其调匀，加入适量的脱脂棉，使胶充分渗透到脱脂棉内（有条件可适当加温，加温可用红外线灯泡，不可用明火）；将调好的胶置于所选仿形构件上，并做出一定的形状，掌握好胶固化的临界点（即可用于带压堵漏的最佳时间），选用合适的堵漏工具施加必要的外力将胶压到泄漏处；最后通过自然固化或加温固化（加温可用红外线灯泡或恒温加温），固化后即可拆除工具。操作时应注意避免阳光直射，避风和强气流；调胶时严禁使用紫铜板；用过的剩余胶不得与新配制的胶或其他胶混合；甲Ａ、乙Ａ两组分严禁错盖盖子。

三、下水道阻流袋

下水道阻流袋用于封堵下水道口和窨井，阻止有害液体流入城市排水系统，导致城区市政管网的污染，如图 6-23 所示。下水道阻流袋根据采用的材质可耐酸、碱。使用时把阻流袋放于下水道上，向内注水，直至将下水道堵住。操作时，应防止被尖锐物体刺破。存放时可将滑石粉涂于其表面。

图 6-23　下水道阻流袋

四、磁压堵漏工具

磁压堵漏是利用磁铁对受压体的吸引力，将密封胶、胶黏剂、密封垫压紧和固定在泄漏处堵住泄漏。磁压堵漏工具是危险介质泄漏事故处置中一种重要的堵漏工具。目前，应用较多的磁压堵漏工具主要有以下几种。

1. 帽式强磁堵漏工具

帽式强磁堵漏工具主要包括一帽体和帽体顶部设置的泄压阀，适用于球面、柱面容器等切平面上装配的阀门、附件失效泄漏时的包容卸压抢险堵漏，如图 6-24 所示。帽体材质为橡胶，帽体内设置有一空腔、端部设置有一环状橡胶密封垫，环状橡胶密封垫上镶嵌有若干块状强磁体。使用温度－50～80℃，压力范围0.5～2MPa，包容器内径260mm、高280mm。

图6-24　帽式强磁堵漏工具

使用时两人分别双手握紧工具两端手柄或采用机械吊装工具，将堵漏工具弯曲方向与泄漏物体的弯曲方向调整至一致，对准泄漏点中心部位，压向凸出泄漏部位，关闭引流阀门。拆卸方法有机械拆卸法和电拆卸法两种方式。

（1）机械拆卸法　将拆卸孔打开，将专用拆卸工具慢慢旋入拆卸孔中，然后将加力把手套入专用拆卸工具的手柄上向下施力，同时将木楔插入堵漏工具与罐体之间的缝隙中，缝隙高度为3cm，并从堵漏工具翘起部位用力掀起，完成拆卸过程。

（2）电拆卸法　将拆卸箱输入电源线与汽车蓄电池连接（红色＋，黑色－），将拆卸箱输出电源线与堵漏工具连接（红色＋，黑色－）；接好后发动汽车，看电压指示表、电流指示表、电源指示灯是否接通；旋转黑色扳把，旋至加温开始，加温时间到后，蜂鸣器会提示加温结束。将黑色扳把旋至电源指示灯处，并收起所有正负极电源接线，电拆卸法过程完毕。

2. 八角软体强磁堵漏工具

八角软体强磁堵漏工具主要包括一八角形载体，如图6-25所示。其载体材质为橡胶，橡胶载体内镶嵌有若干块状强磁体，载体两端有两个手柄，载体中间部位有一个引流阀门。最大压力2MPa，工作温度≤80℃。适用于容器、储罐、管线、船体、水下管网的中小裂缝、孔洞的应急抢险。对于气体槽车来说，适用于槽车罐体表面的裂缝状和孔状泄漏点且要求泄漏部位表面平整。

使用时两人分别双手握紧工具两端手柄或采用机械吊装工具，将堵漏工具弯曲方向与泄漏物体的弯曲方向调整至相对一致，对准泄漏点中心部位，压向凸出泄漏部位，关闭引流阀门。

图 6-25　八角软体强磁堵漏工具

3. 平（弧）面硬体强磁堵漏工具

平（弧）面硬体强磁堵漏工具主要包括一件主体工具、一件拆卸专用丝杠、一个木楔、一套简易电拆装置，如图 6-26 所示。主体工具为一长方形硬体载体，载体材质为铝合金，长方形硬体载体内嵌有强磁体，载体两端有两个手柄，载体与泄漏容器接触面为平面状或弧形，并设置有橡胶堵漏垫。最大压力 3MPa，工作温度−50～80℃。

图 6-26　平（弧）面硬体强磁堵漏工具

平（弧）面硬体强磁堵漏工具是适用于容器、储罐、管线、船体、水下管网的硬体抢险堵漏工具。对于气体槽车来说，适用于槽车罐体表面的裂缝状和孔状泄漏点，要求泄漏部位表面平整，没有焊缝及障碍物或凸起物。使用时双手持堵漏工具手柄，对准泄漏点中心位置并与曲率轴线平行一致，快速压向泄漏点施放结合。

4. 多功能强磁堵漏工具

多功能强磁堵漏工具材质为有色金属，有强磁吸座、磁场转换手柄、上下高度调整孔销、水平位置调整滑杆、加压丝杆、过渡接杆、包容卸压控制器（标注尺寸）和互换控制器方形接口、密封圈、仿形堵漏板、堵漏锥、导流卸压软管，如图6-27所示。工作面为抗裂性极高的氯丁橡胶，具有阻燃、耐酸、耐碱、耐油、耐磨、抗老化等特性。最大压力2MPa，工作温度≤80℃。适用于各种管路、罐体、点状、线状、孔洞及凸起阀门等部位泄漏的封堵。

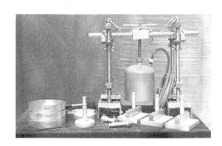

图 6-27　多功能强磁堵漏工具

使用时选择合理位置摆放强磁吸座，搬下手柄使工具整体固定（注意：泄漏点需在与工具上方可移动横杆平行处）；根据泄漏罐体外径大小选择相应封堵环，将封堵环安放在包容泄压筒上，将高度调节杆调整到适当位置（包容泄压型调到最高位，其他工具均可调到最低位），将封堵用件插入连接杆中，将定位螺栓拧紧，吊起封堵用件，然后对准泄漏点向下旋转压力顶杆，将封堵用件紧压在泄漏点表面，完成封堵。需要拆卸时，旋动压力顶杆，并将强磁吸座手柄扳起，磁力即可消失，完成拆卸过程。

5. 腐蚀介质堵漏组合工具

腐蚀介质堵漏组合工具由复合橡胶材料制成，以保护堵漏组合工具不受腐蚀，可耐浓硫酸、氢氧化钠等强酸、强碱性物质。腐蚀介质堵漏组合工具可随意选择支撑点，组合工具平面可旋转360°与泄漏点形成任意夹角，连接杆选用多头螺杆加大螺距，简捷快速地更换多种封堵块，如图6-28所示。工作面为抗裂性极高的氯丁橡胶，具有阻燃、耐酸、耐碱、耐油、耐磨、抗老化等特性。最大工作压力12MPa，工作温度≤80℃。适用于高危险化学品在储存和运输中发生的泄漏。例如：氯气、氨气等腐蚀性气体等的泄漏。

使用时根据泄漏点形状（孔洞、焊缝等），选择适合的压头，并装入压杆的接头上，将支架移送到泄漏部位，使压头对准泄漏点。将强磁吸座扳下手柄

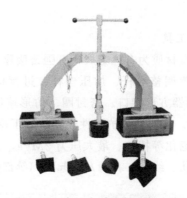

图 6-28　腐蚀介质堵漏组合工具

使工具整体固定，将圆盘的小旋钮锁紧。对准泄漏点向下旋转压力顶杆，将封堵用件紧压在泄漏点表面，完成封堵。

6. 手压式强磁堵漏工具

手压式强磁堵漏工具主要由磁力产生器、仿形铁靴构成，铁靴是为了更好与容器型面完好结合，根据需要可以事先制作不同曲率的铁靴，如与 5t、8t、10t、15t 槽车，$20m^3$、$32m^3$、$50m^3$、$100m^3$ 储罐相互匹配，如图 6-29 所示。密封胶由两种专用密封胶，按 1∶1 的比例勾兑而成，用脱脂棉纱作载体，在磁压作用下，进入容器孔洞或裂缝固化后，便形成新的密封。磁压堵漏器具配有吊环，一只手即可提起，任意行动；操作手柄操作灵活，扳成 90°即可通磁堵漏。对于气体槽车来说，手压式强磁堵漏工具适用于槽车罐体裂缝、小孔等泄漏的封堵。

图 6-29　磁压堵漏过程

根据泄漏容器的外观几何尺寸，选用或制作仿形铁靴，并固定在磁压堵漏器底部，拧紧手提环即可固定。铁靴裸露面贴上胶带，根据泄漏形状、大小确定用胶量，按 1∶1 比例挤到调胶板上，用刮刀将其充分调匀，以脱脂纱布为载体，视泄漏面大小剪下，将胶平整地涂在纱布上，以 2～3 层为宜，将已涂好的纱布层平整地刮在磁压铁靴吸压面上。待胶达到临界点时，双手把磁压堵漏器对准泄漏点迅速压上，迅速用左手压紧堵漏器本体，右手打开右开关（左手柄已经预先打开）。待胶固化后，松开左右手柄，使磁力消失，拆除磁压堵漏器。

第三节　输转装备

危险化学品泄漏事故发生后，及时倒罐输转可以控制事故扩大、加快处置速度、清除现场隐患和减少事故损失。但由于受现场环境和灾情程度的影响，倒罐输转工作开展起来难度很大，操作不妥还会出现续发险情，因此处置中必须科学决策、谨慎操作，倒罐输转需要消防员利用消防输转装备进行围堵、倒液、吸附、转移，常用的输转作业装备有输转泵、密封桶、吸附垫等。

一、输转泵

输转泵是用于灾害事故现场对有毒、有害液体进行收集、储存转移的装备，包括手动隔膜抽吸泵、多功能液体抽吸泵等。

1. 手动隔膜抽吸泵

手动隔膜抽吸泵由泵体、传动杆、吸液管、出液管、吸附器、吸液器等部件构成，用于输转罐体、水井或水池内的有毒、有害液体，如油类、酸性液体等，如图 6-30 所示。

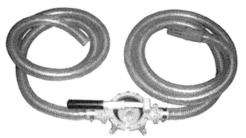

图 6-30　手动隔膜抽吸泵

手动隔膜抽吸泵性能参数：①泵体、橡胶管接口由不锈钢制成，隔膜及活门由氯丁橡胶或特殊弹性塑料制成，可抗烃类化合物。②全手动操作，携带方便，安装快捷，安全防爆。③最大吸入颗粒直径 8mm。④接口直径为 40mm或 50mm。⑤每分钟可抽吸 100L 液体，传动杆每摇动一次，可抽吸 4L。⑥抽吸和排出高度达 5m。

2. 多功能液体抽吸泵

多功能液体抽吸泵主要用于输转有毒液体，如油类、酸性及碱性液体、放射性废料等，也可输送黏性极大的液体和直径小于 8mm 的固体粒状物，如图 6-31 所示。多功能液体抽吸泵轻便，易于操作，有自动保护装置，无水情况下不会运行。最多连续使用 5h；泵上配有辅助电子仪器，用于控制发动机和传动装置。

图 6-31   多功能液体抽吸泵

二、密封桶

密封桶是用于输转作业过程中装载有毒、有害物质的容器，包括有毒物质密封桶、集污袋等。

1. 有毒物质密封桶

有毒物质密封桶用于收集并转运有毒物体和污染严重的土壤等，如图 6-32 所示。有毒物质密封桶由特种塑料制成，防酸碱、耐高温；密封桶由两部分组成，在上端预留了观察和取样窗，便于及时对物体进行观察和取样。

2. 集污袋

集污袋是洗消帐篷的配套设备，主要用于收集洗消的污水，如图 6-33 所示。由聚乙烯材料制成，可耐酸碱。容量有 1t、3t、4t 等。

图 6-32　有毒物质密封桶

图 6-33　集污袋

3. 吸附垫

　　吸附垫主要用于在有毒液体泄漏的场所对小范围内的酸、碱和其他腐蚀性液体吸附回收，如图 6-34 所示。可快速有效吸附酸、碱和其他腐蚀性液体。吸附能力为自重的 25 倍，吸附后不外渗。可围成圆形进行吸附。吸附时，不要将吸附垫直接置于泄漏物表面，应将吸附垫围于泄漏物周围。

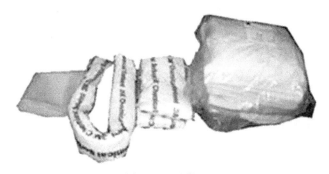

图 6-34　吸附垫

第四节　洗消装备

洗消是指利用物理或化学方法对染有化学污染物、致病微生物和生化毒剂、放射性物质的人员、器材、环境等进行消毒和消除污染而采取的技术措施，是现阶段消防队伍处置核、生物、化学等灾害事故的重要技术之一。洗消作业完成后洗消污水的排放必须经过环保部门的检测，以防造成次生灾害。目前常用的消防洗消装备包括针对各种危险化学品的洗消站、单人洗消帐篷以及其他洗消用器材。

一、洗消站

洗消站是供多名染毒人员洗消的场所，也可以作临时会议室、指挥部、紧急救护场所等。洗消站一般包括一个运输包（内有帐篷、放在包里的撑杆）和一个附件箱（内有一个帐篷包装袋、一个拉索包、两个修理用包、一个充气支撑装置、塑料链和脚踏打气筒）。帐篷内有喷淋间、更衣间等场所，可根据污染物质的类别分区使用。洗消站如图 6-35 所示。

图 6-35　洗消站

二、单人洗消帐篷

单人洗消帐篷用于单个消防员离开污染的现场时，对所穿着的特种服装进行洗消。由帐篷、供水排水设施和气源等组成，帐篷撑开长 2.4m、宽 2.2m、高 2.4m，如图 6-36 所示。

图 6-36　单人洗消帐篷

三、洗消用器材

洗消用器材是指搭建洗消站、洗消帐篷及洗消过程中所需的各种辅助器材。

1. 电动充（排）气泵

电动充（排）气泵由一根 20m 长电源线、一个进气口、一个出气口组成，电压为 220V，主要用于搭建洗消帐篷时给洗消帐篷供气，如图 6-37 所示。

图 6-37　电动充（排）气泵

2. 空气加热送风机

空气加热送风机用于向洗消站（帐篷）内输送暖风或自然风，实现空气流通，并通过恒温器保持适宜的室内温度，如图 6-38 所示。

图 6-38　空气加热送风机

3. 热水加热器

热水加热器用于对供入洗消帐篷内的水进行加热，由燃烧器、热交换器、排气系统、电路板和恒温器等组成，如图 6-39 所示。

图 6-39　热水加热器

4. 洗消液均混器

洗消液均混器能按照被洗消人员受污染的程度，对洗消药液与水进行按浓度均匀混合，以达到不同的洗消目的，如图 6-40 所示。

5. 化学泡沫洗消机

化学泡沫洗消机用于洗消放射、生物、化学类污染，如图 6-41 所示。

图 6-40　洗消液均混器

图 6-41　化学泡沫洗消机

6. 洗消污水泵

洗消污水泵用于集中收集洗消后的污水，然后转运处理，如图 6-42 所示。污水泵使用电压 220V 交流电，带有两个直径 45cm 的进出口。

图 6-42　洗消污水泵

第五节   危险化学品处置消防车辆

消防车是装备了各种消防器材、消防器具的各类机动车辆的总称。消防车作为特种改装车辆，其使用目的和适用的事故类型依赖于底盘性能和车载的各种消防装备。按照消防车的使用目的，通常将消防车分为灭火类消防车、专勤类消防车、后援类消防车、举高类消防车和机场消防车等。用于危险化学品处置的消防车辆，由于其具有专项技术功能，一般归为专勤类消防车。危险化学品处置消防车辆包括侦检消防车、化学事故抢险救援消防车、化学洗消消防车、抢险救援消防车等[5]。

一、侦检消防车

侦检消防车是搭载了各种侦检仪器，可对事故现场的空气、土壤、水源中所含有毒、有害、易燃、放射性物质进行侦测检验的车辆，侦检仪器的操作可在车上进行，也可拿出车外操作。按侦检物质不同，侦检消防车可分为放射物侦检车、生化物侦检车、可燃物侦检车等，在实际工作中为了提高侦检消防车的使用效率，往往将多种侦检仪器整合在同一辆车上。车辆须提供保证仪器安全使用的电源、空调、换气、湿度及照明条件。

例如德国史密斯奔驰 NBC 侦检车，整车分驾驶室、检验室和器材室，室与室之间相互隔离，如图 6-43 所示。

图 6-43　侦检消防车

侦检消防车设置了洗消设备、微正压空调系统、照明设备、固定摄像装置、气象仪、制冷设备、生物检测设备、化学检测设备、核检测设备、车载发电系统、GPS 导航系统、应急呼叫系统、移动摄像系统、通信设备等装置。侦检仪器主要有空气检测、核放射检测、生物物质检测、化学物质检测、有毒气体检测、军事毒剂检测、样品采样等设备，为应对核、生、化紧急事故指挥决策提供必要信息依据。当侦检剧毒或有放射性的物质后，应及时对设备和人员进行消毒和冲洗。

二、化学事故抢险救援消防车

化学事故抢险救援消防车是处置化学灾害事故的专勤类消防车，主要用于化学灾害事故现场作业，具有侦检、防护、抢险、堵漏、输转、洗消、照明、救援、发电等功能。化学事故抢险救援消防车由底盘、乘员室、器材箱、随车吊机、绞盘、附加电气装置等组成。器材箱结构采用整体骨架与蒙皮焊接，器材箱内有铝合金型材制作的可调式固定架，配有部分可移动式托架及旋转架、塑料周转箱。两侧为大面积铝合金卷帘门，为器材的布置和取放提供便利。车身两侧底部为翻门踏板，气弹簧助力。车顶两侧设置有顶箱。器材箱内布置需要的防化装备，包括侦检、堵漏等装备。附加电气装置系指除原车电器系统外增装的电气设备，包括警灯、微电脑警报器和各种照明灯及电气控制开关等。

例如法国贝麦克斯奔驰化学事故救援车，全车装载了个人防护、侦检、特殊事故处置、起重、输转、隔离、防护、洗消、公众救助及抢险救援等器材，具备独立完成防化抢险的能力。该车底盘为奔驰 1523 型底盘，车长 9360mm、宽 2500mm、高 3400mm，自重 12t，如图 6-44 所示。

图 6-44　化学事故抢险救援消防车

三、化学洗消消防车

化学洗消消防车是根据化学灾害事故处置任务的需要所设计制造的专勤类消防车，由底盘、乘员室、泵房、锅炉、器材箱、水泵及管路系统、附加电气装置等组成,如图 6-45 所示。

图 6-45　化学洗消消防车

另外,随车配置侦检、防护、堵漏、输转、个人洗消、照明、破拆、发电类器材,主要用于化学灾害现场作业。

泵房内装水泵及管路系统,前壁装残液收集箱,顶上装有一门消防炮,左侧设置泵及管路系统控制仪表板。水泵及管路系统由进水管路、出水管路、放余水装置、消毒液吸液管路、吸粉管路、前后喷洒管路等组成。

在事故现场,利用泵管路系统的吸粉装置、吸液装置、消毒剂搅拌装置、道路喷洒洗消装置、喷刷洗消装置等,对被化学品、毒剂等污染的地面、楼房、设备、车辆等实施消毒及加热洗消。热水锅炉采用燃油内加热式储水锅炉,锅炉注水作业可用水泵自河道、水池吸水,或用消火栓向锅炉注水,水温提升速度约 $1^{\circ}\text{C}/\text{min}$。器材箱包括轮侧器材箱、后器材箱。箱门采用大面积卷帘门设计,为器材的布置和取放提供便利。整车器材箱容积较大,给器材布置提供较充足的空间。后箱两侧下部安装两只高压卷盘,上方安装两只洗消卷盘。附加电气装置系指除原车电气系统外增装的电气设备,包括警灯、微电脑警报器、锅炉液位指示器、水泵转速表、累积计时表、取力器电磁阀、前后喷管电磁阀、频闪灯、后照明灯、后警灯、后监视器和各种照明灯及开关等。事故现场开展洗消作业时,操作步骤包括调制消毒液、洗消、残液收集。

四、抢险救援消防车

抢险救援消防车主要是为火灾现场和各种事故现场提供抢险救援器材和物资的特种消防车。一般均具有自救、起吊、发电、照明等功能,并装备大量先进的抢险救援工具和器材(包括各种破拆工具、救生气垫、消防梯、消防工作灯、各种消防服、空气呼吸器、堵漏装置、排烟机等),适用于大中城市的专勤消防队。

抢险救援消防车由底盘、照明总成、器材箱、随车吊和绞盘组成，如图6-46所示。

图 6-46　抢险救援消防车

照明总成在消防员室和器材箱之间，安装有举升灯杆，其顶端为电动云台，并配备照明灯组。照明灯组电力由车载汽油发电机组或者现场 220V、50Hz 交流电源提供。

器材箱内部安装有整套发电设备，器材箱内根据所配装的各种器材和工具的外形分隔成大小不同的空间，并采用高强度铝合金型材及内藏式连接件装配成一个整体，以便装载固定配置的各种器材和工具。

抢险救援消防车后部安装有随车吊，固定在车辆的后部车架上，其两侧均有操作把手，可方便地操作。绞盘安装在随车吊的底部，通过导向装置，将牵引钩引至驾驶室保险杠位置（也有将绞盘直接装于前保险杠上的）。在变速箱左侧配置侧取力器，驱动液压油泵，作为整个液压系统的动力源。在手动换向阀关闭时，液压油经液压管到达随车吊，实现起吊功能；在手动换向阀打开时，液压油经另一路液压管到达绞盘，驱动绞盘工作，实现牵引或自救功能。

抢险救援消防车维护与保养：应定期检查车厢及其他总成与车架连接的可靠性，必要时采取紧固措施，检查周期为每 3 个月或每行驶 6000km；经常检查卷帘门、推拉架、拖盘等运动部件的灵活性和可靠性，必要时采取紧固或润滑措施。

第六节　防护装备

一、个人呼吸防护装备

呼吸防护器具是为保护使用者的呼吸系统，阻止粉尘、烟雾、有毒有害气体、蒸气、微生物的吸入，保证使用者顺利地完成灭火和救援任务的个体防护装备。呼吸防护器具根据吸入气体的种类不同，可分为空气呼吸器和氧气呼吸器；根据吸入气体的来源不同，可分为过滤式呼吸器和自给式呼吸器；根据呼出气体的处理方式不同，可分为开放式呼吸器和隔绝式呼吸器；根据面罩内压力不同，可分为正压式呼吸器和负压式呼吸器。

消防员配备的呼吸保护装备主要有空气呼吸器、氧气呼吸器、过滤式呼吸器等，可根据消防作业现场环境的不同需要选用[6]。

1. 空气呼吸器

空气呼吸器，是指以气瓶内压缩空气作为气源来满足使用者呼吸需要的一类呼吸防护器具，主要包括正压式消防空气呼吸器和长管空气呼吸器。

（1）正压式消防空气呼吸器 正压式消防空气呼吸器用于灭火战斗或危险化学品事故现场抢险救援行动中，为使用者提供呼吸用洁净空气，防止吸入对人体有害的毒气、烟雾、悬浮于空气中的有害污染物。

正压式消防空气呼吸器由气瓶总成、减压器总成、供气阀总成、面罩总成和背架总成五部分组成，如图 6-47 所示。

图 6-47　正压式消防空气呼吸器

1—气瓶总成；2—减压器总成；3—供气阀总成；
4—面罩总成；5—背架总成

正压式消防空气呼吸器自带压缩空气源，为佩戴者供给呼吸所用的洁净空气，呼出的气体直接排入大气中，任一呼吸循环过程面罩内的压力均大于环境压力，利用面罩与佩戴者面部周边密合，使佩戴者呼吸器官、眼睛和面部与外界染毒空气或缺氧环境完全隔离。现场使用时，正确穿戴好正压式消防空气呼吸器后打开气瓶阀，高压空气经减压器一级减压后，输出约 0.7MPa 的中压气体，再经中压导气管送至供气阀，供气阀将中压气体按照使用者的吸气量进行二级减压，减压后的气体进入面罩，供使用者呼吸。人体呼出的气体经呼气阀排至大气，形成气体的单向流动，即呼吸器气瓶内的压缩空气依次经过气瓶阀、减压器、供气阀进入面罩内供给佩戴者吸气，呼出气体则通过呼气阀排出面罩外。其工作原理如图 6-48 所示。

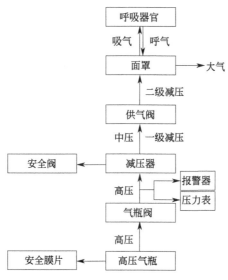

图 6-48 正压式消防空气呼吸器工作原理

（2）长管空气呼吸器 长管空气呼吸器，又称移动气源，气源置于有毒有害工作环境外无污染的场所，依靠气瓶压力和长管连接，将洁净空气输送给在有毒有害工作环境下的工作人员，供其呼吸防护。长管空气呼吸器弥补了其他种类呼吸器供气时间短的缺点，适用于需较长时间作业的特殊固定场所。因不用佩带储气瓶，减轻了佩带者的负重，使消防作业行动方便灵活，也能用来进入狭窄空间，但其作业活动范围受到管长的限制。此外，长管在长距离移动过程中，可能会被意料之外的尖锐器物戳破，或被腐蚀性介质腐蚀，或可能与地面长期摩擦而刮伤。为减少这些安全隐患，可通过外加一个或多个应急气瓶，当出现供气不足等情况时，消防员可及时切换气源撤离工作现场。

长管空气呼吸器按照气瓶公称容积和数量划分，一般可分为 6.8L 双瓶、6.8L 四瓶、9L 双瓶和 9L 四瓶。气瓶的额定工作压力一般为 30MPa。也有按照中压长管的长度来划分，一般可分为 60m、50m、40m 和 30m。

长管空气呼吸器由气瓶推车总成、气瓶总成、高压胶管总成、气源分配器、减压器总成、压力表、压力警报器、中压长管、Y 形快接、气体分流管、供气阀总成、面罩总成和辅助背带等组成。长管空气呼吸器的结构简图如图 6-49 所示。

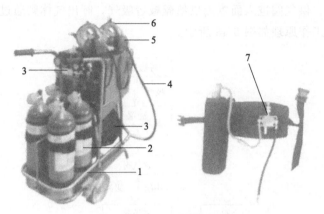

图 6-49 长管空气呼吸器

1—推车总成；2—气瓶总成；3—减压器总成；4—导气长管；
5—供气阀总成；6—面罩总成；7—应急转换逃生装置总成

2. 氧气呼吸器

氧气呼吸器，是指以气瓶内压缩氧气或化学生氧剂产生的氧气作为气源来满足使用者呼吸需要的一类呼吸防护器具，主要包括正压式消防氧气呼吸器和化学生氧式氧气呼吸器。

（1）正压式消防氧气呼吸器　正压式消防氧气呼吸器以高压氧气瓶内充填的压缩氧气为气源，呼吸时使用氧气瓶内的氧气，不依赖外界环境气体，用气囊（或呼吸舱）作储气装置，面罩内的气压大于外界大气压。正压式消防氧气呼吸器适用于高原、地下建筑、隧道及高层建筑等场所的抢险救援作业。按低压储气结构划分，正压式消防氧气呼吸器可分为气囊式和呼吸舱式两类。按额定防护时间划分，可分为 60 型、120 型、180 型和 240 型四种。

正压式消防氧气呼吸器由氧气瓶、气体分配器、压力显示报警系统、气囊、压载弹簧、冷却罐、清净罐、呼吸阀箱、面罩、背带、外壳、排液阀等部件组成，如图 6-50 所示。

氧气瓶由瓶体和瓶阀等组成，用于储存压缩氧气。瓶体采用碳纤维复合材料，额定工作压力为 20MPa。瓶阀起开关作用，瓶阀上装有安全膜片，当气瓶内压力过高（25～30MPa）时爆破卸压，可防止由于瓶内压力过高引起气瓶爆裂，避免人员伤亡。压力显示报警系统由警报器、高压导气管、警报器手动关闭手柄、压力表、挂环等组成。气囊的作用是储存氧气及清净罐过滤后的气体，并使之混合成富氧的气体。压载弹簧位于压载弹簧固定座与撑梁之间，作用是使面罩内的气压保持正压。冷却罐内安装冰块（或其他合适的冷却物质），作用是对从清净罐出来的气体进行冷却。吸收二氧化碳的过程是一个放热反应

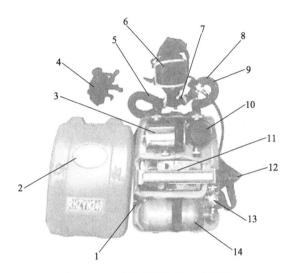

图 6-50　正压式消防氧气呼吸器

1—排液阀；2—外壳；3—清净罐；4—半面罩；5—呼吸软管；
6—全面罩；7—呼吸阀箱；8—吸气软管；9—压力显示报警系统；
10—冷却罐；11—气囊；12—背带；13—气体分配器；14—氧气瓶

$[Ca(OH)_2 + CO_2 \longrightarrow CaCO_3 + H_2O + Q]$，温度较高，需要冷却后才能供人体呼吸。清净罐里盛装的是二氧化碳吸收剂，作用是清除人体呼出气体中的二氧化碳，使呼出气体能够循环使用，普遍以氢氧化钙作为吸收剂。呼吸阀箱是用来连接呼吸两管和面罩的一个部件，主要有呼吸阀箱体、呼吸两阀、呼吸两管、护盖、排液阀等。排液阀是用来排出呼吸阀箱内水分的。面罩是用来罩住脸部，形成有效的密封，防止有毒有害气体进入人体呼吸系统的装置。全面罩适用于工作场所，半面罩适用于训练场所。背带由胸带、左右肩带、腰带、提带、压力表挂环等组成。外壳由上外壳和下外壳组成，对呼吸器内部各零部件起到保护和防尘作用。下外壳具有定位功能，呼吸器的各个零部件都是固定在下外壳上。撑梁的作用是固定压载弹簧和排气阀触点。气囊挂钩作用是固定气囊，防止气囊摆动。

（2）化学生氧式氧气呼吸器　化学生氧式氧气呼吸器是利用化学生氧剂产生的氧气供使用者呼吸的隔绝式呼吸防护器具，人的呼吸器官同大气环境隔绝。

目前，化学生氧式氧气呼吸器主要以进口产品为主，国内也有少量企业生产。下面以某型号化学生氧式氧气呼吸器为例进行介绍。化学生氧式氧气呼吸器由生氧罐、呼吸袋组件（溢流阀、排气袋、吸气袋）、电池、配电器、空气分配器、启动器连接线、配备冷却器的通风管、呼吸软管组件、传感器组件、控制阀门和送风器等部件构成。

化学生氧式氧气呼吸器的工作原理是利用超（过）氧化物与二氧化碳和水蒸气的反应产生氧气为使用者提供呼吸用氧。使用时，使用者呼出的二氧化碳被输送至储有超（过）氧化物［通常为超（过）氧化钾］的罐体，超（过）氧化钾与排出气体中的二氧化碳产生作用，生成氧气，同时产生大量热能。呼吸强度决定氧气量生成的多少。呼吸强度越高，产生的二氧化碳和水蒸气越多，反应也越剧烈，生成的氧气就越多；反之，呼吸强度越低，生成的氧气越少。其化学反应式如下：

$$2K_2O_2 + 2CO_2 === 2K_2CO_3 + O_2$$
$$4KO_2 + 2CO_2 === 2K_2CO_3 + 3O_2$$
$$2KO_2 + 2H_2O === 2KOH + H_2O_2 + O_2$$

3. 过滤式呼吸器

过滤式呼吸器，是指依据过滤吸收的原理，利用过滤材料将吸入气体中的有毒、有害物质过滤后供使用者呼吸的一类呼吸防护器具。目前，常用的过滤式呼吸器是消防过滤式综合防毒面具。

消防过滤式综合防毒面具是依靠使用者呼吸克服部件阻力，防御有毒、有害气体或蒸气、颗粒物（如毒烟、毒雾）等危害其呼吸系统或眼面部的净气式呼吸防护器具，适用于在开放空间有毒环境中作业时呼吸保护。由于不提供氧气及过滤有毒物质能力有限，不适合在缺氧、毒气浓度过高以及毒气种类不明的环境中使用。

消防过滤式综合防毒面具由全面罩和组合式过滤罐等组成。全面罩用于保护眼睛、口、鼻、脸部皮肤免遭各种刺激性毒气伤害，由视窗、口鼻罩、颈带、头带、头罩组件、扣环组件、视窗密封圈和螺纹接口等组成。组合式过滤罐由防尘过滤罐和气体过滤罐组成。过滤式呼吸器如图 6-51 所示。

气体过滤罐中间充填物均为特制的活性炭。每种过滤罐能够过滤的毒气种类不同，某种型号过滤罐能够防护的气体种类可见罐体侧面标识（颜色及代码）或参照使用说明。

消防过滤式综合防毒面具的工作原理是使用者吸入的气体经过过滤罐时，其中的烟雾等颗粒状杂质被过滤罐中的过滤材料过滤，一氧化碳气体被过滤罐中的霍加拉特剂转化为二氧化碳，其他酸性和碱性气体、有机物气体被过滤罐中的活性炭吸附。这样，使用者最终吸入的是对人体无害的气体，呼出的二氧化碳和化学反应所产生的二氧化碳通过呼气阀排到大气中。消防过滤式综合防

图 6-51　过滤式呼吸器

毒面具借助过滤罐，将空气中的有害物去除后供呼吸使用，因此在使用中需靠使用者吸气克服过滤材料的阻力。

三种呼吸器具的使用特点如表 6-5 所示。

表 6-5　常用呼吸器具的使用特点

呼吸器具	使用特点	
	优点	缺点
过滤式呼吸器	防毒面具,结构简单,重量轻,携带、使用方便,对佩戴者有一定的呼吸保护作用	①氧气浓度不能低于 19% ②呼吸阻力大 ③选择性强
空气呼吸器	①结构简单,使用和维护简便 ②空气气源经济方便 ③呼吸阻力小,呼吸舒畅 ④安全性好	①钢瓶重量较大 ②使用时间短
氧气呼吸器	①气瓶体积小,重量轻,便于携带 ②有效使用时间长	①结构复杂,维修保养技术要求高 ②部分人员对高浓度氧(含量大于 21%)呼吸适应性差 ③安全性差,泄漏氧气有助燃作用 ④再生后的氧气温度高,使用受到环境温度限制,一般不超过 60℃ ⑤氧气来源不易,成本高

二、个人皮肤防护装备

消防员化学防护服装是消防员在处置化学事故时穿着的防护服装。该服装可对穿着者的头部、躯干、手臂和腿等部位进行保护,防止化学品的侵害。消防员化学防护服装由化学防护服、化学防护手套、化学防护靴等部分构成。消防员化学防护服装不适用于灭火以及处置涉及放射性物品、生物制剂、液化气体、低温液体危险物品和爆炸性气体的事故。

1. 一级化学防护服装

一级化学防护服装是消防员在短时间内处置高浓度、强渗透性气体化学品事件中穿着的全身防护服装。穿着该服装可以进入无氧、缺氧现场和氨气、氯气、烟气等有毒气体现场，汽油、丙酮、醋酸乙酯、苯、甲苯等有机介质气体现场，以及硫酸、盐酸、硝酸、氨水、氢氧化钠等腐蚀性液体现场进行抢险救援工作。该类服装气密性强，对强酸、强碱、常见有毒气体（如氨气、氯气）和挥发性液体（如氰氯化物、苯等）的防护时间不低于 1h。

一级化学防护服装为连体式全密封结构，由带大视窗的连体头罩、化学防护服、内置式正压式消防空气呼吸器背囊、化学防护靴、化学防护手套、密封拉链、超压排气阀和通风系统等组成，可与正压式消防空气呼吸器、消防员呼救器及通信器材等设备配合使用，如图 6-52 所示。

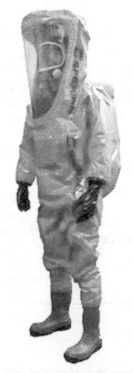

图 6-52 一级化学防护服装

化学防护靴和化学防护手套通过气密紧固连接装置与化学防护服装连接。在相对安全环境下，可以通过外置接口提供长管供气转接，利于短距离、长时间作业处理。一级化学防护服装的主要技术性能见表 6-6。

表 6-6　一级化学防护服装技术性能

项目	性能参数
整体气密性	6min 内压强降低≤300 Pa
贴条黏附强度	≥0.78kN/m
超压排气阀气密性	≥15s
超压排气阀通气阻力	78～118Pa
通风系统分配阀定量供气量	(5±1)L/min
通风系统分配阀手控最大供气量	≥30L/min
面料拉伸强度	≥9kN/m
撕裂强力	≥50N
耐热老化性能	经 125℃×24h 后,不黏不脆
阻燃性能	有焰燃烧时间≤10s;无焰燃烧时间≤10s;损毁长度≤10cm
接缝强力	≥250N
面料和接缝部位抗化学品渗透时间	≥60min
耐寒性	在(−25±1)℃温度下冷冻 5min 后无裂纹
质量	≤8kg

需要着一级化学防护服的事故现场危险性极大,穿着人员必须了解一级化学防护服装使用范围。穿着人员需经训练,熟悉穿着、脱卸及使用要点。穿着和脱卸过程中必须有人协助和监护完成。使用前必须进行下列检查:①手套和胶靴安装是否正确。②服装里外是否被污染。③服装面料和连接部位是否有孔洞、破裂。④密封拉链操作是否正常,滑动状态是否良好。⑤超压排气阀是否损坏,膜片工作是否正常。⑥视窗是否损坏,是否涂上保明液。⑦整套服装气密性是否良好。使用中,服装不得与火焰以及熔化物直接接触;不得与尖锐物接触,避免扎破、损坏。

2. 二级化学防护服装

二级化学防护服装是消防员处置液态化学危险品和腐蚀性物品,以及缺氧现场环境下实施救援任务时穿着的化学防护服。它为消防员身处含飞溅液体和微粒的环境中提供最低等级防护,并能防止液体渗透,但不能防止蒸气或气体渗透。二级化学防护服装为连体式结构,由化学防护头罩、化学防护服、化学防护靴、化学防护手套等构成,与外置式正压式消防空气呼吸器配合使用,如图 6-53 所示。

图 6-53 二级化学防护服装

化学防护靴和化学防护手套通过黏合方式与化学防护服连接。主要材料和零部件包括：高强锦丝绸涂覆阻燃耐化学介质面料、化学防护靴、化学防护手套以及胶圈、金属大白扣、松紧带等。二级化学防护服装的主要技术性能见表 6-7。

表 6-7 二级化学防护服装技术性能

项目	性能参数
抗水渗漏	经 20min 水喷淋后，无渗漏现象
贴条黏附强度	≥0.78kN/m
面料拉伸强度	≥9kN/m
撕裂强力	≥50N
耐热老化性能	经 125℃×24 h后，不黏不脆
阻燃性能	有焰燃烧时间≤10s；无焰燃烧时间≤10s；损毁长度≤10cm
接缝强力	≥200N
面料和接缝部位抗化学品渗透时间	≥60min
耐寒性	在(−25±1)℃温度下冷冻 5min 后，无裂纹
质量	≤5kg

着二级化学防护服装开展事故处置时不得与火焰及熔化物直接接触。使用前必须认真检查服装有无破损，如有破损，严禁使用。使用时，必须注意头罩与面具的面罩紧密配合，颈扣带、胸部的大白扣必须扣紧，以保证颈部、胸部气密。腰带必须收紧，以减少运动时的"风箱效应"。

3. 特级化学防护服

特级化学防护服可替代一级化学防护服使用，是化学灾害现场或生化恐怖袭击现场处置生化毒剂时的全身防护装备。具有气密性，对军用芥子气、沙林、强酸、强碱和工业苯的防护时间不低于 1h。可直接穿，也可套在衬衣外面，抗拉、抗紫外线；内层浸渍有活性炭的聚氨酯压缩泡沫；在芥子气浓度达到 $0.01kg/m^3$ 的环境中可以工作 24h 以上。特级化学防护服如图 6-54 所示。

图 6-54 特级化学防护服

4. 简易防化服

适用于短时间轻度污染场所，可以防止液态化学品喷射污染和粉尘污染。材质为拉伸性极强的高强度聚乙烯。具有阻燃性能，损毁长度＜10cm，续燃时间＜2s，阻燃时间＜10s，且无熔滴。该防护服装对使用者面部、手部无防护作用。

5. 消防防化手套

消防防化手套适用于消防员在处置化学品事故时穿戴，防止危险化学品渗透。不适合于高温场合、处理尖硬物品作业时使用，也不适用于电气、电磁以及核辐射等危险场所。

消防防化手套可以是分指式，也可以是连指式，结构有单层、双层和多层复合，材料一般有橡胶（如氯丁橡胶、丁腈橡胶等）、乳胶、聚氨酯、塑料（如 PVC、PVA）等；双层结构的手套一般是以针织棉毛布为衬里，外表面涂覆聚氯乙烯，或以针织布、帆布为基础，上面涂敷 PVC 制成，这类手套称为浸塑手套。另外，还有全棉针织内衬，外覆氯丁橡胶或丁腈橡胶涂层。多层复合结构的手套是由多层平膜叠压而成，具有广泛的抗化学品特性。当消防员穿戴手套在事故现场处置化学品时，手套表面材料能阻止化学气体或化学液体向手部皮肤的渗透，使消防员免受化学品的烧伤、灼伤。消防防化手套的主要技术性能见表 6-8。

表 6-8　消防防化手套技术性能

项目	性能参数
耐磨性能	手套组合材料经粒度为 100 目的砂纸，在 9kPa 压力下 2000 次循环摩擦后，不被磨穿
撕裂强力	≥30N
抗机械刺穿力	≥22N
耐热老化性能	经 125℃×24h 后，不黏不脆
面料和接缝部位抗化学品渗透时间	≥60min
耐寒性	在(−25±1)℃温度下冷冻 5 min 后，无裂纹
灵活性能	30s 内能拾取钢棒 3 次

危险化学品事故发生后，应明确防护对象后再选择相应的手套，对于手套的使用和维护应注意：耐酸碱手套使用前应仔细检查，观察其表面是否有破损，简单的检查方法是向手套内吹气，用手捏紧手套口，观察是否漏气，如果有漏气则不能使用。橡胶、塑料等材质手套用后应冲洗干净、晾干，保存时避免高温，并在手套上撒上滑石粉以防粘连。接触强氧化酸如硝酸、铬酸等，因强氧化作用会造成耐酸碱手套发脆、变色、早期损坏。高浓度的强氧化酸甚至会引起烧损，应注意观察。乳胶手套只适用于弱酸，浓度不高的硫酸、盐酸和各种盐类，不得接触强氧化酸（硝酸等）。

6. 化学防护靴

化学防护靴是消防员在处置化学事件时穿着的腿部、足部防护装备。着化学防护靴可以阻止危险化学品渗透，为脚、踝及小腿提供防护，是化学防护服装的一个组成部分。化学防护靴不适合在高温场合、处理尖硬物品作业时使用，也不适用于电气、电磁以及核辐射等危险场所，可在不需穿戴一级、二级化学防护服装的危险化学品事故场合时穿着。化学防护靴由靴头、靴帮、靴底三部分组成。靴头、靴底结构与消防员灭火防护胶靴相似，其中靴头内设置有钢包头层，靴底设置有钢中底层，如图 6-55 所示。

图 6-55　化学防护靴

第七节　新型技术装备

随着科技的不断发展，一些新技术、新材料、新方法被应用于危险化学品事故救援当中。例如，光学探测技术大大提高了侦检的正确性；消防机器人、无人机的推广应用，将人从侦检的危险中解放出来；新型复合材料的应用，大大提高了防化服的防毒性能。

一、傅里叶变换红外光谱技术

将红外光谱技术应用于侦检中，最具有前途的是傅里叶变换红外光谱技术（Fourier Transform Infrared Spectroscopy，FTIR），利用红外光谱技术等进行化学侦检已经成为一种发展趋势。FTIR 技术将红外技术和遥测技术相结合，具有分辨力高、测量波段宽、响应时间快以及遥测等优点，因此能够解决目前侦检器材中存在的问题，是较为理想的化学侦检方式。

FTIR 技术分为主动式和被动式两种遥测方式。主动式 FTIR 技术可实现远距离的遥测，且信噪比较高。但是主动式 FTIR 需要一个人工光源，因此在实际应用中对于固定场所的检测比较合适，而对于场所不确定的事故现场检测，则应用范围受限。被动式 FTIR 技术以自然环境或泄漏的危险化学品气体为红外辐射源，测得危险化学品的发射谱或吸收谱，并以此来分析泄漏物质的种类和浓度等信息。由于不需要人工光源，因此对于事故现场危险化学品的侦检将更加方便[7,8]。

遥感傅里叶变换红外光谱分析技术（遥感 FTIR）的特点主要包括：

（1）能够实现超远距离的无线监测，遥感 FTIR 可以实现 24h 无间隙超远距离对空气污染物的监测。

（2）遥感 FTIR 还能够剖析多组空气污染物，同时还能做出精确判断。

（3）遥感 FTIR 在进行监测大气过程中，能够简化检测环节，消耗的能量比较少。

（4）遥感 FTIR 并不需要限制监测区域监控面积，从而实现高空、地面以及海面立体空间的环境监控。

遥感 FTIR 能十分准确地检测到污染热气体放射源发散的各类辐射化学与物理特性，可成为化学事故现场泄漏物检测的新技术。该监测技术能够精确监测多样品的大气污染情况，不受空间与时间的限制。

二、消防机器人

消防机器人是一种以机械制造工艺为基础，无线电通信技术、电子技术、视频图像技术为核心的特种装备，主要由底盘、水炮、电池、摄像头、电机、控制器等设备组成，具备灭火、侦察、救援等功能，如图 6-56 所示。消防机器人可以分为灭火机器人、侦查机器人和救援机器人，其中后两者在危险化学品事故中扮演着重要的角色。侦察机器人可以进入危险场所进行探测、侦察，并可将采集到的数据、图像、语音等信息进行实时处理和传输，有效解决了消防员在危险场所的人身安全问题[9]。

我国在 20 世纪末至 21 世纪初期，才开始引入消防机器人的概念并展开相应研究[10]。目前消防机器人都是通过遥控器远程操控。随着计算机软硬件和视频监控、图像识别、智能算法等先进技术的发展，第二代、第三代的消防机器人将引入更多的智能化功能。自动寻火、自主避障、自动报警、全景成像、机器视觉、智能热成像及危险气体检测等功能，将成为今后研发的主流，集侦查、灭火和救援功能于一体以提高救援效率。例如我国上海消防研究所研制的消防救援机器人，可对灾害现场有毒气体种类、浓度实施检测，其部分性能指标如表 6-9 所示。

图 6-56 消防机器人

表 6-9 消防救援机器人的部分性能指标

指 标	参 数
无线遥控距离	≥150m
探测常见有毒气体种类	CO、H_2S 等
探测可燃气体浓度	0~100%LEL
机械臂	自由度≥4；负载≥70kg
现场图像信号	实时无线传输
现场有毒气体浓度	实时无线传输
现场温度及热辐射数据	实时无线传输
爬坡能力	≥15°
最低持续工作时间	≥1h(≤50℃时)
最大行驶速度	>3.6km/h,能原地转向
转弯半径	<1.5m
专家辅助决策系统	有

三、多旋翼侦查无人机

灾害事故救援和灾情监测要求速度快、数据准，为满足快速响应和近距离监测，多旋翼无人飞行器系统成为最佳选择[11,12]。消防侦察无人机可执行空中侦察、空中图像采集与传输等任务，通过与地面消防灭火、侦察机器人配合使用，可扩大监控范围，实施对可燃/有毒气体侦检、传送应急救灾物资、牵引救生绳索等救援物品，使侦察手段多样化，救援部署更加完善，是立体消防作战体系的重要组成部分，如图 6-57 所示。

图 6-57　六旋翼消防侦查机器人

四、新型防化服材料

作为防化服的载体，防化服材料发挥着举足轻重的作用，任何防护材料的技术革新都会从根本上改变防化服的发展趋势。随着科学技术的不断发展，越来越多的新型材料层出不穷，随之而来的是具有各式各样新功能材料的应运而生。

1. 隔绝材料

很多材料都可以用作隔绝材料，除了要求它对生化毒剂的渗透有较长的时间、广谱的阻隔性外，还要求它具有尽可能低的热负荷效应并且具有抗撕裂、耐磨损和抗穿刺性能。

2. 多层复合膜材料

适合作复合膜内层的典型材料是聚氯乙烯。外层为聚烯烃材料，经过改性后增强对基材的粘接力。瑞士研制的 Rolamit 材料是一种多用途的层压膜材料，厚度 $100\mu m$，重量为 $100\sim150g/m^2$，对芥子气防护时间为 24h，具有良好的机械性能、耐破损性和耐穿刺性能。其他材料，如杜邦的 Tyvek 和 Tychem 系列都具有良好的阻隔性能，因而被广泛用作防护服材料。

3. 涂层织物

早期的有害气体防护织物采用橡胶涂覆织物材料，这种材料可实现有毒液体及大液滴污染的长期有效防护，但这类材料自重达 $250\sim500g/m^2$，制备的防毒衣给穿着人员带来的热负荷较高。

4. 透气材料

LANX 系列 NBC 防护织物具有良好的吸附性、耐久性、舒适性和透气性，也具有一定的阻燃等性能。LANX 织物采用聚合物基活性炭（PAEC）吸附技术，其炭颗粒具有严格、均一的尺寸和化学防护性能。LANX 织物最大的优点是穿着舒适性好，织物外层由尼龙、棉或混纺材构成，有防护有害气体、液体和阻燃的功能。活性炭纤维被认为是 NBC 防护系统中重量轻、效率高、应用便捷和体积灵巧的材料，经过浸渍处理，它还可以负载催化剂、化学吸附剂和杀菌剂等。活性炭纤维相对颗粒状活性炭来说，具有吸附容量增加、热阻降低、耐酸性增强和本体耐受性提高等优点，它比颗粒状活性炭有更高的吸附容量和更快的吸附及解吸速度。

5. 粉末炭

粉末炭可以黏附在各种形式的材料上，包括低密度的柔性聚氨酯泡沫、起绒棉和无纺布。无纺布黏附活性炭材料性能较好。活性炭属于超细粉末，粉末炭上含有各类孔径的孔隙，它们提供了很高的吸附能力，减小了孔隙堵塞的影响，与此同时提高了防毒服产品的储存寿命[13]。

6. 球形吸附材料

德国的 Blucher 公司研发的另一种活性炭吸附技术——SARATOGATM，采用粒径为 $0.5\sim1\mu m$ 的球形活性炭，以预设的模式，点状黏附在织物面层上，该层又与尼龙、聚酯和机织棉等进行织物复合。SARATOGATM 重 $256\sim310g/m^2$，外层是经拒水拒油整理的高阻燃棉织物，穿着感觉良好且防护性能好，但在制作成本和热负荷效应上略有增加。与粉末炭体系相比，球形活性炭技术提供 85% 的表面区域用在与织物进行黏附而被胶黏剂覆盖。由于胶黏剂只覆盖活性炭的极少部分，保留了大量活性吸附点，因而该体系具有很高的吸附性能。该材料比其他形态的活性炭材料更加牢固可靠，更有利于发挥活性炭本体的吸附能力。根据需要还可以调整体系中纤维或织物的构成，使其在军事上得到广泛应用[14]。

参考文献

[1]　公安部消防局. 危险化学品事故处置研究指南［M］. 湖北:湖北科学技术出版社，2010.
[2]　黄金印，姜连瑞，夏登友. 公路气体罐车泄漏事故应急处置技术［M］. 北京:化学工业出版社，2014.
[3]　胡忆沩，杨梅，李鑫，等. 危险化学品抢险技术与器材［M］. 北京:化学工业出版社，2015.
[4]　王凯全. 危险化学品运输与储存［M］. 北京:化学工业出版社，2017.

［5］ 郭铁男，等．中国消防手册［M］．上海：上海科学技术出版社， 2006．

［6］ 公安部消防局．消防员防护装备与通信器材［M］．北京：群众出版社， 2014．

［7］ 罗明星，李相贤，高闽光．FTIR 技术在环境大气监测中的应用［J］．现代科学仪器，2016，6：98-102．

［8］ 杨玉胜．化学侦检装备现状及发展趋势［J］．消防界，2018，5：107-109．

［9］ 党海昌．消防机器人在我国消防救援中的应用现状和前景分析［J］．消防科学与技术，2016（3）：69-71．

［10］ 钱铖，蒋静法，李斌．消防机器人的现状与发展方向［J］．消防技术与产品信息，2018（31）：82-84．

［11］ 崔彦琛，吴立志，朱红伟，崔俊广．无人机在消防通信中的应用研究［J］．消防科学与技术，2019（4）：526-529．

［12］ 崔彦琛，吴立志，朱红伟，郭可新，黄俊杰．消防无人机侦察功能的应用研究［J］．消防科学与技术，2018（11）：64-68．

［13］ 吕晖，朱宏勇，程昊．生化防护服的发展概述［J］．中国个体防护装备，2014，3：19-21．

［14］ 杨莉．活性炭和活性碳纤维在防化服中的应用与发展［J］．产业用纺织品，2009，10：39．

第七章

危险化学品事故现场急救

危险化学品事故不仅造成现场人员的急性中毒，还可能对现场人员产生其他方面的损伤，如化学热力烧伤、灼伤、低温冻伤等。在危险化学品事故救援过程中，救援人员应掌握一定的危险化学品现场急救技能，做好化学致伤的早期现场急救[1]。

第一节　现场急救概述

危险化学品事故现场急救是指救援人员根据事故特点及人员受伤情况，针对不同部位的损伤及伤情特点，在专业医务人员尚未到达现场的情况下，对伤员进行及时、适当有效的现场紧急救护措施，为进一步抢救伤员创造条件，从而最大限度地挽救生命。

一、现场急救目的

1. 挽救生命

通过及时有效的现场急救，最大限度地挽救伤员的生命，如对危险化学品事故现场发生心跳、呼吸停止的伤员进行心肺复苏。

2. 稳定伤情

在现场对伤员进行对症、医疗支持及相应的特殊治疗与处置，以使伤情稳定，为下一步的抢救打下基础。

3. 减少伤残

发生危险化学品事故特别是重大事故时，不仅可能出现群体性中毒，还可能出现烧伤、冻伤、复合伤和各类外伤，诱发潜在的疾病或使原来的某些疾病恶化，现场急救时正确地对伤员进行冲洗、止血、包扎、固定、搬运及其他相应处理，可以大大降低伤残率。

4. 减轻痛苦

通过采用止血、包扎、固定、止痛等一般及特殊的救护可稳定伤员的情绪，减轻伤员的痛苦。

二、现场急救原则

危险化学品事故现场情况复杂、混乱，救灾医疗条件艰苦，伤员伤情复杂，而且可能出现大批伤员。因此，危险化学品事故现场急救应遵循以下原则：

1. 做好个人安全防护

危险化学品事故现场环境恶劣，危险因素多，急救人员进入危险区域前，必须事先了解危险区域的地形，建筑物的分布，有无爆炸及燃烧的危险，毒物种类及大致浓度，佩戴合适的呼吸器和防化服，做好自身的安全防护，在保证自身安全的情况下开展急救工作。

2. 迅速脱离危险环境

迅速把伤员转移到安全区域后再进行救治，转移时应对伤员采取必要的防护措施，如佩戴简易防毒面具，或用湿毛巾捂住口鼻。同时应合理选择安全的撤离路线，向侧风或上风方向转移，避免横穿毒源中心区域或危险地带。

3. 先救命、后治伤

在现场急救过程中，要把有限的医疗资源用到最紧急、最需要的地方，最大限度地挽救伤员的生命。对心跳、呼吸停止的伤员要迅速给予心肺复苏；对创伤大出血引起休克的人员，要立即止血抗休克等；置神志不清的伤员于侧卧位，防止气道梗阻；对缺氧者给予氧气吸入，密切观察伤员意识、瞳孔、血压、呼吸、脉搏等基本生命体征。

4. 先重后轻，先急后缓

当遇到多个需要救治的伤员时，要先救治危重伤员，后救治较轻的伤员。如果伤员伤情不同，要按"先治较重的部位，后治较轻的部位"的原则进行处理。如果参与救治的人员较多，可采取分头救治的办法。

5. 先群体，后个人

在危险化学品急救现场，若遇受威胁人数较多的情况时，要遵循"先救受威胁人数较多的群体，后救受威胁的个人"的原则，以达到救更多人的目的。

6. 先分类再运送

不管伤轻伤重，甚至对大出血、严重撕裂伤、内脏损伤、颅脑损伤伤者，如果未经检伤和任何医疗急救处置就急送医院，后果十分严重。因此，必须坚持先进行伤情分类，把伤员集中到标志相同的救护区，有的伤员需等待伤势稳定后才能运送。

三、现场急救程序

1. 现场安全评估

危险化学品事故发生后，救援人员必须对现场进行安全评估，主要涉及事故伤害的原因、伤害程度以及可能危险性等三个方面。根据事故的性质、程度、毒物的种类和毒性，有无燃烧、爆炸、窒息、坠落、撞击等现场情况，分析可能致伤的原因。根据伤员的临床表现，迅速评估伤亡人员数量及程度，尤其是成批伤员的可能性。评估事故现场是否存在对急救人员、伤员和周围群众的潜在危险因素，如现场事故是否存在火灾爆炸危险性。伤员被困在危险环境中，救援人员应做好个人安全防护，保证安全。若现场存在危险可能伤及伤员，应将伤员安全、迅速地搬运到安全地点。

2. 紧急呼救

作为现场第一目击者，当发生人员伤亡时，应尽快拨打电话呼叫急救车。在呼救时应简要清楚地说明以下信息：①报告人电话号码与姓名，伤员姓名、性别、年龄和联系电话。②伤员的确切地点，尽可能指出附近街道的交汇处或其他显著标志。③伤员目前最危重的情况，如昏倒、呼吸困难、大出血等。④危险化学品事故发生时，说明伤害的性质、严重程度、伤员的人数。⑤现场所采取的救护措施。

需要注意的是，先不要放下话筒，要等救护调动人员先挂断电话。

作为医疗救护人员，应将现场评估结果，立即向上级指挥员、相关部门报告。根据伤亡情况，及时向专业急救机构、医疗部门或社区卫生单位报告请求救援。

3. 判断伤情

对伤病员进行初步的医学检查，确认并立即处理危及生命或正在发展成为危及生命的损伤或疾病。在这一阶段，应特别注意意识、呼吸、循环等几方面以及全身外伤、出血、骨折等基本损伤的检查。

（1）意识。先判断伤员神志是否清醒。救援人员采用"轻拍重呼"的方法，双手轻拍伤员的双肩，并在伤员的两耳边大声呼喊，观察其是否有反应；如是婴儿，用手指轻弹或轻拍足底。若无反应，则表明意识丧失，已处于危重状态。

（2）呼吸。美国心脏协会（American Heart Association，AHA）推荐判断呼吸是否正常的方法是扫视法，即反复扫视伤员胸部至少 5s，但不超过 10s。若未见可见的胸部隆起或者仅有濒死叹息样呼吸，表明呼吸不正常[2]。此外，一听、二看、三感觉的方法是指救援人员将自己面颊靠近伤员的口鼻处，看胸廓有无起伏，听有无呼吸音，感觉有无气流感。正常成人每分钟呼吸 12～18 次。如出现呼吸变快、变慢、变浅乃至不规则，呈叹息样，提示伤情危重。

作为非专业医务人员，如发现伤员无呼吸（或叹息样呼吸），即可假定伤员已出现心脏骤停，应立即实施心肺复苏。

（3）循环。测量伤员的脉率及脉律。常规触摸桡动脉，如未触及，则应触摸颈动脉或股动脉，对婴儿触摸肱动脉。成人脉搏 60～100 次/min，儿童脉搏 110～120 次/min，婴幼儿脉搏 130～150 次/min。缺氧、失血、疼痛、心衰、休克时，脉搏加快、变弱；心律失常出现脉搏不规则。此外，也可以通过触摸伤员肢体皮肤，了解皮肤温度、有无发热、有无湿冷以及观察有无发绀、花纹出现，了解末梢循环来判断循环情况。

（4）创伤。根据实际情况，对伤员的头部、颈部、胸部、腹部盆骨、脊柱及四肢进行全身系统或有针对性评估判断。在进行伤情判断时，尽量减少或不移动伤员；注意倾听伤员或目击者的主诉以及与发病或创伤有关的细节；重点关注伤病员的生命体征及受伤与病变主要部位的情况。不同部位的判断方法见参考文献 [3]。

4. 检伤分类

伤员检伤分类是指伤员的伤情分类和救治的先后顺序。急救检伤分类使那些能从现场处置中获得最大医疗效果的伤员得到优先处置，给予及时的救助。

世界卫生组织推荐的急救检伤分类标准：①生命垂危，需要立即治疗，而且有望救活的伤员（红色标志，优先 1 级）；②生命没有立即的危险，需要紧急但不是立即处理的伤员（黄色标志，优先 2 级）；③需要简单处理的伤员（绿色标志，优先 3 级）；④心理受到创伤需要安慰和镇静的伤员（没有特别的分类标志）。⑤伤员的伤情超过目前已有的救治能力，如严重的辐射伤害或者严重烧伤，当时当地无法救治，或者复杂手术病例迫使医生不得不在这个伤和其他伤员之间做出取舍（黑色标志，放弃治疗）。在具体检伤时，可采用表7-1进行。

表7-1 伤情分类表

类别	程度	标志	伤情
I	危重伤	红色	严重头部伤、大出血、昏迷、各类休克、严重挤压伤、内脏伤、张力性气胸、颌面部伤、呼吸道烧伤、大面积烧伤(30%以上)
II	中重伤	黄色	胸部伤、开放性骨折、小面积烧伤(30%以下)、长骨闭合性骨折
III	轻伤	绿色	无昏迷、休克的头颅损伤和软组织伤
0	致命伤	黑色	呼吸、心跳停止,各种反射均消失,瞳孔固定散大

　　检伤分类应由医务人员或经过培训的救护员实施。目前，普遍适用于大规模伤亡事件的检伤分类方法还未统一。简单急救检伤分类及快速治疗（Simple Triage And Rapid Treatment，START）已在许多国家和地区采用。该法依据行走能力、呼吸状况、循环灌注、意识情况进行伤势严重程度评估，评估方便快捷、简单易行，不需要专业医疗器材，特别适用于最先到达现场的急救人员使用。此法分为以下四步完成。

　　（1）A步骤。此步骤进行行动能力检查。先引导行动自如的伤员到轻伤接收站，暂不进行处理或仅提供敷料、绷带等，嘱其自行包扎皮肤挫裂伤，通常不需要急救人员立即处理。但仍有个别伤员可能存在潜在的重伤或可能发展为重伤，故需要复检判定。

　　（2）B步骤。此步骤进行呼吸状况检查。对不能行走的伤员，在检查呼吸之前须打开气道，同时注意保护颈椎。可以采用脱颌法，尽量不使伤员头后仰。检测判定：a. 没有呼吸者标黑色标志，暂不处理；b. 自主呼吸存在，但呼吸次数每分钟超过30次或少于6次者均标红色标志，属于危重伤员，常需要优先处理；c. 每分钟呼吸次数在6～30次者，开始C步骤。

　　（3）C步骤。此步骤进行循环检查。检查时可以通过触及桡动脉和观察指端毛细血管复充盈时间来完成。搏动存在和复充盈时间小于2s者为循环良好，可以进行下一步检查；搏动不存在且复充盈时间大于2s者为循环衰竭的危重伤员，应标红色标志并优先救治。后者多合并活动性大出血，需立即有效地止血及补液处理。

　　（4）D步骤。此步骤进行意识状况检查。在判断意识状态之前，首先检查伤员是否有头部外伤，然后简单询问并指令其做张口、睁眼、抬手等动作。不能正确回答和按照指令动作者，多为危重伤员，标红色标志并给予优先处理；能够准确回答问题并按照指令动作者，可按轻伤员处理，标黄色标志，暂不给予处理。但需要警惕：初步检定为轻伤的伤员可能隐藏有内脏严重损失，如肝、脾被膜下破裂，或可能逐渐发展为重伤。

需要注意的是，检伤不是目的，当检伤与抢救发生冲突时，应以救命为先。检伤中应特别注意那些"不声不响"、反应迟钝的伤员，避免检查遗漏。START 检伤流程如图 7-1 所示。

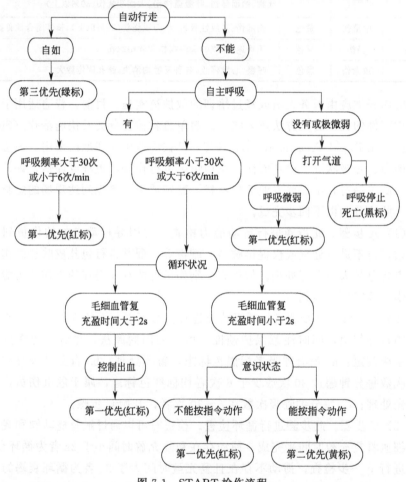

图 7-1　START 检伤流程

5. 现场救护

第一目击者及所有急救人员应牢记现场对垂危伤员抢救生命的首要目的是"救命"。因此在现场处置过程中，着重呼吸、循环、意识和出血等情况的处理，要维持伤员的基本生命体征。

（1）采取正确的救护体位。对于意识不清者，取仰卧位或侧卧位，便于复苏操作及评估复苏效果，具体如图 7-2 所示。在可能的情况下，翻转为仰卧位（心肺复苏体位）时应放在坚硬的平面上，救护人员需要在检查后，进行心肺复苏。若伤员没有意识但有呼吸和脉搏，为了防止呼吸道被舌后坠或唾液及呕吐物阻塞引起窒息，对伤员应采用侧卧位（复原卧式位），唾液等容易从口中引流。体位应保持稳定，易于伤员翻转其他体位，保持利于观察和通畅的气道；超过 30min，翻转伤员到另一侧。有颈部外伤者在翻身时，为防止颈椎再次损伤引起截瘫，另一人应保持伤员头、颈部与身体同一轴线翻转，做好头、颈部的固定。对疑有脊椎损伤者，有条件时用颈托加以保护，并尽可能保持颈托的干净，注意不要随意移动伤员，以免造成二次伤害。

(a) 翻转伤员为仰卧位　　　　　　　　　　(b) 侧卧位

图 7-2　伤员体位

（2）维持生命体征。维持呼吸系统功能，保持呼吸道通畅，包括清除痰液及分泌物；对呼吸停止者要进行口对口人工呼吸或球囊面罩通气、气管插管通气等；对重症气胸的伤员进行穿刺排气。维系循环功能，包括心脏骤停的心肺复苏技术，高血压急诊，急性心肌梗死、急性肺水肿的急性护理。

（3）对症处理。如有出血情况，应立即采取止血救护措施，避免因大出血造成休克而死亡。对于复合伤员，一般按照心胸部外伤—腹部外伤—颅脑损伤—四肢、脊柱损伤等顺序处理。

6. 分流处置

在现场检伤分类与救护的基础上，按不同伤情进行伤员的快速分流，以便及时得到后续救治与处理。

（1）轻度损伤者，经一般处理后可分流到住处或暂住点，或到社区卫生站点。

（2）中度损伤者，经对症应急处理后可分流到附近有条件的医院。

（3）重度损伤者，经现场急救、维持生命措施后，生命体征稍趋稳定可分流到附近有条件的医院。

（4）死亡者，做好善后与遗体的处理。

现场急救程序如图 7-3 所示。

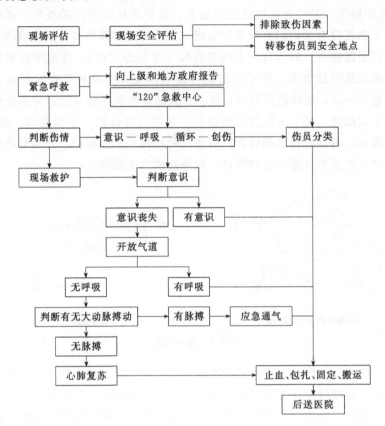

图 7-3　现场急救程序

第二节　急性化学中毒急救

在危险化学品事故中，救援人员面对的大多是急性中毒人员。急性中毒时，大量毒物短时间进入人体，并在毒物进入人体的 24h 内引起中毒症状。急性化学中毒常见于危险化学品生产、储存、运输过程中。发生比例比较高的危险化学品有：氯气、一氧化碳、氨气、氮氧化物、二氧化碳、硫化氢、硫酸二甲酯、光气等，其中一氧化碳、硫化氢致人中毒占比达 40%[4]。急性化学中毒具有发病突然、病变骤急、迅速的特点，因此，急性中毒者需要进行迅速有效的救治。

一、急性化学中毒机理

1. 中毒机制

毒物经各种途径吸收后进入血循环，一般首先与红细胞或血浆中的某些成分相结合，再通过毛细血管进入组织，毒物通过淋巴血液分布到全身，最后达到细胞内的作用部位而产生毒性，出现各种中毒表现。对于不同的系统，中毒的症状也不同，具体可参见第二章第四节。

2. 代谢机制

毒物进入机体后与机体的细胞和组织内的化学物质起合成作用，通过酶的作用而代谢为其他物质，有毒物质在机体内代谢主要是通过肝脏进行，肾、胃、肠、心、甲状腺等也可以进行代谢转化。

毒物在机体内发生代谢作用的同时，也在不断排出体外，其排出途径主要是呼吸道、肾脏和消化道，一些可随汗液、消化液等排出，也有在皮肤的新陈代谢过程中到达皮肤而排出机体。

二、急性化学中毒现场急救程序

1. 中止毒物继续进入体内

明确中毒途径后，立即采取措施，中止毒物继续进入体内。

对吸入性中毒，立即撤离中毒现场，移至空气新鲜、开阔的地方，解开衣领，视情况给予吸氧或人工辅助呼吸。

对皮肤、黏膜接触中毒，立即将伤员撤离中毒环境，脱去被污染的衣物，认真清洗皮肤、黏膜、毛发及指甲缝（不可用热水，因热水可使血管扩张，增加毒物吸收）。

（1）无创伤的皮肤、黏膜用蒸馏水（忌用热水）反复冲洗，可根据毒物的酸碱性选用清洗剂冲洗，如酸性毒物用肥皂水或3%～4%的苏打水，碱性毒物则用食醋、3%～5%的醋酸或3%的硼酸等，最后用清水冲洗干净。

（2）若毒物由伤口进入，应在伤口的近端扎止血带（每隔15min放松1min，以防肢体坏死），局部冰敷，对创面的毒物应用吸引器或局部引流排毒先将其吸出，再用清洗剂冲洗，然后用清水冲洗干净。眼内溅入毒物，应立即用清水彻底冲洗，对腐蚀性毒物更须反复冲洗，时间不短于15min。固体腐蚀性毒物侵入时，应立即以机械方法取出。

（3）有些毒物（如有机磷农药）可经皮肤排泄，但排泄后可被再吸收，故在治疗中应不间断地清洗皮肤、毛发，以防毒物再吸收。

经消化道或注入中毒者，应立即停止食用或注入毒物。

2. 排除体内未吸收的毒物

经消化道进入体内的毒物，经消化道黏膜吸收后才出现中毒症状，所以在急救处理时应尽可能地将未被吸收的毒物采用催吐、洗胃等方法使其排出，以减少吸收。

（1）催吐。催吐方法简便，出现呕吐比较快，不受条件限制，能使小肠上段的内容物吐出。方法是先饮服冷开水 500～600mL，再用手指、压舌板或硬羽毛等物品刺激伤员咽腭和咽后壁，产生呕吐反射，使胃内容物吐出。反复进行直至认为胃内毒物吐尽为止。

（2）洗胃。催吐的方法不能使毒物完全排出，故有洗胃条件时应选择洗胃法。插入胃管后用注射器抽尽胃内容物，注入洗胃液 300mL，再抽尽，如此反复进行，直到抽出的胃内容物清晰为止。一般需用洗胃液（清水或生理盐水等）5000～10000mL。洗胃应尽早进行，一般中毒后 6h 内洗胃效果较好。

3. 加速毒物的排泄

进入体内尚未被清除或已经被吸收的毒物应加速其排泄，可用导泻、利尿和输液、血液净化疗法。

（1）导泻。肠胃道给予导泻药，以加速肠胃道的排空速度，使部分已进入肠道的毒物快速排出，减少毒物的吸收。

（2）利尿和输液。肾脏是毒物及代谢产物的重要排泄器官，凡能通过肾脏排泄的毒物中毒，均可使用利尿和输液方法治疗。大量饮水有利尿排毒作用，亦可同时口服速尿 20～40mg/天。用大量的 5％葡萄糖注射液或生理盐水静脉点滴，必要时可加速尿、维生素 C、碳酸氢钠等药物。

（3）血液净化疗法。血液净化疗法是促进某些毒物排出体外的有效方法之一，主要用于可透出毒物的严重中毒。

4. 应用解毒剂

解毒剂可通过物理、化学和生理拮抗作用阻止或减少毒物的吸收，使毒物灭活及对抗毒物的毒性作用，以减轻危害。解毒剂可分为一般解毒剂和特效性解毒剂两类。

（1）一般解毒剂。此类解毒剂无特异性，解毒效果差，但可以广泛应用。

a. 皮肤、黏膜接触的毒物或口服后未被吸收的毒物，可用中和的方法使毒物灭活。例如，强酸可用弱碱性药物如氧化镁、碳酸氢钠、石灰水上清液等中和，强碱则可用弱酸性药物如 3％醋酸或食醋等中和。

b. 用沉淀剂使毒物发生沉淀，可以减少吸收，降低毒性。重金属盐类毒物中毒可用牛奶、蛋清、鞣酸蛋白等使之沉淀，硝酸银中毒可用食盐溶液使之沉淀，草酸类药物中毒可用石灰水使之沉淀。

c. 活性炭或树脂可吸附除氧化物以外的多数毒物，以减少毒物的吸收。

d. 高锰酸钾、过氧化氢可使生物碱、氰化物及部分有机磷农药氧化解毒。

e. 蛋清、牛奶、食用油、米汤、面糊等可涂布于胃黏膜的表面，保护黏膜以减轻毒物的刺激并延缓毒物的吸收。

（2）特效性解毒剂。此类解毒剂有针对性，解毒效果较好，有重金属解毒剂、有机磷农药解毒剂、高铁血红蛋白还原剂、氰化物解毒剂等，具体可以参考文献 [5]。

三、常见化学中毒的现场救治

1. 刺激性气体中毒的现场救治

刺激性气体过量吸入可引起以呼吸道刺激、炎症乃至肺水肿为主要表现的疾病状态，称为刺激性气体中毒。氯气、光气、氨气、酸类和成酸化合物（如氯化氢、硫化氢）等可引起刺激性气体中毒。

刺激性气体中毒的救治具体措施是：①迅速将伤员脱离事故现场，移到上风向空气新鲜处。保护呼吸道通畅，防止梗阻，并注意保温，给吸入氧气有利于稀释吸入的毒气，并有促使毒气排出的作用。②密切观察患者意识、瞳孔、血压、呼吸、脉搏等生命体征，发现异常立即处理。对无心跳、呼吸者采取人工呼吸和心肺复苏。③积极改善症状，如剧咳者可使用祛痰止咳剂；躁动不安者可给予安定镇静剂，如安定、非那根；支气管痉挛者可将异丙基肾上腺素气雾剂吸入或静脉注射氨茶碱；中和性药物雾化吸入有助于缓解呼吸道刺激症状，其中加入糖皮质激素和氨茶碱效果更好。④适度给氧，多用鼻塞或面罩，进入肺部的氧含量应小于 55%，慎用机械正压给氧，以免诱发气道坏死组织堵塞、气胸等。⑤可采用钙通道阻滞剂在亚细胞水平上切断肺水肿的发生环节。

2. 窒息性气体中毒的现场救治

窒息性气体过量吸入可造成机体以缺氧为主的疾病状态，称为窒息性气体中毒。常见的窒息性气体有一氧化碳、硫化氢、氰化氢等。窒息性气体的主要毒性在于它们可在体内造成细胞及组织缺氧，如一氧化碳能明显降低血红蛋白对氧气的化学结合能力，从而造成组织供氧障碍；再如硫化氢主要作用于细胞内的呼吸酶，阻碍细胞对氧的利用。缺氧引发的最严重的后果就是脑水肿，严重者导致伤员死亡。

窒息性气体中毒现场救治具体措施是：①中断毒物继续侵入，迅速将伤员脱离危险现场，同时清除衣物及皮肤上的污染物。②采取解毒措施，通过利尿、络合剂、服用特效解毒剂等，降低、减少或消除毒气的毒害作用。如氰化物中毒可采用亚硝酸盐-硫代硫酸钠联合疗法，亚硝酸戊酯和亚硝酸钠可使血红蛋白迅速转变为较多的高铁血红蛋白。有的气体没有特效解毒剂，如一氧化碳，其中毒后可给高浓度氧吸入，以加速碳氧血红蛋白解离，也可看作解毒措施。

3. 皮肤污染物中毒的现场救治

对于皮肤污染物中毒的患者，救治者应迅速脱去污染的衣着，用大量的流动清水彻底冲洗污染皮肤以稀释或清除毒物，必要时可反复冲洗，阻止毒物继续损伤皮肤或经皮肤吸收；冲洗液忌用热水，不强调用中和剂，切勿因等待配制中和剂而贻误时间。

4. 眼部污染物中毒的现场救治

眼部接触具有刺激性、腐蚀性的气态、液态、固态化学物，应立即用流动水或生理盐水冲洗，至少 10min，这是减少组织受损最重要的措施，也可将面部浸入清水内，拉开眼睑，摆动头部，以达到清除效果。

第三节　化学热力烧伤的现场急救

化学热力烧伤是指危险化学品事故中的可燃化学物质燃烧产生的火焰、高温的液体化学品及其蒸气对人员局部组织的损伤，轻者损伤皮肤，出现肿胀、水泡、疼痛，重者皮肤烧焦，甚至血管、神经、肌腱等同时受损，呼吸道也可烧伤。

一、热力烧伤伤情评估

1. 烧伤面积的估算

烧伤面积是以烧伤部位占全身体表面积的百分比计算的，常用的估算方法有以下两种：

（1）手掌法。伤员五指并拢，其手掌面积约为体表面积的 1%，用手掌面积来估算烧伤面积。手掌法用于分散的小面积烧伤（烧伤皮肤取加法）或特大面积烧伤（健康皮肤取减法）很方便，但欠准确。手掌法如图7-4所示。

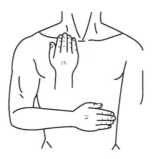

图7-4　手掌法

（2）中国新九分法。中国新九分法将成人人体表面积划分为11个9%的等面积区域，加上会阴部面积1%，共同构成100%的体表面积。其中，头颈部占1个9%（头6%、颈3%），双上肢占2个9%（双上臂7%、双前臂6%、双手5%），躯干前后及会阴占3个9%（前躯13%、后躯13%、会阴1%），臀部及双下肢占5个9%＋1%（双大腿21%、双小腿13%、臀5%、双足7%）。

对于12岁以下的儿童，因其头部较大而四肢较小，且随年龄而不同，故其体表面积的计算与成人略有区别，可按下列公式计算：头颈部体表面积（%）＝9%＋（12－年龄）%，双下肢体表面积（%）＝5×9%＋1%－（12－年龄）%。

2. 烧伤深度的判断

热力烧伤对人体组织的损伤程度按损伤深度一般分为三度，我国多采用"三度四分法"进行分类，即根据烧伤损伤皮肤的深度，将烧伤分为Ⅰ度烧伤、Ⅱ度烧伤和Ⅲ度烧伤。

（1）Ⅰ度烧伤。Ⅰ度烧伤又称红斑性烧伤，损伤仅累及表皮层，表现为局部皮肤轻度红肿、灼痛、感觉过敏、表皮干燥、无水疱，可自然愈合，不留瘢痕。

（2）Ⅱ度烧伤。Ⅱ度烧伤又称水疱性烧伤，损伤累及表皮及真皮浅层时，称为浅Ⅱ度烧伤；损伤累及真皮深层时，称为深Ⅱ度烧伤。浅Ⅱ度烧伤主要表现为局部皮肤红肿、剧痛，出现水疱或表皮与真皮分离，内含血浆样黄色液体，水疱去除后，创面鲜红、湿润、渗出多。如无感染等并发症，可自行愈合，不留瘢痕。深Ⅱ度烧伤主要表现为局部感觉神经损坏，疼痛感明显迟钝，水疱破裂或去除腐皮后，创面呈白中透红，并可见细小的栓塞血管网，水肿明显，但疼痛减退，愈后留有色素及瘢痕。

（3）Ⅲ度烧伤。Ⅲ度烧伤也称焦痂性烧伤，损伤累及皮肤全层及皮下组织，甚至肌肉、骨骼等。烧伤部位不起水疱，呈皮革状，创面焦黄或炭化。因大部分神经末梢损坏，疼痛程度反而不如Ⅱ度烧伤重。愈后留有瘢痕或畸形，需植皮。

烧伤具体分类标准见表 7-2。

表 7-2　烧伤三度四分法

烧伤分级	分度		烧伤分度标准
Ⅰ度烧伤	Ⅰ度		损伤程度为表皮层，表现为轻度红、肿、痛、热感觉过敏，表面干燥无水疱，称为红斑性烧伤
Ⅱ度烧伤	Ⅱ度	浅Ⅱ度	损伤程度为真皮浅层，表现为剧痛、感觉过敏、有水疱；疱皮剥脱后，可见创面均匀发红，水肿；Ⅱ度烧伤又称为水疱性烧伤
		深Ⅱ度	损伤程度为真皮深层，表现为感觉迟钝，有或无水疱，基底苍白，间有红色斑点，创面潮湿
Ⅲ度烧伤	Ⅲ度		损伤程度为全层皮肤，累及皮下组织或更深，表现为皮肤疼痛消失，无弹性，干燥无水疱，皮肤呈皮革状、蜡状、焦黄或炭化，严重时可伤及肌肉、神经、血管、骨骼和内脏

3. 烧伤严重程度的判断

目前，国际上对烧伤严重程度的判定仍无统一标准，故临床上多采用"小面积""中面积""大面积"和"特大面积"来表示烧伤的严重程度。

小面积烧伤：Ⅱ度烧伤面积在10%以内或Ⅲ度烧伤面积在1%以内者，相当于轻度烧伤。

中面积烧伤：Ⅱ度烧伤面积在11%～30%或Ⅲ度烧伤面积在10%～20%之间的烧伤，相当于中、重度烧伤。

大面积烧伤：总面积在31%～79%或Ⅲ度烧伤面积在21%～49%。

特大面积烧伤：总面积在80%以上或Ⅲ度烧伤面积在50%以上。

二、热力烧伤的现场急救措施

1. 急救原则

热力烧伤现场急救的原则是先去除致伤源，脱离现场，保护创面，维持呼吸道畅通，再组织转送医院治疗。

2. 去除致伤源

一般而言，烧伤的面积越大、深度越深，则治疗越困难，如火焰烧伤时的衣服着火有一定的致伤时间，且烧伤面积和深度往往与致伤时间成正比。因此，早期处理的首要措施是去除致伤源，尽量"烧少点、烧浅点"，并使伤员迅速离开密闭和通气不良的现场，防止增加头面部烧伤或吸入烟雾和高热空气引起吸入性损伤和窒息。

去除致伤源的方法有以下几种：

（1）尽快脱去着火或危险化学品浸渍的衣服，特别是化纤面料的衣服，以免着火衣服或衣服上的热源继续作用，使创面加大、加深。

（2）尽可能迅速地利用身边的不易燃材料或工具灭火，如毯子、雨衣（非塑料或油布）、大衣、棉被等迅速覆盖着火处，使与空气隔绝。

（3）用水将火浇灭，或跳入附近水池、河沟内，一般不用污水或泥沙进行灭火，以减少创面污染，但若确无其他可利用材料时，亦可应用污水或泥沙，注意不要因此而使烧伤加深、面积加大。对神志不清或昏迷的伤员要仔细检查已灭火而未脱去的燃烧过的衣服，特别是棉衣或毛衣是否仍有余烬未灭，以免再次烧伤或烧伤加深加重。

（4）迅速卧倒后，慢慢在地上滚动，压灭火焰。禁止伤员衣服着火时站立或奔跑呼叫，以免助燃和吸入火焰。

3. 冷疗

热力烧伤后及时冷疗能防止热力继续作用于创面使其加深，并可减轻疼痛、减少渗出和水肿，因此去除致伤源后应尽早进行冷疗，越早效果越好，冷疗一般适用于中小面积烧伤，特别是四肢的烧伤。冷疗的方法是将烧伤创面在自来水龙头下淋洗或浸入冷水中（水温以伤员能耐受为准，一般为 15～20℃，热天可在水中加冰块），或用冷（冰）水浸湿的毛巾、沙垫等敷于创面。治疗的时间无明确限制，一般需 0.5～1h，到冷疗停止后不再有剧痛为止。

4. 创面处理

一般在休克被控制、病情相对平稳后进行简单的清创，清创时，重新核对烧伤面积和深度；清创后，根据情况对创面实行包扎或暴露疗法，选用有效外用药物。注意水疱不要弄破，也不要将腐皮撕去，以减少创面污染机会，另外，寒冷季节要注意保暖。

除很小面积的浅度烧伤外，创面不要涂有颜色的药物或用油脂敷料，以免影响进一步创面深度估计与处理（清创等），一般可用消毒敷料、烧伤制式敷料或其他急救包三角巾等进行包扎，如无适当的敷料（敷料宜厚，吸水性强，不致渗透，防止增加污染机会），至少应用一消毒或清洁的被单、衣服等将创面妥为包裹，简单保护创面，以免再污染。

5. 不同程度烧伤人员的应对

对Ⅰ度烧伤者，迅速脱去伤员衣服或顺衣缝剪开，可用水冲洗或浸泡10～20min，涂上外用烧伤膏药，一般3～7日治愈。

对浅Ⅱ度烧伤引起的表皮水疱，不要刺破，不应剪破以免细菌感染，不要在创面上涂任何油脂或药膏，应用干净清洁的敷料或就便器材，如方巾、床单等覆盖伤部，以保护创面，防止污染。

对深Ⅱ度或Ⅲ度烧伤者，可在创面上覆盖清洁的布或衣服，严重口渴者可口服少量淡盐水或淡盐茶，条件许可时，可服用烧伤饮料。

对大面积烧伤伤员或严重烧伤者，应尽快组织转送医院治疗。

第四节　化学灼伤的现场急救

化学灼伤是常温或高温化学物直接对皮肤刺激、腐蚀及化学反应热引起的急性皮肤、黏膜的损害，常伴有眼灼伤和呼吸道损伤。某些化学物质还可以经皮肤黏膜吸收引起中毒，故化学灼伤一般不同于火灼伤和开水烫伤等物理灼伤。物理灼伤是高温造成的伤害，使人体立即感到强烈的疼痛，人体肌肤会本能地立即避开。化学品灼伤有一个化学反应过程，开始并不疼痛，要经过几分钟、几个小时甚至几天才表现出严重的伤害，并且伤害还会不断地加深。因此，化学灼伤比物理灼伤伤害更大。

造成化学灼伤的原因很多，常见的有：①运输过程中装有腐蚀性物质的槽罐车爆炸，大量化学物质泄漏引起化学灼伤。②意外泄漏的刺激性、腐蚀性气体，接触体表及呼吸道表面的水分，形成酸或碱引起化学灼伤。③生产过程中腐蚀性化学物质意外泄漏、喷溅导致灼伤。④易燃气体爆炸及燃烧事故中，常伴有群体性化学灼伤的发生。

一、化学灼伤机理

具有化学灼伤危害的物质与皮肤的接触时间一般比热灼伤长，因此某些化学灼伤可以是进行性损害，甚至通过创面等途径吸收，导致全身各脏器的损害[5]。

1. 局部损害

局部损害与化学物质的种类、浓度及与皮肤接触的时间等均有关系。化学物质的性能不同，局部损害的方式也不同。如酸凝固组织蛋白，碱则皂化脂肪组织；有的毁坏组织的胶体状态，使细胞脱水或与组织蛋白结合；有的则因本身的燃烧而引起灼伤，如磷灼伤；有的本身对健康皮肤并不致伤，但由于大爆炸燃烧致皮肤灼伤，进而引起毒物从创面吸收，加深局部的损害或引起中毒等。局部损害中除皮肤损害外，黏膜受伤的机会也较多，尤其是某些化学蒸气或发生爆炸燃烧时更为多见。因此，除与浓度及作用时间有关外，接触时间越长，组织受损程度越重。

2. 全身损害

化学灼伤的严重性不仅在于局部损害，更严重的是有些化学药物可以从创面、正常皮肤、呼吸道、消化道黏膜等吸收，引起中毒和内脏继发性损伤，甚至死亡。有的灼伤并不太严重，但由于有合并中毒，增加了救治的困难，使治愈效果比同面积与深度的一般灼伤差。由于化学工业迅速发展，能致伤的化学物品种类繁多，有时对某些致伤物品的性能一时不了解，更增加了抢救的困难。

虽然化学致伤物质的性能各不相同，全身各重要内脏器官都有被损伤的可能，但多数化学物质是经过肝、肾而排出体外，故此两种器官的损害较多见，病理改变的范围也较广。常见的有中毒性肝炎、急性肝出血坏死、急性肾功能不全及肾炎等，还有肺水肿、贫血、中毒性脑病、脑水肿、周围或中枢神经损害、消化道溃疡及大出血等。

二、化学灼伤的处置程序

化学灼伤的处理原则同一般灼伤，应迅速脱离事故现场，终止化学物质对机体的继续损害；采取有效解毒措施，防止中毒；进行全面体检和化学监测。

1. 脱离现场与应急处置

终止化学物质对机体继续损害，应立即脱离现场，脱去被化学物质浸渍的衣服，并迅速用大量清水冲洗。其目的一是稀释，二是机械冲洗，将化学物质从创面和黏膜上冲洗干净，冲洗时可能产生一定热量，继续冲洗，可使热量逐渐消散。冲洗用水要多，时间要够长，一般要求在 2h 以上，尤其在碱灼伤时，冲洗时间过短很难奏效。如果同时有火焰灼伤，冲洗尚有冷疗的作用，当然有些化学致伤物质并不溶于水，冲洗的机械作用也可将其自创面清除干净。

头、面部灼伤时，要注意眼睛、鼻、耳、口腔内的清洗。特别是眼睛，应首先冲洗，动作要轻柔，一般清水亦可，如有条件可用生理盐水冲洗。如发现眼睑痉挛、流泪、结膜充血、角膜上皮肤及前房浑浊等，应立即用生理盐水或蒸馏水冲洗。用消炎眼药水、眼膏等预防继发性感染。局部不必用眼罩或纱布包扎，但应用单层油纱布覆盖以保护裸露的角膜，防止干燥所致损害。

石灰灼伤时，在清洗前应将石灰去除，以免遇水后石灰产生热，加深创面损害。

有些化学物质则要按其理化特性分别处理。大量流动水的持续冲洗，比单纯用中和剂拮抗的效果更好。用中和剂的时间不宜过长，一般 20min 即可，中和处理后仍须再用清水冲洗，以避免因为中和反应产生热而给机体带来进一步的损伤。

2. 防止中毒

有些化学物质可引起全身中毒，应严密观察病情变化，一旦诊断有化学中毒可能时，应根据致伤因素的性质和病理损害的特点，选用相应的解毒剂或对抗剂治疗，有些毒物迄今尚无特效解毒药物。在发生中毒时，应使毒物尽快排出体外，以减少其危害。

3. 监护与转送

当化学灼伤的严重程度超出了现场急救力量的医疗水平或承受能力时，应及时转送。同时要进行必要的急救处置。对于人体的重要脏器，要维持诸如肺、心、脑和肾的功能，防止多脏器衰竭。

三、化学灼伤的现场急救措施

1. 局部化学灼伤的急救措施

局部化学灼伤的急救措施如表 7-3 所示。

表 7-3　局部化学灼伤的急救措施

化学物质	局部特点	中毒机理	洗消剂	中和剂
碱类				
氢氧化钾、氢氧化钠、氢氧化钙、氢氧化钡、氢氧化锂	大疱性红斑或黏湿焦痂	仅食入	水	弱醋酸(0.5%～5%)、柠檬汁等

续表

化学物质	局部特点	中毒机理	洗消剂	中和剂
氨水	大疱性红斑或黏湿焦痂	蒸气	水	弱醋酸(0.5%～5%)、柠檬汁等
生石灰	大疱性红斑或黏湿焦痂	无	先刷去石灰再用水	弱醋酸(0.5%～5%)、柠檬汁等
烷基汞盐	红斑、水疱	由水疱吸收	水及去除水疱	无
金属钠	剧毒性深度灼伤	无	油质覆盖	无
硝基氯苯	水疱、蓝绿色渗出物、化学物品黏附	呼吸道及皮肤吸收	水	10%酒精、5%醋酸、1%亚甲蓝
糜烂性物质芥子气	剧痛性大疱	蒸气	水冲洗后开放水疱	二硫基丙醇(BAL)
催泪剂	红斑、溃疡	蒸气	水	无
无机磷	红斑、Ⅲ度灼伤	组织吸收	水、冷水包裹	为了识别可用2%硫酸铜或3%硝酸银
环氧乙烷	大水疱	组织吸收	水	无
酸类				
硫酸	黑色或棕褐色干痂	蒸气	水与肥皂	氢氧化镁或碳酸氢钠溶液
硝酸	黄色、褐色或黑色干痂			
盐酸	黄褐色或白色干痂			
三氯醋酸	灰色干痂			
氢氟酸	红斑伴中心坏死	无	水	皮下或动脉内注射10%葡萄糖酸钙
草酸	呈白色无痛性溃疡	仅食入	水	10%葡萄糖酸钙
碳酸	白色或褐色干痂,无痛	皮肤吸收	水	10%乙烯酒精或甘油
铬酸	溃疡、水疱	蒸气	水	亚硝酸钠
次氯酸	Ⅱ度灼伤	无	水	1%硫代硫酸钠
其他酸				

续表

化学物质	局部特点	中毒机理	洗消剂	中和剂
鞣酸、甲酚	硬痂	皮肤吸收	水	油质覆盖
氢氰酸	斑丘疹、疱疹	食入、皮肤吸收蒸气		0.1％高锰酸钾冲洗；5％硫化铵湿敷

2. 典型化学灼伤的急救措施

（1）酸灼伤。能造成灼伤的酸主要是硫酸、硝酸和盐酸等强酸，其他还有三氯醋酸、苯酚、铬酸、氯磺酸和氢氟酸等。液态时引起皮肤灼伤，气态时吸入可造成呼吸道的吸入性损伤。灼伤的程度与皮肤接触酸的浓度、范围以及伤后是否及时用大量流动水冲洗有关。

现场救护的具体措施是：a. 迅速脱去或剪去污染的衣物，立即用大量流动清水冲洗创面，冲洗时间约 20～30min。b. 中和治疗，冲洗后以 5％碳酸氢钠溶液湿敷，中和后再用水冲洗，以防止酸进一步渗入人体。c. 清创，去除水泡，以防酸液残留而继续作用。d. 创面一般采用暴露疗法或外涂 1％磺胺嘧啶银冷霜。e. 头、面部化学灼伤时要注意眼、呼吸道的情况，如发生眼灼伤，应首先彻底冲洗。如有酸雾经呼吸道吸入，应注意化学性肺水肿的发生。

（2）碱灼伤。常见致伤的碱有苛性碱（氢氧化钠、氢氧化钾）、生石灰和氨水等。碱性化学物质与皮肤接触后使局部细胞脱水，皂化脂肪组织，向深层组织侵犯。碱灼伤造成的损害比酸灼伤严重。苛性碱灼伤深度，通常都在深II度以上，刺痛剧烈，溶解性坏死使创面继续加深、焦痂软，感染后易并发创面脓毒症。苛性碱蒸气对眼和上呼吸道刺激强烈，可引起眼和上呼吸道灼伤。

现场救护的具体措施是：a. 立即用大量流动清水冲洗，冲洗时间约 20～30min，甚至更长时间。b. 碱灼伤后，需要适当补液。c. 早期削痂、切痂植皮。d. 上呼吸道灼伤时，注意观察病情，及时进行相应处理。

（3）磷灼伤。磷在工业上用途甚为广泛，如制造染料、火药、火柴、农药杀虫剂和制药等。在化学灼伤中，磷灼伤仅次于酸、碱灼伤，居第三位。磷灼伤后可由创面和黏膜吸收，引起肝、肾等主要脏器损害，导致死亡。无机磷致伤，在局部是热和酸的复合伤。也可因磷蒸气经呼吸道黏膜吸收，引起全身中毒，故不论磷灼伤的面积大小，都应十分重视。

现场救护的具体措施是：a. 脱去污染的衣服，用大量清水冲洗创面及其周围的正常皮肤。在现场缺水的情况下，应用浸透的湿布包扎或掩覆创面，以隔绝磷与空气接触。b. 进一步清创可用 1％～2％硫酸铜溶液清洗创面。c. 磷颗粒清除后，用5％碳酸氢钠溶液湿敷，中和磷酸，再用大量生理盐水或清水冲洗。d. 创面清洗干净后，一般应用包扎疗法，以免暴露时残余磷与空气接触燃烧。e. 对无机磷中毒，目前尚无有效的解毒剂，主要是促进磷的排出和保护各重要脏器的功能。

（4）镁灼伤。镁是一种软金属，燃烧时温度可高达1982℃，在空气中能自燃，熔点是651℃。液态镁在流动过程中可以引起其他物质的燃烧。与皮肤接触时，可引起燃烧。镁与皮肤接触后使皮肤形成溃疡，开始较小，而溃疡的深层往往呈不规则形状，镁灼伤发展快慢和镁的颗粒大小有关。若向四周发展较慢，亦有可能向深部发展。镁被吸入或被吸收后，伤员除有呼吸道刺激症状外，还可能有恶心、呕吐、寒战或高热。

镁灼伤的急救处理同一般化学灼伤。由于镁的损伤作用可向皮肤四周扩大，因此对已形成的溃疡，可在局部麻醉下将其表层用刮匙搔刮，如此可将大部分的镁移除。若侵蚀已向深部发展，必须将受伤组织全部切除，然后植皮或延期缝合。如有全身中毒症状，可用10％葡萄糖酸钙20～40mL静脉注射，每日3～4次。

第五节　烧冲复合伤的现场急救

由热力、冲击波同时或相继作用于机体而造成的损伤，称为烧冲复合伤。这类伤是由于危险化学品爆炸所致，具有杀伤强度大、作用长、伤亡种类复杂、群体伤员多、救治难度大等特点，因此，烧冲复合伤是最难急救的伤类，其核心是难以诊断，难以把握救治时机。

一、致伤机制

爆炸所致的烧冲复合伤，致伤机制十分复杂，可能与热力和冲击波的直接作用及其所致的激发性损害有关。

1. 热力的致伤机制

爆炸起火可引起不同程度的皮肤烧伤，由于热力的直接损害，烧伤区及其周围的毛细管受损，大量的液体渗出，有效循环血量不足，可导致低血容量性休克。吸入高温的蒸气或烟雾可致呼吸道烧伤，除气管和支气管损伤外，肺毛细血管通透性增大，从而产生肺水肿。烧伤的创面感染和肠源性感染是烧伤感染的主要原因。

2. 冲击波的致伤机制

爆炸产生的冲击波可致人员冲击伤。冲击波的超压和负压主要是引起含气脏器如肺、胃、肠道和听器损伤，动压可使人员产生位移或抛掷，引起肝、脾等实质脏器破裂出血，肢体骨折，颅脑、脊柱等损伤。

二、致伤机制特点

1. 致伤因素多，伤情伤类复杂

爆炸所致的烧冲复合伤致伤因素多，热力可引起体表和呼吸道烧伤；冲击波除引起原发冲击伤外，爆炸激起的玻璃片和沙石可使人员产生玻璃片伤和沙石伤；建筑物倒塌、着火可引起挤压伤和烧伤；导弹和炸弹等爆炸性武器爆炸时可产生大量的破片，引起人员损伤，给救治带来更大困难。

2. 外伤掩盖内脏损伤，易漏诊误诊

当冲击伤合并烧伤或其他创伤时，体表损伤常很显著，此时内脏损伤却容易被掩盖，而决定伤情转归的却常是严重的内脏损伤。如果对此缺乏认识，易造成漏诊误诊。

3. 肺是损伤最主要的靶器官

肺是冲击波致伤最敏感的靶器官之一，肺也是呼吸道烧伤时主要的靶器官。因此，肺损伤应是烧冲复合伤救治的难点和重点。

4. 复合效应，伤情互相加重

爆炸所致的烧冲复合效应是热力和冲击波各致伤因素相互协同、互相加重的综合效应。烧冲复合伤的这种复合效应将使伤情更重，并发症更多，治疗更为困难。

5. 伤情发展迅速

重度以上冲击伤伤员，伤后短时间内可出现一个相对稳定的代偿期，此时生命体征可维持正常，但不久会因代偿失调和伤情加重而使全身情况急剧恶化，尤其是有严重颅脑损伤、内脏破裂或两肺广泛出血、水肿的伤员，伤情发展更快，如不及时救治，伤员可迅速死亡。

三、现场急救措施

1. 立即阻断致伤因素，迅速脱离爆炸现场

热力烧伤时，应尽快脱去着火的衣服，如来不及脱衣服时，可就地迅速卧

倒，慢慢滚动压灭火焰，或用不易燃的大衣、雨衣、毛毯等覆盖，使之灭火，创面用干净被单等覆盖。对处在爆炸事故现场的伤员，均应考虑有冲击伤的可能性，应密切注意观察。

2. 保持呼吸道通畅

清除口、鼻分泌物；对呼吸停止者做人工呼吸；对呼吸道烧伤、严重呼吸困难和较长时间昏迷的伤员做气管切开，清除气管内的分泌物，以保持呼吸道通畅。

3. 止血

伤口出血，做加压包扎止血；对肢体动脉出血，可用止血带止血，并加上明显标记，优先后送。

4. 对症治疗

对症治疗是烧冲复合伤治疗的一个重要方面，具体可参考文献 [6]。

第六节 化学低温冻伤的现场急救

某些危险化学品能造成事故现场人员的低温冻伤，如液化石油气、液氨泄漏后由于汽化而吸收周围空气中的热量，如现场救援人员防护措施不当，极易造成低温冻伤。救治低温冻伤要早期快速复温，恢复正常的血流量，最大限度地保存有存活能力的组织并恢复功能。

一、低温冻伤的分类

低温冻伤一般按三度分类。一度伤部呈红色或微紫红色，微肿，瘙痒和刺痛；二度伤局部肿胀，水疱为浆液性，疱底呈鲜红色，痛觉过敏，触觉迟钝；三度伤部呈灰白色或紫黑色，多呈血性疱，严重者伤部表面暗淡无光泽。

二、现场急救措施

1. 复温

低温冻伤要快速复温，恢复正常的血流量，最大限度地保护有存活能力的组织并恢复其功能。复温的方法是首先脱离低温环境或低温物体，脱掉或剪除潮湿和冻结的衣服、鞋袜。然后尽早用温度 40～42℃ 的温水浸泡上肢或浸浴全身，持续 10～20min，或用热水袋、电热毯等方法使伤害部位快速复温，先躯干中心复温，后肢体复温，直到伤部充血或体温正常为止，禁用冷水浸泡、雪搓或火烤。可口服加温的饮料，如牛奶、热糖水。

2. 对症处理

对心脏骤停者，及时给予心肺复苏；有创面者，有无菌厚层辅料包扎；做好全身保暖和局部保暖，送到医院进一步治疗。

参考文献

[1] 邢娟娟．事故现场救护与应急自救 [M]．北京：航空工业出版社，2006.
[2] 美国心脏协会．拯救心脏 急救 心肺复苏 自动体外除颤学员手册 [M]．杭州：浙江大学出版社，2017.
[3] 刘立文．灾害现场救护 [M]．北京：中国人民公安大学出版社，2018.
[4] 邢娟娟．危险化学品中毒事故应急预案编制与响应关注要点 [J]．中国安全生产科学技术，2011，7（10）：75-79.
[5] 卢林刚,李向欣，赵艳华．化学事故抢险与急救 [M]．北京：化学工业出版社，2018.
[6] 岳茂兴．灾害事故现场急救 [M]．北京：化学工业出版社，2013.

第八章

危险化学品消防安全管理

危险化学品危险性较大，在生产、储存、运输、销售、使用、销毁等方面都存在着较大的消防危险性，如何加强危险化学品企业的消防安全管理显得尤为重要，本章围绕危险化学品企业的消防组织建设、消防安全管理制度、日常消防安全管理、消防安全教育及事故上报与火灾调查等方面结合我国的实际进行了详细的阐述。

第一节　危险化学品企业及化工园区消防组织建设

《中华人民共和国消防法》（2019 年修订）第三章对消防组织的建设做了明确规定。危险化学品企业在消防救援机构的业务指导下，建立自己的消防安全管理组织。建设好企业消防安全管理组织，既是法规的要求，也是企业安全生产的要求。

一、危险化学品企业消防组织建设

危险化学品企业的消防组织，是企业消防安全管理的职能部门，也是企业法定代表人抓消防安全管理的助手，对本单位的消防安全责任人负责。同时，在消防救援机构的指导下，协助相邻企业的消防组织完成消防工作。所以，危险化学品企业消防组织设置情况，将对企业的消防安全管理产生直接的影响。

1. 危险化学品企业消防组织的设置

危险化学品企业可以根据企业的具体情况设置消防组织。中、小企业一般设置安全技术部门，大型危险品企业或火灾危险性大的企业应独立设置消防科，也可直接将消防安全管理任务交由本企业的专职消防队负责，有些设保卫部门。消防安全管理机构是危险化学品企业具体实施消防安全管理的职能机构，在单位法定代表人的领导下具体管理好本单位的消防安全工作[1,2]。其主要任务为：

（1）落实消防安全责任制，制定本单位的消防安全制度、消防安全操作规程、灭火和应急疏散预案。

（2）按照国家有关规定配置消防设施、产品，设置消防安全标志，并定期组织检验、维修，确保完好有效。

（3）对建筑消防设施每年至少进行一次全面检测，确保完好有效，做好完整准确的记录，存档备查。并结合本单位防火工作的特点，有重点地进行消防安全知识的宣传教育，增强职工的消防安全意识，使职工了解本岗位的火灾特点，会使用灭火器材扑救初期火灾，会报火警，会自救逃生。

（4）保障疏散通道、安全出口、消防车通道畅通，保证防火防烟分区、防火间距符合消防技术标准，并设置符合国家规定的消防安全疏散标志。

（5）组织防火检查，及时消除火灾隐患。这里的防火检查，是指单位组织的对本单位进行的检查，是单位在消防安全方面进行自我管理、自我约束的一种主要形式。

（6）组织进行有针对性的消防演练。

（7）法律、法规规定的其他消防安全职责。

（8）对于被确定为消防安全重点单位的危险化学品企业的消防安全组织还应履行以下职责：①确定消防安全管理人，组织实施本单位的消防安全管理工作。②建立消防档案，确定消防安全重点部位，设置防火标志，实行严格管理。③实行每日防火巡查，并建立巡查记录。④对职工进行岗前消防安全培训，定期组织消防安全培训和消防演练。

2. 危险化学品企业消防安全管理人员的配备标准

生产储存易燃易爆危险化学品的大型企业应设置专职消防队，其他企业可根据需要，建立由职工组成的志愿消防队。当前有些省政府对县以上有关部门和企业、事业单位设立专、兼职防火干部的标准做了具体规定。

二、危险化学品企业专职消防队建设

1. 企业专职消防队的建队条件

根据《中华人民共和国消防法》第三十九条的规定：生产、储存易燃易爆危险物品的大型企业；储备可燃重要物资的大型仓库、基地；火灾危险性较大、距离国家综合消防救援队较远的其他大型企业等，应当建立单位专职消防队，承担本单位的火灾扑救工作。

2. 企业专职消防队的组织领导

由本单位消防安全责任人（厂长、经理、院长、所长等）领导，日常工作由本单位保卫或安全技术部门管理，业务工作接受当地消防救援机构的指导。主要包括：

（1）实行计划管理，按系统或地区向专职消防队布置工作计划，并负责督促专职消防队实施工作计划。

（2）按消防中队建设纲要，指导专职消防队的管理和执勤战备，实行"一日生活制度"。

（3）统一训练要求，有计划地组织技术考核和竞赛，并定期或不定期地举行各种消防灭火演习，以提高专职消防队的灭火技术、战术水平和与消防队协同作战的水平。

（4）指导专职消防队开展本单位的防火工作，进行防火检查，整改火险隐患，按重点保卫单位"十项标准"做好工作[3-5]。

3. 企业专职消防队的职责

（1）在本单位（含地区，下同）防火负责人的领导下，具体组织本单位的防火工作和火灾扑救工作，并在消防救援机构的统一调动下，参加外单位火灾的扑救。

（2）拟定本单位的消防工作计划，制定本单位重点部位防火措施和灭火预案，当好本单位领导的消防安全参谋。

（3）配合生产业务部门制定消防安全规程，实施消防安全的逐级责任制和岗位责任制，并督促执行。

（4）积极开展对企业职工的消防宣传教育和消防安全培训，普及消防常识。

（5）具体负责组织、训练本单位的志愿消防队。

（6）建立完整的防火档案，定期进行防火检查，发现火灾隐患及时提出整改意见，认真督促有关部门尽快消除火灾隐患。

（7）了解、掌握本单位生产、储存、使用原材料、产品情况，以及新建、扩建、改建车间、仓库等建筑工程情况，如有变更应及时向单位领导和有关部门提出消防安全措施的意见和建议，并主动向消防救援机构汇报。

（8）发现有违反消防法规的情形，应立即提出纠正意见。如被指正者不采纳，可向本单位领导和当地消防救援机构报告。

（9）积极参加地区消防联防活动。

4. 企业专职消防队队员条件和来源

（1）专职消防队队员的基本条件　热爱消防工作，身体健康，具有初中以上文化程度，年龄在 18 岁以上、30 岁以下的男性公民。

（2）专职消防队队员的来源　①优先在本单位职工中选调；②本单位职工选调不足时，可在国家劳动工资计划指标内先从城镇待业人员中招收，必要时经省、自治区、直辖市人民政府批准，可以从农村青年中招收，招收队员一律执行劳动合同制的有关规定。

5. 企业专职消防队的任务

（1）参照消防法律、法规的规定，积极认真地参加执勤、备战、灭火战斗、业务训练和本单位的防火工作。

（2）熟悉本单位平面布置、建筑结构、生产工艺、厂区通道、水源设施、消防器材装备和火灾特点，定期举行灭火实地演练，特别是对重点保卫部位的灭火演练。

（3）实行昼夜 24h 执勤制度并加强节假日执勤，保证执勤队员人数，每辆水罐消防车或泡沫消防车不少于 5 人，每辆轻便消防车不少于 3 人，保持临战状态，一旦接到火灾报警或当地消防救援机构调动命令，迅速出动，参与灭火。

（4）做好本单位内部消防设施、产品的维护保养工作，使之处于完好的备用状态。

（5）发生火灾时，积极配合消防救援部门灭火，火灾扑灭后，协助单位领导和应急管理部门调查火灾原因，吸取火灾教训。

6. 企业专职消防队车辆配备、人员编制及干部任免

（1）专职消防队的建立和人员编制，均应以企业、事业单位的实际需要为原则。

（2）企业、事业单位建立或撤销专职消防队，须经当地应急管理部门会同企业、事业单位主管部门商定，未经同意，不得随意撤销已建立的专职消防队。

（3）专职消防队车辆配备和人员编制，由当地消防救援机构与建队单位商量人员数量，编制由编制部门审批（不包括乡镇专职消防队），专职消防队队长、指导员等职，一般应由具有一定组织能力和消防知识的干部担任，单位决定专职消防队干部任免、调动时，应事先征求当地应急管理部门的意见。

三、危险化学品企业志愿消防队建设

《中华人民共和国消防法》第四十一条规定："机关、团体、企业、事业单位以及村民委员会、居民委员会根据需要，建立志愿消防队等各种形式的消防组织，开展群众性自防自救工作。"危险化学品生产企业具有较大的火灾爆炸危险性，没有专职消防队的企业应根据上述规定，建立为自己服务为主的企业志愿消防队，直接从事危险化学品工作的人员都应该是本单位的志愿消防队员。志愿消防队员要求政治觉悟高、工作责任心强、身体健康。志愿消防队执勤、训练应按出勤对待，所需经费由本单位开支[6]。

1. 志愿消防队的组织管理

危险化学品企业志愿消防队可由本单位保卫部门领导；规模很小的企业也可直接由消防安全责任人直接领导，接受各级应急管理部门的检查监督和业务指导。

2. 志愿消防队的内部机构

内部分工的一般原则是无论在防火工作上或在灭火工作上都要坚持各自为战的原则，即以岗位、班组、车间、厂（库）等为保卫单位，实行自防自救。平时按车间或工段分片包干负责防火工作，一旦发生火灾，按分工的任务积极扑灭火灾。

志愿消防队设队长 1 人，副队长 1～2 人，并可根据实际需要与可能建立防火宣传、检查、火灾扑救等小组。小组设正、副组长各 1 人。志愿消防队进行火灾扑救时，一般分为灭火组、抢救组、通信组、警戒组。

3. 志愿消防队的任务

在各级党政组织的领导下，在应急管理部门的指导下，认真贯彻执行中央、省、市、县有关加强消防工作的指示和规定，落实"预防为主，防消结合"的消防工作方针；根据本单位的生产性质、建筑结构、用火用电、物资储备等方面的特点，利用各种场合采取各种形式，进行防火宣传，普及消防常识；督促和协助各车间、班组、工段制定防火安全制度，严守安全操作规程，注意生产、生活用火、用电的安全，避免发生责任事故；提高警惕，严防破坏分子纵火破坏；结合本单位实际和节假日，定期、不定期进行巡逻和防火安全检查。

4. 志愿消防队的训练

每个单位的志愿消防队都要建立必要的会议、学习、训练制度，配足灭火工具，学习消防知识，加强灭火战斗训练和实地灭火演习，不断提高业务水平，做到平时能防、遇火能救。

四、危险化学品企业微型消防站建设

为积极引导和规范消防安全重点单位志愿消防队伍建设，推动落实单位主体责任，提高重点单位自查自纠、自防自救的能力，实现有效处置初期火灾的目标[7]，应建设"有人员、有器材、有战斗力"的企业微型消防站。

1. 建设原则

除按照消防法规须建立专职消防队的重点单位外，其他设有消防控制室的重点单位，以救早、灭小和"3min 到场"扑救初起火灾为目标，依托单位志愿消防队伍，配备必要的消防器材，建立企业微型消防站，积极开展防火巡查和初起火灾扑救等火灾防控工作。合用消防控制室的重点单位，可联合建立微型消防站。

2. 人员配备

(1) 微型消防站人员配备不少于 6 人。

(2) 微型消防站应设站长、副站长、消防员、控制室值班员等岗位，配有消防车辆的微型消防站应设驾驶员岗位。

(3) 站长应由单位消防安全管理人兼任，消防员负责防火巡查和初起火灾扑救工作。

(4) 微型消防站人员应当接受岗前培训，培训内容包括扑救初起火灾业务技能、防火巡查基本知识等。

3. 站房器材

(1) 微型消防站应设置人员值守、器材存放等用房，可与消防控制室合用；有条件的，可单独设置。

(2) 微型消防站应根据扑救初起火灾需要，配备一定数量的灭火器、水枪、水带等灭火器材；配置外线电话、手持对讲机等通信器材；有条件的站点可选配消防头盔、灭火防护服、防护靴、破拆工具等器材。

(3) 微型消防站应在建筑物内部和避难处设置消防器材存放点，可根据需要在建筑之间分区域设置消防器材存放点。

(4) 有条件的微型消防站可根据实际选配消防车辆。

4. 岗位职责

(1) 站长负责微型消防站日常管理，组织制定各项管理制度和灭火应急预案，开展防火巡查、消防宣传教育和灭火训练，指挥初起火灾扑救和人员疏散。

（2）消防员负责扑救初起火灾；熟悉建筑消防设施情况和灭火应急预案，熟练掌握器材性能和操作使用方法，并落实器材维护保养；参加日常防火巡查和消防宣传教育。

（3）控制室值班员应熟悉灭火应急处置程序，熟练掌握自动消防设施操作方法，接到火情信息后启动预案。

5. 值守联动

（1）微型消防站应建立值守制度，确保值守人员 24h 在岗在位，做好应急准备。

（2）接到火警信息后，控制室值班员应迅速核实火情，启动灭火处置程序。消防员应按照"3min 到场"要求赶赴现场处置。

（3）微型消防站应纳入当地灭火救援联勤联动体系，参与周边区域灭火处置工作。

6. 管理训练

（1）重点单位是微型消防站的建设管理主体，重点单位微型消防站建成后，应向辖区应急救援机构备案。

（2）微型消防站应制定并落实岗位培训、队伍管理、防火巡查、值守联动、考核评价等管理制度。

（3）微型消防站应组织开展日常业务训练，不断提高扑救初起火灾的能力。训练内容包括体能训练、灭火器材和个人防护器材的使用等。

五、化工园区消防组织建设

根据《中华人民共和国消防法》第十八条规定：同一建筑物由两个以上单位管理或者使用的，应当明确各方的消防安全责任，并确定责任人对共用的疏散通道、安全出口、建筑消防设施和消防车通道进行统一管理。住宅区的物业服务企业应当对管理区域内的共用消防设施进行维护管理，提供消防安全防范服务[8]。

1. 化工园区消防站布局

消防站布局必须在城区或工业园区范围内根据总体规划，坚持均衡布局与重点保护的原则；消防站选址必须满足交通便利，接警后 5min 内到达责任区边缘的原则；坚持分区设防，邻近联防，相互支持的原则。

2. 消防给水

消防给水设施是园区公共消防设施的重要组成部分，为有效地预防和扑救火灾，必须十分重视消防给水设施的规划与建设。

3. 消防通信

消防通信指挥系统应该包括有线通信系统、无线通信系统、计算机通信系统。同时，结合园区各企业生产类型，根据实际需要设置火灾自动报警系统。消防通信调度指挥系统覆盖整个园区，具有火警调度和辅助灭火决策等功能。

4. 消防通道

消防通道指供消防车通行的城镇和工业区道路。规划建设的消防通道应保证道路的宽度、限高和道路的技术条件要求，满足消防车通行和灭火作战需要。布局合理、通畅的消防通道对于有效控制、扑救火灾，保卫国家和人身财产安全，实现经济和社会发展目标起着极为重要的作用，是化工园区基础设施建设的重要组成部分。

5. 消防装备

消防装备的配备是依据火灾发展的规律、消防队到场的时间以及能够在火灾发展阶段有效控制火势蔓延的装备实力等因素确定。普通消防装备的配备应根据扑救本责任区内发生的一般火灾和抢险救援的需要。特勤消防装备配备应适应扑救与处置大型火灾和特殊灾害事故的需要。通常，一个化工园区配备一座特勤消防站即可。

第二节　危险化学品企业及化工园区消防安全管理制度

《中华人民共和国消防法》中的消防工作，贯彻"预防为主，防消结合"的方针，按照政府统一领导、部门依法监管、单位全面负责、公民积极参与的原则，实行消防安全责任制，建立健全安全社会化消防工作网络。为加强危险化学品企业及危险化学品企业的化工园区的消防安全管理，必须从危险化学品企业及危险化学品企业的化工园区的特点出发，制定完善且切实可行的消防安全管理制度，规范企业及化工园区的消防安全行为。

一、危险化学品企业消防安全规章制度的组成

1. 总则

明确规定规章制度的目的、依据、适用范围及消防工作应遵循的方针、原则，规定企业消防安全管理的总要求，实行"谁主管，谁负责"的逐级防火责

任制，明确消防安全工作与生产经营的关系，规定如何与生产经营同研究、同布置、同检查、同总结、同评比[9]。

2. 组织领导体系

企业消防安全工作要在消防安全责任人的领导下实行逐级防火责任制；企业成立消防安全责任人挂帅，各机构负责人参加组成的消防安全领导组织，并规定其组成和任务；指定执行消防管理和监督检查的工作部门，规定其权限和职责；规定企业自上而下应设立的专业消防组织机构：主管消防安全的职能部门、专职和志愿消防队等，明确规定其任务和职责。

3. 逐级防火责任制

明确规定各级领导，包括法定代表人或非法人单位的主要责任人和分管负责人、各职能部门领导及车间主任、工段（班组）长等负责人所管范围的消防安全职责和各职能部门的消防安全职责。

4. 岗位消防安全责任制

具体规定各岗位工作人员的消防安全职责。

5. 重点部位消防安全管理制度

明确本企业的重点防火部位，制定各重点防火部位的防火安全制度。重点防火部位一般是指：易燃易爆部位和场所；物资仓库；运输作业场所；电力、动力场所；施工场地。

二、制定岗位消防安全责任制的原则

1. 针对性原则

为加强责任制的针对性，各岗位必须认真分析本岗位范围内的火灾危险因素和条件，按照排列结果，理出内容顺序，定工作、定责任、定要求。其中应主要包括遵守劳动纪律，遵守安全操作规程，正确地操作设备和工具，做好机器设备的维护和保养，管理好原材料和产品，控制好事故点和危险点。

2. 实际性原则

建立健全岗位防火责任制，应根据不同的岗位情况，从实际情况出发、依靠群众，采取领导干部、技术人员和工人三结合的方法认真总结生产实践经验，反映客观固有规律，不断修改和完善。要随着职工群众觉悟的提高、操作技术的不断熟练和科学技术的发展，适时修改不合理的内容，增添新的经验，使制度适应新的情况，促进安全。

3. 简易性原则

文字上应简明扼要、易懂易记，但要求具体清楚，具有可操作性。

4. 结合性原则

贯彻执行岗位防火责任制要与企业内部的经济责任制结合起来，将每个岗位的责任、考核标准、经济效果同职工的切身利益挂起钩来，做到有奖有罚。

三、各级防火责任人的职责

1. 危险化学品企业消防安全责任人的消防安全职责

危险化学品企业的法人或非法人单位的主要责任人是单位的消防安全责任人，对本单位的消防安全负全面责任。

（1）贯彻执行消防法规，保障单位消防安全符合规定，掌握本单位的消防安全情况。

（2）将消防工作与本单位的生产、科研、经营、管理等活动统筹安排，批准实施年度工作计划。

（3）为本单位的消防安全提供必要的经费和组织保障。

（4）确定逐级消防安全责任，批准实施消防安全制度和保障消防安全的操作规程。

（5）组织防火检查，督促落实火灾隐患整改，及时处理消防安全的重大问题。

（6）根据消防法规的规定建立专职消防队、志愿消防队。

（7）组织制定符合本单位实际的灭火和应急疏散预案，并实施演练。

2. 消防安全管理人的职责

危险化学品企业根据需要确定本单位的消防安全管理人。消防安全管理人对本单位的消防安全责任人负责，具体实施和组织以下消防安全工作。

（1）拟订年度消防工作计划，组织实施日常消防安全管理工作。

（2）组织制定消防安全制度和保障消防安全的操作规程，并检查监督落实。

（3）拟订消防安全工作的资金投入和组织保障方案。

（4）组织实施防火检查和火灾隐患整改工作，改善消防安全条件，完善消防设施。

（5）组织实施对本单位消防设施和器材、消防安全标志的维护保养，确保其完好有效，确保疏散通道的安全出口畅通。

（6）组织管理专职消防队和志愿消防队，指导和帮助所属各单位和部门的防火安全员、志愿消防队做好防火和灭火准备工作。

（7）在员工中组织开展消防知识、技能的宣传教育和培训，组织灭火和应急疏散预案的实施和演练，提高职工群众的消防意识和安全素质，特别是对特殊工种人员要定期组织培训和教育，提高职工遵守消防法规和搞好安全防火的自觉性。

（8）单位消防安全责任人委托的其他消防安全管理工作。消防安全管理人应定期向消防安全责任人报告消防安全情况，及时报告涉及消防安全的重大问题。未确定消防安全管理人的单位，有关规定的消防安全管理工作由单位消防安全责任人负责实施。

（9）认真贯彻执行《中华人民共和国消防法》及各项消防法规，学习有关消防技术规范和消防知识。

（10）掌握本单位火灾情况，并向消防安全责任人及时汇报，配合有关部门调查处理火灾事故。

3. 车间（工段）防火责任人的职责

（1）组织贯彻并执行有关消防安全工作的规定和各项消防安全管理制度，经常研究本车间（工段）的消防安全状况。

（2）组织制定本车间（工段）的消防安全管理制度和班组岗位防火责任制，并督促落实。

（3）负责检查消防安全制度的落实情况，认真整改发现的火险隐患，及时上报本车间（工段）无力解决的问题。

（4）领导车间（工段）志愿消防组织，有计划地组织业务学习和训练。

（5）负责对职工进行消防安全教育。

（6）负责审签车间（工段）级的动火手续。

（7）定期向上级消防安全责任人和有关职能部门汇报消防工作情况。

（8）申报消防器材的添置计划，负责消防器材的维修和保养。

4. 班组防火责任人的职责

（1）领导本班组的消防工作，随时向上级领导汇报本班组的消防工作情况，协助车间（工段）防火责任人贯彻执行消防法规和上级文件的指示精神。

（2）具体组织实施岗位防火责任制度。

（3）每天组织对本班组的消防安全进行检查，发现问题及时处理并上报有关部门。

（4）组织本班组志愿消防队员的活动。

（5）组织职工参加火灾扑救，保护火灾现场，并协助上级和有关部门调查火灾原因。

5. 车间（工段）、班组安全员的职责

（1）车间（工段）安全员协助车间（工段）防火责任人工作，监督职工执行防火规章制度，负责管理好本车间（工段）的重点部位，控制好危险点。

（2）班组安全员在班组长领导下负责本班组的安全工作，对班组成员进行具体的消防安全教育，时刻提醒大家提高警惕，检查本班组成员遵守各项防火规章制度的情况；协同班组防火责任人对班组进行检查，并做好记录；维护保养配置的消防器材，保证其完好。

四、制定企业综合防火管理制度

任何一个危险化学品企业都应该根据国家的法律、法规和有关消防安全规定，制定本企业的综合防火管理制度。主要内容包括：厂区防火制度、防火宣传教育制度、防火检查和火险隐患整改制度、建筑防火管理制度、用火用电防火制度、易燃易爆危险品防火制度、消防设施和器材管理制度、火灾事故处理制度、消防工作奖惩制度等。

通过建立制度，使企业的消防安全工作层层分解，达到处处有人管、事事有人负责，形成专管成线、群管成网的格局。

五、工业园区消防安全管理办法

1. 工业园区消防安全总则

为规范工业园区消防安全管理，牢固树立以人为本、安全发展理念，结合工业园区消防安全管理实际制定；工业园区内不同性质工业企业应资源共享，共同使用园区的基础设施、公共行政服务和管理；工业园区内所属企业应当严格遵守消防法规、消防监督管理规定、建设工程质量管理法规和国家消防技术标准，对消防安全管理工作负责；各级各部门实施工业园区消防监督管理应当遵循公正、严格、文明、高效的原则，确保工作效率和工作质量，提供优质服务。

2. 工业园区消防安全职责

各级人民政府对本辖区工业园区消防安全管理工作实行统一领导，工业园区管理委员会具体负责实施，各级部门依据各自职能对工业园区的消防安全工作进行指导、协调、服务、监督、管理。

3. 消防队伍建设

园区管委会根据工业园区的规模、经济效益和火灾危险性，依法督促园区内工程、企业按照国家规定建立多种形式的消防队伍，自觉履行社会救援的责任。消防队伍采取"政府领导、企业出资、园区管理、消防指导"的原则进行管理。

4. 监督执法

各级应急救援机构对辖区园区管委会消防安全管理情况进行监督、检查、指导；园区内工程施工前、施工中、竣工前、竣工后每阶段，各级消防救援机构都要组织建设单位、施工单位、监理单位等相关单位进行监督检查。

5. 考核和责任追究

（1）各级人民政府建立工业园区消防工作考核评价体系，将园区消防工作纳入政府目标责任考核和领导干部绩效考评范畴，纳入"双考双评双挂钩"、社会治安综合治理检查考评内容。

（2）园区主要负责人是消防工作第一责任人，分管负责人是消防工作主要负责人，其他负责人要认真落实消防安全"一岗双责"制度。

（3）工业园区消防工作实行行政责任问责和火灾事故责任追究制度，对因工作不力、失职、渎职导致发生火灾事故的，根据有关法律、法规和规章追究单位负责人的责任。

（4）消防救援机构未按规定督促相关单位整改火灾隐患或执法程序不符合规定的，追究执法过错责任；对以权谋私、玩忽职守、徇私枉法的，尚不构成犯罪的，依法予以处分；构成犯罪的，依法追究刑事责任。

第三节　危险化学品企业和化工园区的日常消防安全管理

为了加强危险化学品的安全管理，保障人民生命、财产安全，保护环境，危险化学品企业一定要加强危险化学品的日常消防安全管理。

一、落实监督检查措施

根据《中华人民共和国消防法》第五章之规定，落实以下监督检查措施：

（1）地方各级人民政府应当落实消防工作责任制，对本级人民政府有关部门履行消防安全职责的情况进行监督检查。县级以上地方人民政府有关部门应当根据本系统的特点，有针对性地开展消防安全检查，及时督促整改火灾隐患。

（2）消防救援机构应当对机关、团体、企业、事业等单位遵守消防法律、法规的情况依法进行监督检查。公安派出所可以负责日常消防监督检查、开展消防宣传教育，具体办法由国务院公安部门规定。消防救援机构、派出所的工作人员进行消防监督检查，应当出示证件。

（3）消防救援机构在消防监督检查中发现火灾隐患的，应当通知有关单位或者个人立即采取措施消除隐患；不及时消除隐患可能严重威胁公共安全的，消防救援机构应当依照规定对危险部位或者场所采取临时查封措施。

（4）消防救援机构在消防监督检查中发现城乡消防安全布局、公共消防设施不符合消防安全要求，或者发现本地区存在影响公共安全的重大火灾隐患的，应当由应急管理部门书面报告本级人民政府。接到报告的人民政府应当及时核实情况，组织或者责成有关部门、单位采取措施，予以整改。

（5）住房和城乡建设主管部门、消防救援机构及其工作人员应当按照法定的职权和程序进行消防设计审核、消防验收和消防安全检查，做到公正、严格、文明、高效。住房和城乡建设主管部门、消防救援机构及其工作人员进行消防设计审核、消防验收、备案抽查和消防安全检查等，不得收取费用，不得利用职务谋取利益，不得利用职务为用户、建设单位指定或者变相指定消防产品的品牌、销售单位、消防技术服务机构、消防设施施工单位。

（6）住房和城乡建设主管部门、消防救援机构及其工作人员履行职务，应当自觉接受社会和公民的监督。任何单位和个人都有权对消防救援机构及其工作人员在执法中的违法行为进行检举、控告。收到检举、控告的机关，应当按照职责及时查处。

二、消防安全检查

消防安全检查，是指为了督促察看单位内部的消防工作情况和查寻验看消防工作中存在的问题而进行的一项安全管理活动，是单位实施消防安全管理、控制重大火灾、减少火灾损失、维护社会秩序安定的一种重要手段。

1. 消防安全检查的作用

对纳入重点防火的危险化学品企业，还应有每日防火巡查。防火巡查和防火检查是发现火灾隐患的根本措施。

2. 消防安全检查的内容和形式

（1）消防安全检查的内容。火灾隐患的整改情况以及防范措施的落实情况；安全疏散通道、疏散指示标志、应急照明和安全出口情况；消防车通道、消防水源情况；灭火器材配置及有效情况；用火、用电有无违章情况；重点工种人员以及其他员工消防知识的掌握情况；消防安全重点部位的管理情况；易燃易爆危险物品和场所防火防爆措施的落实情况以及其他重要物资的防火安全情况；消防（控制室）值班情况和设施运行、记录情况；防火巡查情况；消防安全标志的设置情况和完好、有效情况；对于危险化学品企业经常性重点检查的内容（易燃、易爆物品及其他重要物资的生产、使用、储存、运输、销售过程中的防火安全情况；用火用电情况；其他火源管理情况等）。

（2）消防安全检查的形式。消防安全检查是一项长期的、经常性的工作，在组织形式上应采取经常性检查和季节性检查相结合，群众性检查和专门机关检查相结合，重点检查和普遍检查相结合的方法。

① 基层单位的自查是组织群众开展经常性防火检查的一种形式，对于预防火灾起到了重要作用。基层单位的自查是在各单位消防责任人的领导下，保卫、安全技术和专、兼职防火干部以及志愿消防队员、有关职工参加的消防检查。危险化学品单位的自查应坚持厂（公司）月查，车间（工段）周查，班（组）每日巡查的三级检查制度，实行班、组检查，夜间检查，定期检查三种形式。

② 危险化学品企业主管部门的检查对推动和帮助基层单位落实防火安全措施，消除火灾隐患，具有重要的作用，主要有互查、抽查和重点检查三种方式。

3. 危险化学品企业火灾隐患整改

危险化学品企业火灾隐患的整改，是企业消防安全工作的一项基本任务，也是做好企业消防安全工作的一项重要措施。

（1）火灾隐患的概念。火灾隐患指在生产和生活活动中可能直接造成火灾危害的不安全因素。消防工作中存在的问题范围很广，包括思想上、组织上、制度上和火灾隐患在内的所有影响消防工作的问题，火灾隐患只是能够直接造成火灾和火灾危害的那部分问题。

（2）火灾隐患的类型。根据危险程度和危害程度将火灾隐患分为一般火灾隐患和重大火灾隐患。

（3）火险隐患的特征。生产工艺流程不合理，超温、超压以及配比浓度接近爆炸浓度极限，而无可控的安全保护措施，随时有可能达到爆炸危险极限，易造成着火或爆炸的危险的；具有跑、冒、滴、漏现象，不能及时检修而带病作业，有造成火灾危险的；易燃易爆物品的生产设备与生产工艺条件不相适应，没有安装安全装置或附件，或虽安装但失灵的易燃易爆设备和容器在检修前，未经严格的清洗和测试，检修的方法和工具选用不当等，不符合设备动火检修的有关程序和要求，易造成着火或爆炸的；易燃易爆危险品的生产和使用的厂址、储存和销售的库房及运输和装卸的车站、码头的位置不合理，一旦发生火灾会严重影响并殃及邻近单位和附近居民安全的；易燃易爆物品的运输、储存和包装方法不符合防火安全要求，性质抵触和灭火方法不同的危险品混装、混储，以及销售和使用不符合防火要求的；易燃易爆危险品在禁止存放和携带的场所存放和携带的，易燃易爆危险品的运输车辆在不当位置停放的；火源管理不严，在应"严禁烟火"的区域无"严禁烟火"的醒目标志，或虽有但执行不严格，仍有乱动火的迹象或抽烟现象的，或在用火作业场所有易燃物尚未清除，明火源或其他热源靠近可燃结构或其他可燃物等有引起火灾危险的；电气设备、线路、开关的安装不符合防火安全要求，严重超负荷、线路老化、保险装置失去保险作用的，场所、设备、装置应安设避雷和防静电装置但未安设，或虽有但已失灵或失效的，或保护范围尚有死角的；爆炸危险场所的电气线路、开关和电器不防爆或达不到防爆等级要求的；建筑物的耐火等级、建筑结构与火灾危险性质不相适应，建筑物的防火间距、防火分区或安全疏散及通风采暖等不符合防火规范要求，在防火间距内堆放可燃物、搭建易燃建筑，在疏散通道上放置物品，一旦发生火灾易造成火灾蔓延，造成严重经济损失和人员伤亡的；场所应安装自动灭火、自动报警装置，或应配置其他灭火器材，但未安装或未配置，或虽有但量不足或失去功能的，以及消防车道被堵塞，消火栓或水泵接合器被重物覆盖或被埋压、圈占，会影响灭火行动的；其他有关易引起火灾的问题。

（4）火灾隐患的整改原则。火灾隐患整改的原则是安全与经济的统一、安全与生产的统一、时间与实力的统一、形式与效果的统一，并坚持隐患查不清不放过、整改措施不落实不放过、不彻底整改不放过的原则。

（5）危险化学品企业火灾隐患的整改要求

① 整改火灾隐患的效果如何，关键在于有关领导的重视程度。

② 对检查出来的火灾隐患，单位能立即整改的，就要立即整改，切不可拖延。

③ 对一时解决不了的火灾隐患，单位要采取有效的防范措施，并定项目、定人，抓紧整改落实。

④ 对于一些重大的火灾隐患，经过单位自身努力难以解决的，应及时向

上级主管部门请示报告，求得解决，同时采取有效的应急措施。

⑤ 对于建筑布局、耐火等级、防火间距、消防通道、水源等方面的"先天不足"问题，一时确实无法解决的，应纳入本单位建设、改造规划，逐步加以解决。在没有解决前，单位要采取一些必要的、临时性的补救措施，以保证安全。

⑥ 对于关键性设备和要害部位存在的火险隐患，要严格执行整改措施，拟定可行方案，力求解决问题干净、彻底，不留后患，从根本上确保消防安全。

⑦ 当隐患单位已经接到应急救援机构的"火灾隐患整改通知书"或"停产停业整改通知书"后，应迅速研究整改方案，并在规定时间内将整改方案或整改情况报当地消防机关。对于接到通知书后置之不理或拖延不改的单位，应受应急救援机构的依法处罚。

三、危险点的控制与管理

危险点是指有极大可能发生火灾、爆炸事故的场所或工序。危险点的控制管理就是从企业的生产、储存的特点，使用物质的火灾危险性质等实际情况出发，运用现代化管理方法，预防和控制重大火灾事故发生的一种行之有效的安全管理方法。

1. 危险点的确定
危险点按火灾危险程度定点分级。确定危险点应考虑的主要因素如下：

（1）储存、使用的物质在外界能量或内在不稳定因素作用下能引起火灾、爆炸的场所。

（2）可燃气体、蒸气、粉尘与空气能形成爆炸性混合物的场所。

（3）着火爆炸后可能造成重大伤亡、毁坏厂（库）房及设备，造成生产停顿等重大经济损失的场所。

（4）着火爆炸后，可能引起火灾蔓延或爆炸升级的场所。

2. 危险点的分级
为抓住要害，把握重点，便于对危险点实行分级管理，需对危险点进行分级。依据发生事故的可能性大小、事故对人和物的影响程度等因素，一般可将危险点分为三级：

（1）A级危险点。易发生重大伤亡、重大火灾、爆炸事故，可能造成重大经济损失，对局部有较大影响的场所。

（2）B级危险点。易发生死亡或多人重伤和可能造成较大的经济损失，对局部有较大影响的场所。

（3）C级危险点。易发生伤亡事故，但经济损失或影响不大的场所。

在危险点应悬挂危险点标识牌，标明危险等级和负责人姓名。

3. 培训岗位人员

要选择和固定好岗位人员，选择安全责任心强、技术业务好、工作负责的人员担任岗位作业人员。并搞好培训教育，除一般的入厂（库）三级安全教育外，还要就危险点的危险程度和技术业务要求进行专业防火安全技术培训。

4. 预测和制定预防对策

（1）事故树分析法。将危险点可能出现的火灾、爆炸事故作为被分析的顶端事件，然后把造成顶端事件发生的人和物的因素作为中间事件、基本事件，并把它们之间用一定的符号联系起来，构成一种因果逻辑图，通过逻辑关系计算出基本事件的结构重要度，排列出危险因素的影响程度顺序。它可以较全面地找出事故发生的原因和关键因素，从而可发现和查明系统内固有的或潜藏的危险，全面了解和掌握各项防止火灾、爆炸事故的控制要点，制定出预防对策。

① 事故树分析的程序

a. 给出系统（子系统）事故的顶端事件。

b. 列举事故的第一次要因。

c. 列举事故要因并一直继续到下一级故障要因。

d. 利用逻辑符号按"树形"方法将展示出的事故要因的因果关系表示出来，按操作程序排列，运用逻辑关系构成事故树图。

e. 对事故树的事故要因进行定性或定量的分析，制成了事故树，即可进行定性评价，如有可能利用各种事件的概率资料，即可进行定量分析。

②利用事故树分析火灾、爆炸事故大体上按下述三个步骤进行。

a. 绘制事故树。正确地绘制事故树非常重要，因为它是后面进行一系列分析的基础。

b. 事故树分析。包括定性分析和定量分析。

c. 确定防火防爆的安全措施。根据对事故树的定性和定量分析，采取最佳的预防事故发生的方案。在采取措施时，要考虑到基本事件的重要度。

③事故树分析的效果。明确导致顶端事故的途径。从整个系统着眼，从尽可能占有的原始资料和经验数据入手，运用科学理论和方法，准确地找出产生事故的各种基本原因，减少遗漏，从而弥补了靠直观、单凭经验用传统方法孤

立地分析问题，可以基本做到心中有数，达到制定对策针对性强的目的。通过制作事故树，生产工人、工程技术人员、管理人员可以从安全方面加深对所分析的生产过程的认识，进一步了解和掌握生产过程的安全问题，全面、系统地认识到每一个基本事件及其在系统中保证安全的作用。通过对系统、单元设备、危险岗位进行安全评价、危险程度的定性预测，基本上可以明确它们的危险所在，基本事件及其性质、危险程度，从而能够分轻重缓急地采取整改措施，扭转不安全的局面。同时也可增强安全管理的可靠性和有效性。

④ 事故树分析具有适应性特点。在开始运用阶段可先做定性分析，逐渐再做定量的评价。在掌握基本原理和方法的基础上，根据本单位、系统的条件先进行定性分析，同时注意积累经验，建立各种事件发生概率的数据库，有组织地搜集、整理数据资料，使事故树分析深化和发展，以提高安全管理工作的水平。

（2）消防安全检查表法。消防安全检查表法是一种定性的系统安全分析方法。消防安全检查表是将危险点作为系统分成若干分系统，对各个分系统进行分析，根据有关防火规范，标准和规章制度，生产和储存危险化学品过程中发生火灾、爆炸事故的经验教训等，找出容易发生事故的各种危险因素，并确定这些危险因素为需要检查的项目，然后把这些要检查项目的要点逐项编制成表，以备在安全检查时，按既定项目进行检查和诊断。易燃易爆装卸场所检查表见表 8-1；罐区检查表见表 8-2；三、四级耐火等级建筑防火检查表见表 8-3；可燃固体堆场防火检查表见表 8-4；防爆场所电气设施专项检查表见表 8-5；公共娱乐场所防火检查表见表 8-6。

表 8-1　易燃易爆装卸场所检查表

单位：　　　　　场所名称：

项目	内容与要求	存在问题	整改措施
一、管理方面	1. 现场有醒目的防火管理制度		
	2. 人员工作服必须是防静电的且不准在现场脱穿，鞋不带钉子		
	3. 安全教育、考核持证上岗及安全活动情况		
	4. 场所实行重点控制，有防火档案		
	5. 机动车辆进入场所应装配完好的防火器		
	6. 作业使用防爆工具		
	7. 严禁外来人员进行作业		
	8. 没有跑、冒、滴、漏现象		

续表

项目		内容与要求	存在问题	整改措施
一、管理方面		9. 区域动火、用火严格管理		
		10. 装卸场所不能使用非防爆通信工具		
		11. 没有混装现象		
		12. 严禁将其他危险化学品带入装卸区域		
		13. 灭火及事故应急处理方案具有可操作性		
		14. 不能野蛮装卸		
		15. 防雷、静电设施及时检测并报告		
		16. 没有违章临时装卸现象		
		17. 经营危险化学品的场所必须有经营许可证		
		18. 在同一场所有两台以上车辆装卸时车辆应同时熄火,等候车辆应停在指定地点		
		19. 经过公司消防审核		
		20. 静电接地线连接好		
		21. 装卸区域应设围栏或明显的警戒线		
		22. 装卸车辆具有准运证、押运员证、车辆年检证		
		23. 高温季节装卸时,采取防暑降温措施		
		24. 现场严禁设有临时电气线路和通信线路		
		25. 严禁吸烟		
		26. 外来人员的管理		
二、设施方面	铁路装卸	1. 栈台两端和沿栈台每隔 60m 左右设立安全梯		
		2. 敞口装车的甲 B、乙、丙 A 类液体应采用液下装车		
		3. 装卸泵房至罐车装卸线的距离不应小于 8m		
		4. 距栈台边缘 10m 以外的输入管道上设紧急切断阀		
		5. 栈台、铁路静电接地不少于两处,铁轨应双轨接地		
		6. 铁轨接地应双轨跨接		
		7. 装卸软管应为防静电管		
		8. 装卸液化烃管线的法兰应设静电跨接,禁用铝线		
		9. 防雷设施应覆盖整个保护区		
		10. 1 区防雷接地、静电接地不准共接		
		11. 泵出口应设静电接地		
		12. 管线每 100~200m 应有一次接地		
		13. 电气接地正确		

续表

项目		内容与要求	存在问题	整改措施
二、设施方面	铁路装卸	14. 防爆灯及开关密封良好		
		15. 电源线穿管封堵良好		
		16. 1区避雷接地与静电接地距离、引下线与静电接地距离大于5m,接地体之间的距离应大于3m		
		17. 有环行消防通道或尽头设回车场		
		18. 区域内所有电气设施符合防爆要求		
		19. 检尺必用铜质器具,不能使用纤维绳		
		20. 沿栈台每12m上下分别设置一个干粉灭火器		
		21. 栈台内应设置两个用水量不小于15L/s的消防栓,且距离栈台边缘应大于15m		
		22. 11~50m³的罐、槽装车完毕,静置10min,方可以进行检尺和采样等		
	汽车装卸	1. 站的进、出口宜分开设置,合用时应在站内设回车场		
		2. 装卸车场应采用现浇混凝土地面		
		3. 鹤位间距离不应小于4m,鹤位与缓冲罐距离不小于5m		
		4. 甲、乙类液体装卸车辆鹤位与泵之间距离不小于8m		
		5. 甲B、乙A类液体应采用液下装卸车鹤管		
		6. 防静电接地不少于两处		
		7. 装卸软管应为防静电软管		
		8. 泵出口应设静电接地		
		9. 液化烃管线的法兰两端应设静电跨接,禁用铝线		
		10. 防爆灯及开关密封良好		
		11. 电源线应按防爆要求布线,不准有临时电源线		
		12. 区域内所有电气设施符合防爆要求		
		13. 按照规定配备灭火器		
		14. 栈台内应设置两个用水量不小于15L/s的消防栓,且距离栈台边缘应大于15m		
		15. 装卸完毕,要静置5min才能进行拆卸鹤管等作业,最后拆除静电接地线		
		16. 场所处于防雷设施保护之内		

续表

项目		内容与要求	存在问题	整改措施
二、设施方面	灌装站	1. 液化石油气灌间、储瓶库宜为敞开式或半敞开式建筑物,半敞开式下部应设通风设施		
		2. 液化石油气的残液应密闭回收,严禁就地排放		
		3. 灌装站和储瓶库地面应采用不发火地面		
		4. 灌瓶间与储瓶库的室内地面,应比室外地坪高 0.6m		
		5. 氢气灌装间的顶部应采取通风措施		
		6. 液氨、液氮等的灌装间应为敞开式建筑物		
		7. 实瓶(桶)库与灌装间可设在同一建筑物内,但宜用实体墙隔开,并各设出入口		
		8. 液化石油气、液氮和液氢等的实瓶不应露天堆放		
		9. 接地不少于两处		
		10. 包装软管应为防静电软管,两端接地良好		
		11. 桶接地良好,不准有接头,桶端接地良好		
		12. 电气设施符合防爆要求		
		13. 按照规定配备灭火器材		
		14. 灌装站处于水消防系统保护之内		
		15. 严禁使用绝缘材料的桶盛装甲 B、乙 A 类液体		
		16. 甲 B 类小容器包装应采用液下管装液		
		17. 带轮子的小车,轮子应采用具有导电性能的材料		
		18. 严禁在汽车上进行装卸		
		19. 栈台内应设置两个用水量不小于 15L/s 的消防栓,且距离栈台边缘应大于 15m		
		20. 有环行消防通道或尽头设回车场		
		21. 桶、瓶放有序,不能侵占消防通道		
		22. 灌装站处于防雷设施保护之内		

场所负责人签字: 主管部门负责人签字: 主管领导签字:

表 8-2 罐区检查表

单位: 罐区名称:

项目	内容与要求	存在问题	整改措施
一、管理方面	1. 现场有醒目的防火管理制度		
	2. 人员劳动保护符合安全要求		
	3. 安全教育、考核持证上岗及安全活动情况		

续表

项目	内容与要求	存在问题	整改措施
一、管理方面	4. 对场所实行重点控制,有防火档案		
	5. 机动车辆进入场所应装配完好的阻火器		
	6. 作业使用防爆工具		
	7. 外来人员必经允许方可进入罐区,检修、施工经安全教育		
	8. 没有跑、冒、滴、漏现象		
	9. 区域动火、用火管理情况		
	10. 罐区内不能使用非防爆通信工具		
	11. 人孔、检测孔及时盖好		
	12. 严禁将其他危险化学品带入罐区		
	13. 灭火及事故应急处理方案具有可操作性		
	14. 安全阀、阻火器、呼吸阀定期检查、测试,有记录		
	15. 防雷、静电设施及时检测并有报告		
	16. 没有违章临时装卸设施		
	17. 高温季节应采取防暑降温措施		
	18. 现场严禁临时设有电气线路和通信线路		
	19. 罐区内严禁吸烟		
	20. 检尺所用器具必须是防静电、防火花的		
	21. 泵房通风设施按时开启		
	22. 消防设施部件、器材不能缺失		
	23. 及时认真地进行巡回检查		
	24. 门卫人员坚守岗位,认真负责		
	25. 除检修、施工外严禁将火种带入罐区		
	26. 油品分水岗位人员必须坚守岗位		
	27. 严禁不合格产品进入罐区,严禁混装		
二、设施方面	1. 现场严禁设有临时电气线路和通信线路		
	2. 甲B类液体固定顶罐或压力储罐有保温层的原油罐外,应设防日晒的固定式冷却水喷淋系统或其他设施		
	3. 没有违章临时装卸设施和其他违章设施		
	4. 防火堤、隔堤的完好情况		
	5. 避雷设施的设置及完好情况		
	6. 消防门、消防通道情况		

项目	内容与要求	存在问题	整改措施
二、设施方面	7. 有火灾报警电话		
	8. 静电接地的设置情况（每个储罐不少于两处）		
	9. 在可能泄漏液化烃和其他可燃气体的场所内，应设置可燃气体报警器探头		
	10. 罐区内的可燃污水应有独立的排出管，出口设置不小于250mm的水封		
	11. 基础可能继续下沉的储罐的进、出口管线应采用金属软管连接或其他柔性连接		
	12. 液化烃储罐的开口接管法兰的垫片和法兰压盖的密封填料，应采用不燃烧材料，静电跨接线不应采用铝线		
	13. 液化烃储罐的承重钢支柱应做耐火处理，极限不低于1.5h		
	14. 固定或半固定泡沫消防设施的设置及完好情况		
	15. 防火提的不同方位上设置两个以上的人行台阶、坡道		
	16. 按照《石油化工企业设计防火标准》5.2.14条和5.2.15条的规定设置隔堤		
	17. 水炮、消火栓按照规定进行设置，流量、压力达到规定值		
	18. 灭火器材配置情况		
	19. 火灾报警设施的设置及完好情况		
	20. 液化烃储罐应设液位计、温度计、压力表、安全阀，以及高液位报警装置或高液位自动联锁切断进料装置		
	21. 液化烃储罐安全阀的出口管应接至火炬系统，就地放空，排气管应高出相邻最高储罐顶平台3m以上		
	22. 甲B、乙类固定顶罐应设阻火器和呼吸阀		
	23. 罐区周围毗邻建筑或山林满足《石油化工企业设计防火标准》3.2.11条的要求		

罐区负责人签字：　　　　主管部门负责人签字：　　　　主管领导签字：

表 8-3　三、四级耐火等级建筑防火检查表

单位：　　　　　　建筑名称：

项目	内容与要求	存在问题	整改措施
一、建筑情况	1. 核算建筑使用时间是否达到设计使用年限		
	2. 建筑的使用用途不应改变		
	3. 建筑的占地面积、长度以及层数是否超出		
	4. 经过公司审批、验收,没有违章建筑、装修现象		
	5. 根据建筑使用情况,核定毗邻建筑物及其他设施,应符合《建筑设计防火规范》中第三章第三节、第五章第二节的有关规定		
	6. 建筑周围是否是环行消防通道		
	7. 火灾报警电话设置情况(不应为磁卡电话)		
	8. 由建筑面积、内部人员数量核算疏散通道、疏散门的宽度,应符合《建筑设计防火规范》中 3.5.3 条、3.5.4 条、5.3.1 条和 5.3.2 条的规定		
	9. 核定厂房、库房及民用建筑最多允许的层数及防火分区允许占地面积,应符合《建筑设计防火规范》中 3.2.1 条、4.2.1 条、5.1.1 条的规定		
	10. 耐火等级为三级的医院、疗养院、托儿所、幼儿园及三层以上建筑内的楼梯间、门厅、走道的吊顶,应采用耐火极限不低于 0.25h 的不燃烧体		
	11. 闷顶内采用锯末等可燃材料作为保温层的屋顶,不应为冷摊瓦;非金属烟囱周围 500mm、金属烟囱 700mm 范围内,不应采用可燃材料制作保温层		
	12. 顶内有可燃物的建筑,在每个防火隔断范围内应设有不小于 700mm×700mm 的入口,并且要有防止闲散人员进入的措施		
	13. 温度不超过 100℃的采暖管道通过可燃构件时,应与可燃构件保持不小于 50mm 的距离;温度超过 100℃的采暖管道,应保持不小于 100mm 的距离或采用不燃烧材料隔热		
	14. 影剧院、体育馆、多功能礼堂、医院的病房等,疏散走道、疏散门应设置灯光疏散指示标志		
	15. 重要的档案、资料库应设火灾自动报警设施		
	16. 建筑内的通风和空气调节应符合《建筑设计防火规范》中第九章第三节的有关规定		
	17. 建筑内不存放无关的易燃易爆危险化学品		

续表

项目	内容与要求	存在问题	整改措施
二、用火、动火及用电情况	1. 动火、用火办理动火证、用火证，措施到位		
	2. 用火炉具距离密闭燃料容器≥1m，距可燃物≥1.5m		
	3. 电气线路、设施绝缘良好，敷设、设置合理		
	4. 闷顶内有可燃材料时，配电线路应采取穿金属管保护，线路接头处要焊接，严禁采用铜、铝接头		
	5. 照明器表面的高温部位靠近可燃物时，应采取隔热、散热等防火保护措施。卤钨灯和额定功率为100W及以上的白炽灯泡的吸顶灯、槽灯、嵌入式灯的引入线应采用瓷管、石棉、玻璃丝等不燃烧材料作隔热保护		
	6. 超过60W的白炽灯、卤钨灯、荧光高压汞灯（包括镇流器）等不应直接安装在可燃构件上。可燃物品库房不应设置卤钨灯等高温照明器		
	7. 电气干线有过载保护		
	8. 杜绝违章使用电气设施		
	9. 严禁超负荷用电		
	10. 吸烟管理		
三、消防设施、器材情况	1. 消防设施按照《建筑设计防火规范》第八章的有关规定进行设置，灭火器材按照《建筑灭火器配置设计规范》进行配置		
	2. 消防设施、移动器材的完好情况，要有维护、保养及更换记录		
	3. 火灾报警系统的完好情况，要有维护、保养及更换记录		

备注	建筑时间	设计使用年限	现已使用年限	采暖形式	防火等级

"建筑"负责人签字：　　　　主管部门负责人签字：　　　　主管领导签字：

表 8-4　可燃固体堆场防火检查表

单位：　　　　堆场名称：

项目	内容与要求	存在问题	整改措施
一、规章制度	1. "堆场"所在单位的逐级防火责任制		
	2. 防火检查制度		
	3. 防雷雨管理制度		
	4. 防暑降温管理制度		

续表

项目	内容与要求	存在问题	整改措施
一、规章制度	5. 现场动火、用火及用电管理制度		
	6. 吸烟管理制度		
	7. 岗位防火责任制度		
二、组织机构及责任制的落实	1. 有明确的防火主管部门		
	2."堆场"有明确的防火责任人		
	3."堆场"所在单位有明确的防火组织机构		
	4. 健全的志愿消防组织机构，分工明确		
	5. 上级及公司文件、精神贯彻落实情况		
	6."堆场"单位定期研究防火工作，有堆场管理内容		
	7. 火灾事故处理		
三、防火教育	1."堆场"单位火灾事故传达情况		
	2. 定期对职工进行防火教育，考核情况		
	3. 职工掌握防火知识情况		
	4. 职工使用消防设施、器材情况		
	5. 志愿消防组织演练情况		
	6. 安全防火活动及记录情况		
四、设置情况	1. 堆场布置在本单位全年最小频率风向的上风侧		
	2. 堆场与毗邻建筑物以及其他设施的防火间距必须满足《建筑设计防火规范》中 4.7.2 条、4.8.3 条的规定		
	3. 堆场周围有环行消防通道		
	4. 堆放的物质具有防挥发、变质以及在空气中发生其他物理、化学变化等现象的措施		
	5. 堆场的防晒、防雨设施必须是非燃材质		
	6. 堆场要有防暑降温设施		
	7. 堆场要有防雷设施		
	8. 易燃易爆物品、强氧化剂以及易挥发的危险化学品严禁露天、半露天存放		
	9. 附近有火灾报警设施		
	10. 堆场夜间要有照明设施		
	11. 堆场要设有排水设施		
	12. 堆场的总储量，不得大于《建筑设计防火规范》中表 4.7.2 的规定，若超出应分开设置，堆场之间的距离不得小于规定的堆场与四级建筑的距离		

续表

项目	内容与要求	存在问题	整改措施
五、堆场防火	1. 在堆场所在区域内动火,根据具体情况确定动火级别		
	2. 在堆场附近区域内用火办理用火证		
	3. 临时电缆线严禁跨越堆场上部		
	4. 按要求开展防火检查		
	5. 吸烟管理		
	6. 基础工作情况		
六、消防设施、器材	1. 按照《建筑设计防火规范》第八章第三节中的有关规定设置消防设施(忌水物质除外)		
	2. 按照《建筑灭火器配置设计规范》中的有关规定配置灭火器		
	3. 消防设施、器材的完好情况,维护、保养及更换记录的健全		

堆场负责人签字:　　　　主管部门负责人签字:　　　　主管领导签字:

表 8-5　防爆场所电气设施专项检查表

单位:　　　　防爆场所名称:

项目	内容与要求	存在问题	整改措施
一、装置区	1. 防爆区域内防爆电器型号符合要求 2. 电源线和仪表线穿管、接线盒紧固,螺钉无松动 3. 电源线穿管出线口有保护和固定 4. 电器接地正确 5. 泵出口有单独静电接地 6. 皮带传动场所应使用防静电皮带 7. 正规生产的防爆插座,有停电保护措施,检修电源箱应上锁 8. 现场不应有临时电源线 9. 吊车电源线应设限位拉线 10. 散发密度比空气大可燃气体的装置区的控制室、配电室应比室外地面高出 0.6m 11. 在线分析室、配电室及场所中使用的非防爆电器设施仪表密封良好,采用的正压通风设施完好,并处于通风状态,而且有操作方面的要求 12. 静电接地网应完好,要求不少于两处接地,隐蔽埋设的应有不少于 2～3 处检查卡 13. 易燃易爆介质管道在爆炸危险场所边界处应有一处静电接地		

续表

项目		内容与要求	存在问题	整改措施
一、装置区		14. 电缆沟及电缆槽盒的封堵应符合要求 15. 防爆安全工作灯电缆绝缘无破损,灯罩密封及保护网完好 16. 放空管应在避雷保护范围内 17. 防雷装置的引下线、网、针应完好,半导体少长针消雷器的引下线完好,半导体针面层无裂痕和脱落 18. 防雷接地电阻应小于 4Ω ,防静电接地电阻应小于 100Ω 19. 现场通信应使用防爆电话、防爆对讲机,而且密封良好		
二、装卸站台	铁路	1. 站台、铁路防静电接地不少于两处 2. 装卸软管应防静电 3. 装卸液化烃管线的法兰应设静电跨接线,而且固定良好,严禁使用铝线作跨接线 4. 铁路接地应双轨接地 5. 铁轨之间应设跨接线 6. 防雷设施应覆盖整个保护区 7. 1区防爆场所防雷接地、静电接地不准共接 8. 泵出口应设静电接地 9. 管线每 $100\sim200m$ 应有一处接地 10. 避雷装置与被保护物间距大于 $3m$ 11. 1区爆炸危险场所避雷接地与静电接地的距离、避雷引下线距静电接地网的距离应大于 $5m$,接地体之间的距离应大于 $3m$ 12. 电气接地正确 13. 防爆灯及开关密封良好 14. 电源线穿管封堵良好		
	汽车站台	1. 防静电接地不少于两处 2. 装卸软管应为防静电软管,软管两端应接地 3. 接地软线应接触良好,不准有接头,接汽车端应良好 4. 泵出口应设有静电接地 5. 防雷设施应覆盖整个保护区 6. 液化烃管线法兰两端有跨接线,不准使用铝线 7. 防爆灯及开关密封良好 8. 电源线应按防爆要求布线,现场不准有临时电源线		

项目		内容与要求	存在问题	整改措施
二、装卸站台	灌装站	1. 静电接地网的接地不少于两处 2. 不发火地面修补应符合要求 3. 包装软管应为防静电软管,两端接地良好 4. 桶体接地软线良好,不准有接头,桶体接触电阻良好 5. 电气设施符合防火防爆要求		
	泵房	1. 静电接地网的接地不少于两处 2. 泵出口有单独的静电接地 3. 电源线穿管出线口应有保护和固定 4. 防爆电器应符合要求 5. 隐蔽埋设的静电接地网应留2~3个检查卡 6. 易燃易爆介质管线在爆炸危险场所的边界处应有一处静电接地 7. 电器接地正确 8. 防雷设施应覆盖整个被保护物 9. 避雷装置与被保护物间距应大于3m 10. 避雷装置的引下线、网、针完好 11. 半导体少长针消雷器引下线完好,针无裂纹,表层无脱落 12. 液化烃管线法兰两端应有跨接线,不准使用铝线 13. 阀室的轴流风机接地应良好 14. 现场不应有临时电源线通过罐区 15. 散发比空气密度大的可燃气体(蒸气)的泵房的门与控制室门的间距不应大于15m,且15m范围内的窗应为固定窗 16. 避雷针不能倾斜,不准在接地体附近挖坑或取土		

防爆场所负责人签字：　　　　主管部门负责人签字：　　　　主管领导签字：

表 8-6　公共娱乐场所防火检查表

单位：　　　　场所名称：

项目	内容与要求	存在问题	整改措施
一、规章制度	1. 经济承包合同书有承包内容 2. 甲、乙双方有防火管理协议 3. 有明确的逐级防火管理协议、防火检查制度、用火动火制度、吸烟管理制度、用电管理制度、重点部位岗位防火责任制		

项目	内容与要求	存在问题	整改措施
二、组织机构	1. 有明确的主管部门 2. 场所内有明确的防火责任人 3. 有明确的防火组织机构 4. 有健全的志愿消防组织机构，分工明确		
三、日常工作	1. 按要求开展三级防火检查 2. 上级及公司文件、精神贯彻落实情况 3. 火灾事故传达情况 4. 基础工作情况 5. 吸烟管理		
四、防火教育	1. 定期对员工进行防火教育 2. 组织员工进行消防训练与演练 3. 开展安全活动 4. 员工掌握防火知识 5. 员工熟悉消防设施、器材的使用		
五、建筑及内部情况	1. 经公司进行防火审批、验收 2. 有火灾报警电话 3. 由建筑耐火等级、人员数量核算疏散通道、疏散门是否符合要求 4. 有事故照明（每层面积≥1500m² 的营业厅、地下室≥300m²）、有疏散指示（影剧院），且完好 5. 内部装修办理审批手续，经公司验收 6. 周围消防通道情况 7. 取暖情况（温度超过100℃的管道距可燃物质应大于100mm，低于100℃应大于50mm） 8. 不能存放无关的易燃易爆物品（烟花爆竹、液化气、汽油、柴油、涂料等）		
六、用火、用电情况	1. 用火办理用火证，措施落实 2. 用火炉具距钢瓶≥1m，距离可燃物≥1.5m 3. 动火办理动火证，措施到位 4. 电气线路绝缘良好，敷设合理 5. 敷设在可燃隐蔽工程内部的电气线路有金属保护套管，不能有接头，不能采用铜芯导线，截面积符合要求 6. 无违章使用电气设施现象 7. 电气设施距可燃物有安全距离，照明灯具（白炽灯、日光灯的镇流器等）及开关不能直接安置在可燃物上		
七、消防设施、器材情况	1. 按照《建筑设计防火规范》及《建筑灭火器配置设计规范》设置消防设施、器材 2. 消防设施、器材完好，有维护保养记录 3. 火灾报警系统（手动、自动感温、自动感烟）完好，有维护保养记录		

场所负责人签字：　　　　单位主管部门签字：　　　　单位主管领导签字：

5. 重分级检查，抓信息反馈

（1）明确负责人，坚持检查制度

① C 级危险点岗位负责人日查，车间（工段）负责人周查。

② B 级危险点岗位负责人日查，车间（工段）负责人周查，主管职能部门半月查。

③ A 级危险点除上述负责人检查外，工厂或仓库负责人每月要检查一次。

安全技术部门和保卫部门要定期负责检查监督，掌握各危险点的检查执行情况，严格进行考评。

（2）抓好信息反馈。以企业的防火安全管理部门为信息中心，以危险点为网点，建立防火安全信息网络。这项工作的大致程序为：通过检查发现隐患，做现场记录，明确隐患的性质和原因，向信息中心进行反馈（书面或口头的），按职责权限范围做决策。

6. 建立管理制度

危险点要专门建立一套严密的防火安全管理制度，并且直接与经济责任制挂钩。日常安全管理有以下具体规定。

（1）进出危险点的人员要配发专用通行证件或出入证件。

（2）严格安全教育，进行岗位防火安全技术专题培训，考试合格，方能上岗。

（3）严格火源管理，严格动火审批手续，并指定动火现场的防范措施。

（4）易燃易爆物品的管理要固定专人负责。

（5）消防器材要配齐、完整好用。

工厂（仓库）与各基层单位要签订经营合同，将防火安全指标作为主要指标检查考核，明确规定具体的奖罚指标，做到有奖有罚、奖罚分明。

四、火源的管理

火源是引发火灾的必要条件之一，管理好火源是危险化学品企业防火工作的重要环节。引起危险化学品企业火灾、爆炸的火源类型很多，主要有明火、化学点火源、电气点火源、冲击点火源、高温点火源等。

1. 危险化学品企业常见火源

危险化学品生产、储运等过程中常见的火源主要有生产用火、运转机械打火、内燃机喷火、其他用火、静电火花，以及自热、自燃、电火花、雷击、太阳能热源及其他高温热源等。

2. 危险化学品企业常见火源的管理

凡是能引起可燃物质燃烧的热能称为着火源。

（1）生产用火的管理。甲、乙、丙类生产车间、仓库及厂区和库区内严禁动用明火，若生产需要必须动火时应经单位的安全保卫部门或防火责任人批准，并办理动火许可证，做好防范措施。

（2）控制各种机械打火。生产过程中各种转动的机械设备、装卸机械、搬运工具，应有可靠的防止冲击、摩擦打火的措施，有可靠的防止石子、金属杂物进入设备的措施。对于提升、码垛等机械设备易产生火花的部位，应设置防护罩。

（3）控制机动车辆带入火源。进入甲、乙类和易燃原材料厂区、库区的汽车、拖拉机等机动车辆，排气管必须有火星熄灭器。

（4）采取科学防雷电、防静电措施。运输或输送易燃物料的设备、容器、管道，储存危险化学品的储罐都必须有良好的接地措施，防止静电积聚放电；进入甲、乙类场所的人员，不准穿戴化纤衣服和易产生静电的鞋。

（5）消除化学反应热。储存积热自燃危险品的库房，堆垛不可过高、过大，要留足空间以利于通风散潮和安全检查。在储存期间要注意观察和检测温、湿度变化，防止化学反应热积聚而导致自燃起火。对于遇空气可自燃的物品，包装要严密不漏，有稳定介质的储存容器，稳定介质要足够；加强对遇水生热和遇湿易燃危险化学品的储存和运输管理。

（6）电气火源的管理。电气线路、设备、开关、灯具等都必须符合电气防火、防爆的有关要求，甲、乙类生产车间和仓库的电器必须符合相应的防火防爆等级。丙类车间和库房不准使用碘钨灯和超过 60W 的白炽灯等高温灯具，也不准设置移动式照明灯具。当使用日光灯等低温照明灯具时，应对镇流器采取隔热、散热等防火保护措施。库房内不得有可燃装修，闷顶内敷设的配电线路都必须穿金属管或用不燃硬塑料管保护，管内不准有线路接头，接头应设接线盒，库房的开关箱应在库房外单独设置，以便保管员离开时拉闸断电。

（7）严格管理其他火源。甲、乙类和易燃原材料的生产厂区、库区应有醒目的"严禁烟火"的防火标志，厂区和库区内不准吸烟，不准生火做饭、取暖，进入的人员必须登记，并交出随身携带的火种。

五、化工园区的消防安全

1. 化工园区的特点

化工园区重大危险源种类复杂，数量巨大，由于园区监管和应急资源有限，在对园区重大危险源监管时要根据重大危险源分级情况，首先集中力量对危险性大的重大危险源实施监管，制定控制措施，控制重大工业事故。化工园区重大危险源的安全监管主要是通过监管一级、二级重大危险源集中的企业来实现的，存在一级、二级重大危险源较多的企业作为园区安全监管的重点，同时要求园区企业对企业内部的一级、二级重大危险源实行重点管理。同时，随着化工园区生产的进行，重大危险源不是一成不变的，因此有必要建立动态和连续的监管模式。

2. 化工园区的重大危险源监管制度

在充分了解化工园区重大危险源情况，进行重大危险源分级评价的基础上，化工园区的安全监管部门须制定园区的安全监管制度，从对人、工艺过程和设备的管理三个方面采取措施加强重大危险源的监管，预防重大事故的发生。

（1）完善化工园区安全监管机构。成立化工园区安全生产监督管理办公室；建立健全专家咨询制度；培养人才，加强监管队伍建设。

（2）加强化工园区安全教育培训。人的不安全行为是事故的主要原因，因此需要强化全员安全教育，提高人的安全素质；抓好安全法规教育，从法规、制度、操作规程和纪律等着手，以制度约束人。化工园区需加强对园区和企业管理人员的培训，增强其安全意识和执行国家有关法律法规的能力；对生产岗位员工进行技能培训，增强其操作技能和应对突发事件的能力；要充分发挥各种新闻媒体的力量，采取多种方式，宣传重大危险源相关知识，提高化工园区周围居民对重大危险源的防范监控和应急意识。

第四节　危险化学品企业及化工园区的消防安全教育

各级人民政府应当组织开展经常性的消防宣传教育，提高公民的消防安全意识。企业及化工园区等单位应当加强对本单位人员的消防安全教育。鼓励支持消防科学研究和技术创新，推广使用先进的消防和应急救援技术、设备；鼓励、支持开展消防公益活动。

消防安全教育是以人为对象，研究和改正生产、生活中人的不安全因素的规律，预防火灾、爆炸事故的发生。它以一定的教育理论为指导，以必要的防火安全技术、法规、制度的研究成果和防火安全教育实践经验为基础，并吸收教育学、心理学的基本原则和方法，来揭示防火安全的规律性。

一、消防安全教育的原因、目的、作用

事故的直接原因：一是物的不安全状况；二是人的不安全行为。对于物的不安全状况，究其根本原因，有不少都可追溯到人为的失误。安全教育的目的是使生产者具备良好的安全素质并得到不断的提高。当生产者的安全素质得到普遍的提高，人人在思想上都重视安全生产，又懂得如何安全地进行生产，就可避免由于对安全的忽视或无知而产生的不安全行为，减少人为失误而导致的事故。

二、消防安全教育的形式

消防安全教育是通过一定形式进行的，主要有集体教育和个人教育两种基本形式。应用工艺学方法的安全技能训练，是较快获得安全知识、技能、技巧的教育形式。奖励教育是安全教育中重要的辅助教育形式，合理地把这些教育形式联系起来，相辅相成，才能全面地完成教育任务，提高教育质量，达到防止和减少事故的目的。

1. 集体安全教育形式

这种教育采取集体培训授课的方式，有一定的学习目标，有一定的学习计划，是定期或不定期开展的有意识的基本安全教育方式，可通过讲演法、讨论法、提问法、安全会议等形式进行。

2. 个人安全教育形式

操作人员具有的消防安全知识与达到习惯应用安全知识于作业之中的能力，尚存在相当的差距。由于每个岗位的固有特点和每个人的固有特性，完全采用集体安全教育形式是不可能达到目的的，还必须进行个别指导。可通过岗位实际工作教育、消防安全技能的督促检查教育、个别劝告的消防安全态度教育等实现。

3. 应用工艺学方法的消防技能训练

在企业中，可应用工艺学方法将各种消防安全要求、容易产生火灾爆炸事故的复杂操作系统等需要教育训练的内容，编制成一定的工艺程序。利用视听设备或模拟训练，或现场实际演练，反复进行知识、模拟技能的训练，是一种能够迅速掌握消防安全知识、技能的教育方式。

4. 应用启蒙、宣传方式的一般安全教育

在开展正规的消防安全教育的基础上，通过一般的启蒙、宣传方式，可刺

激职工们提高警惕，克服麻痹思想。这种方式包括安全上岗讲话、宣传画、霓虹灯、警告牌、信号、色标、安全刊物、壁板报、广播、电视等。

5. 鼓励教育

鼓励在消防安全教育中是一种不可缺少的方式。人们对自己的评价是敏感的，并力图使自己得到表扬或奖励。这种鼓励既是对个人的工作肯定，也是对整个集体的肯定。为使安全教育保持持久、有力，可开展安全竞赛活动等，对竞赛中的优胜者应给予表彰。

6. 积极参加消防救援机构举办的各种消防安全培训班

消防救援机构会经常性地举办消防安全培训教育。危险化学品企业及化工园区的消防安全责任人应积极主动地让自己的职工参加学习，通过专门的培训教育，全面提高职工的消防专业知识，减少由于缺乏知识而引发的事故。

三、消防安全教育的内容

危险化学品企业应根据自身的生产实际安排员工的消防安全教育内容，主要包括消防工作的方针和政策教育，消防法律、法规教育，消防基础知识教育，危险化学品消防常识教育等。

四、其他方面的教育

根据教育的内容、对象和具体的教育目的，有多种教育的形式，主要有：

1. 新工人入厂三级安全教育

职工入厂后上岗前必须进行厂、车间、班组三级安全教育，经考核合格后方可上岗，厂级安全教育由分管安全生产工作的企业领导负责，企业安全生产管理部门组织实施。厂级安全教育合格分配到车间后还须进行车间安全教育。车间安全教育由车间负责人组织实施。车间安全教育合格后分配到班组上岗前还须进行班组安全教育。班组安全教育由班组长组织实施。

2. 变换工种或离岗后复工的安全教育

工人变换工种调到新岗位上工作，对新岗位而言还是个新工人，并不了解新岗位有什么危害因素，未掌握新岗位的安全操作要求，故上岗前还要进行班组安全教育，跨车间调岗还要进行车间安全教育。离岗（病假、产假等）时间较长，对原工作已生疏，复工前要进行班组安全教育。

3. 变动生产条件时的安全教育

变动生产条件是指工艺条件、生产设备、生产物料、作业环境发生改变。新的生产条件会有新的危害因素，相应有新的防护措施、新的安全操作要求。而这些是工人原来不懂的，就必须针对生产条件改变而带来的新的安全问题对工人进行安全教育。危险化学品企业的工人必须经过上岗前的安全教育，并考核合格方可上岗作业。

4. 特种作业人员安全教育

特种作业是指在劳动过程中容易发生伤亡事故，对操作者本人，尤其对他人和周围设施的安全有重大危害的作业。《劳动法》规定，特种作业人员必须经过专门培训并取得特种作业资格。对于已取得特种作业操作证的人员，需不断增强安全意识，提高安全技术水平，还要定期对他们进行安全教育。危险化学品生产场所不安全因素多，在这种危险性大的环境中从事特种作业，要求他们有更高的安全素质，要加强对他们的安全教育。

5. 企业负责人和企业安全生产管理人员的安全教育

企业负责人是企业生产经营的决策者、组织者，也是企业安全生产的责任人，安全管理人员具体负责企业安全生产的各项管理工作，他们的安全素质高低直接关系到企业安全管理水平，所以他们必须接受安全教育。

6. 企业其他职能管理部门和生产车间负责人、工程技术人员、班组长的安全教育

根据"管生产必须管安全，谁主管谁负责"的原则，职能部门和生产车间的负责人及班组长是本部门的安全生产责任人，应在各自的业务范围内，对实现安全生产负责；工程技术人员与作业安全生产有直接关系，所以他们都应接受安全教育。

7. 危险化学品企业中从事生产、经营、储存、运输（包括驾驶员、船员、装卸管理人员、押运人员）、使用危险化学品或处置废弃危险化学品活动的人员的安全教育

《危险化学品安全管理条例》规定，这些人必须接受有关法律、法规、规章、安全知识、专业技术、职业卫生防护和应急救援知识的培训，并经考核合格，方可上岗。

第五节 危险化学品事故上报与火灾调查

随着我国工业化的不断推进，危险化学品作为国家工业化不可缺少的原料，其产业也得到了飞速发展，与此同时，生产、运输及存储过程中的危险化学品火灾事故也频频发生，而且一旦发生事故，其造成的人员伤亡和财产损失都非常巨大，且事故类型和原因呈现复杂化、多样化的特点，严重威胁社会稳定。事故上报及火灾调查工作是每一个危险化学品企业都应该做好的一项重要工作。

一、危险化学品事故上报

根据《中华人民共和国安全生产法》《危险化学品安全管理条例》等有关法律、法规和《国务院关于特大安全事故行政责任追究的规定》（国务院令第302号）及其他有关规定归纳、介绍如下：

危险化学品经营单位发生危险化学品事故后，事故现场有关人员应当立即报告本单位负责人。单位负责人接到事故报告后，应当迅速采取有效措施，组织抢救，防止事故扩大，减少人员伤亡和财产损失，并按照国家有关规定在立即报告企业主管部门的同时，及时向当地救援等部门报告。不得隐瞒不报、谎报或者拖延不报，不得故意破坏事故现场、毁灭有关证据。

负有安全生产监督管理职责的部门和应急救援机构接到事故报告后，应当立即按照国家有关规定上报事故情况[10-13]。负有安全生产监督管理职责的部门和有关地方人民政府对事故情况不得隐瞒不报、谎报或者拖延不报。有关地方人民政府和负有安全生产监督管理职责的部门的负责人接到重大安全事故报告后，应当立即赶到事故现场，组织事故抢救。

剧毒化学品的经营（销售）、储存、使用单位，发现剧毒化学品被盗、丢失或者误售、误用时，必须立即向当地公安部门报告。剧毒化学品在公路运输途中发生被盗、丢失、流散、泄漏等情况时，承运人及押运人员必须立即向当地公安部门报告，并采取一切可能的警示措施。公安部门接到报告后，应当立即向其他有关部门通报情况；有关部门应当采取必要的安全措施。

危险化学品特大安全事故发生后，有关县（市、区）、市（地、州）和省、自治区、直辖市人民政府及政府有关部门应当按照国家规定的程序和时限立即上报，不得隐瞒不报、谎报或者拖延报告，并应当配合、协助事故调查，不得以任何理由阻碍、干涉事故调查。危险化学品特大安全事故发生后，省、自治区、直辖市人民政府应当按照国家有关规定迅速、如实发布事故消息。安全生产监督管理部门和公安部门接到重大责任事故报告后，应当及时派员工进行事故调查工作。

二、危险化学品事故火灾调查

1. 易燃危险化学品火灾事故现场特点

危险化学品火灾事故常见的表现形式是火灾，火灾引发爆炸，爆炸引发火灾及泄漏引发爆炸等。相比一般的火灾现场，危险化学品火灾事故现场的情况更为复杂，具有以下几个典型的特点：一是火场面积大；二是现场毒性大；三是现场破坏非常严重，使得火灾事故调查的难度大大增加。一旦涉及危险化学品火灾事故，往往需要消防、医疗卫生及安全生产监督管理等多部门的联动和协作。

2. 危险化学品调查的原则

科学严谨、依法依规、实事求是、注重实效。

3. 危险化学品火灾事故原因调查内容

与一般火灾事故调查过程类似，危险化学品火灾事故调查的重点在于通过询问和勘验及物证鉴定综合认定起火原因，工作手段有现场勘查、检测鉴定、调查取证、模拟实验等[14]。但是危险化学品火灾事故又有其特殊性，一方面是对发生事故场所的危险化学品存储情况调查，包括存储的危险化学品种类及数量，在发生火灾的有效时间内的动火用电情况，以及相关场所的安全管理执行情况；另一方面，勘查起火过程中的特殊现象，主要包括火焰形态、颜色及烟气特征等。同时还需要关注灭火救援过程中的处置方法对现场造成的影响，这些具体情况除了可以询问相关知情人，还可以通过分析视频监控得到相关信息，特别是对起火过程特征的分析，如果能够在事故现场找到相关视频资料，将会对事故原因的调查工作起到明显的促进作用。特别是对于一起既发生火灾又发生爆炸的事故，事故直接原因的认定往往需要系统、仔细的现场询问和勘查，在现场分析的过程中需要收集大量的痕迹物证来分析认定火灾事故的起火部位、起火点，在认定了起火部位和起火点后，对起火物燃烧残留物的痕迹识别显得非常重要，主要通过分析起火点处燃烧残留物的气味、颜色及形态等宏观及微观特征。无论是对起火部位的认定过程还是对起火物的认定往往都需要进行物证鉴定，物证鉴定的内容和技术方法选择就显得尤为重要。

参考文献

[1]　公安部．机关、团体、企业、事业单位消防安全管理规定［R］. 2001.

[2]　殷冬青．浅析苏州市危险化学品企业的消防安全管理［J］．消防论坛，2016，8：20-21.

[3]　陈硕．石化企业专职消防队应急救援能力提升研究［D］．青岛：中国石油大学（华东），安全工程，2016.

[4]　公安消防队执勤条令［EB/OL］. http://www.safehoo.com/Laws/Trade/Fire/200810/313.shtml.

[5]　企业事业单位专职消防队组织条例［EB/OL］. http://www.safehoo.com/Laws/Trade/Fire/200810/869.shtml.

[6]　丁宁．宁波市应急队伍系统建设的对策研究［D］．杭州：浙江工业大学，2011.

[7]　朱均煜．城市微型消防站灭火救援能力评估与建设研究［D］．广州：华南理工大学机械与汽车工程学院，2017.

[8]　徐礼．浅谈如何加强化工园区消防工作［J］．江西化工，2018，3：193-194.

[9]　常用化学危险品储存通则［EB/OL］. http://www.safehoo.com/Manage/System/Petroleum/201504/389386.shtml. 2015-04-08.

[10]　危险化学品事故的报告和上报程序［EB/OL］. http://www.safehoo.com/item/180296.aspx. 2011-04-24.

[11]　中华人民共和国安全生产法［EB/OL］. http://www.safehoo.com/Laws/Law/201409/363122.shtml. 2014-09-01.

[12]　危险化学品安全管理条例［EB/OL］. http://www.safehoo.com/Laws/Trade/Chemical/201103/174025.shtml. 2011-03-11.

[13]　国务院关于特大安全事故行政责任追究的规定［EB/OL］. http://www.safehoo.com/Laws/Statute/200810/3006.shtml. 2008-10-05.

[14]　金静，张金专，王芸，等．易燃危险化学品火灾事故调查技术数据库构建［J］．消防科学与技术，2018，37（3）：423-425.

第九章

典型危险化学品消防实践

随着我国经济快速发展，化学品的生产和使用量不断增加。化学品在给我们的生活带来巨大便利的同时，一部分危险化学品也对人的生命、健康和生存环境构成了巨大威胁[1]。据统计，国内事故类型主要分为爆炸、泄漏中毒、火灾等，其中爆炸造成的人员伤亡最多，在生产、运输、储存、废气处理、使用等环节中，生产环节的事故占比最大[2]。

第一节 液化石油气槽车泄漏火灾事故处置

一、典型案例

1. 案例一

2012 年 12 月 8 日，一辆液化气槽车（满载 21 t）在林芝地区工布江达县境内 318 国道发生侧翻事故，西藏消防总队官兵历时近 40 h，安全成功地完成了处置任务，排除了川藏国道严重险情。

2. 案例二

2013 年 4 月 16 日，荆岳长江大桥收费站液化气槽罐车发生火灾，情况十分危急，鄂湘两地消防队伍联合参战，历经 12 h，成功处置了此起火灾事故。

3. 案例三

2018 年 2 月 11 日 8 时 30 分左右，京哈高速河北秦皇岛段北京方向，发生一起液化气罐车泄漏自燃事故。一辆运输液化气的罐车侧翻，导致液化气泄漏引起自燃，大火波及周围三辆小型汽车，致三辆私家车被烧毁。事故造成 2人重度烧伤，6 人轻度烧伤。

4. 案例四

2020 年 6 月 13 日下午 4 时 40 分左右，一辆由宁波开往温州的液化石油气槽罐车在 G15 沈海高速温岭市大溪镇良山村附近高速公路发生爆炸事故，引发周边民房及厂房倒塌，造成人员伤亡和财产损失。截至 6 月 14 日上午 10 时，事故已造成 19 人遇难，172 人受伤，周边建筑物受到不同程度的损坏。

二、事故特点

1. 扩散迅速，危害范围大

1kg 液化石油气与空气混合后体积分数达到 2％时，能形成体积为 25 m³ 的爆炸性混合物。当液化气槽车发生泄漏事故时，液化石油气通常是以喷射的方式漏出，液态会迅速转化成气态，体积膨胀约 250～350 倍，由于其密度比空气大，所以会向地势较低的区域流动，然后在该区域内聚集，聚集区域内液化石油气的浓度高，具有极大的危险性[3]。

2. 易发生爆炸燃烧

液化石油气爆炸下限极低（爆炸极限 1.5％～9.5％），泄漏后极易与空气形成爆炸性混合物，遇火源（喷射形成的静电火花或外来火源）发生爆炸或燃烧。

3. 燃烧猛烈，爆炸速度快

液化石油气泄漏后若发生燃烧，其燃烧的最高温度可达到 1800℃以上。若发生爆炸会相当剧烈，爆炸的传播速度可达 2000～3000m/s。

4. 处置难度大，要求高

液化石油气发生泄漏的容器、部位、口径、压力等因素各不相同，灾情复杂，危险性大，处置专业技术要求高[4]。主要表现在：防爆难度大，指挥难度大，管控难度大。由于液化石油气泄漏以后会以气体的形式聚集在某一块区域，所以，该整块区域内充满了不稳定因素，处理起来要格外小心。消防人员要穿戴专门的防静电防护服，处理时要避免与坚硬物体直接摩擦，防止产生火花而引发爆炸。

三、处置对策

1. 提高处置液化石油气泄漏事故的安全警惕性

运输液化石油气等低温液体的罐体表面有保温绝热层，主要防止液态的液化石油气迅速汽化。罐体内一般充装的液化石油气只有额定容积的 80％，形成液态部分和气态部分的平衡，平时在公路上平稳运输时不会发生问题。当罐体连续翻滚后，一方面可能损坏保温绝热层，造成液态部分迅速汽化，罐内压力激增，温度骤降；另一方面，由于罐内液态部分连续翻动，打破了固有的气态和液态平衡，加剧了液态部分的汽化过程。当罐内气体不断增加、压力不断增大，在超过罐体的设计压力（罐体的设计压力一般在 0.79～2.16 MPa 之间）时，就可能从罐体耐压能力最薄弱的部位突然泄漏。在救援时，现场指挥员容易产生一种错误的判断：既然翻车没有造成泄漏，就不可能再发生泄漏。基于这种判断，就可能使救援人员产生麻痹思想，放松警惕，进而在防范泄漏和爆炸、人员安全防护、现场警戒和交通管制等方面未做好充分的准备。因此，遇有同类事故，消防队伍在救援的同时，要及时报告政府调集专业技术人员到场，对槽车罐体进行认真检查和评估，真正做到万无一失。

2. 处置液化石油气泄漏事故时要严格实施警戒和交通管制措施，防止无关人员和车辆进入事故现场

近年来，消防队伍在高速公路救援时，由于警戒和交通管制措施不到位，造成官兵伤亡事故频频发生。消防队伍在展开救援前，必须先落实好警戒和交通管制措施，及时通知交警和路政部门给予配合。在事故未处置完毕前，禁止无关人员进入事故现场，防止发生意外伤亡。

当液化石油气发生泄漏时，由于当地地势或者风向等诸多不可控因素的影响，对气态石油气的聚集区域也无法有效控制，所以在进行事故处理前要把周围可能发生危险的区域或者路段进行全面封锁，防止无关人员进入。受到管制的车辆或个人也必须服从救援人员的安排，不得擅自进入危险区域。

3. 处置液化石油气泄漏事故时要科学选择停车位置和作战阵地，切实做好人员防护

处置液化石油气泄漏事故，车辆应尽量停靠在距事发地点 300 m 以外的区域，有的甚至要在 800 m，这主要考虑液化石油气泄漏后扩散迅速、波及范围大等因素。这样一是可以在爆炸发生时避免消防车被波及，二是情况有变时可以驾驶消防车及时撤出，三是防止因风向导致火势蔓延到消防车处。另外，考虑安全和撤离的因素，车辆应停靠在上风或侧上风方向，车头朝事发地点相反方向。在冷却罐体或灭火时，应根据地形地貌尽量使用移动水炮或遥控自摆水炮远距离作战。对于堵漏排险人员，应配以喷雾水流全覆盖掩护。在人员防护方面，应加强防范爆炸危害的专业训练，在事故现场处置时，消防人员要提前选择可以躲避爆炸危害的部位，在来不及撤离的情况下，迅速背朝爆炸冲击波传来方向卧倒，脸朝下，头放低，口张开，屏住呼吸，用毛巾或衣服捂住口鼻。在作战阵地选择上，应避开罐体两头，在罐体中部两侧设置阵地，并落实好掩护措施。

对于泄漏处的处理应该选用喷雾的方式，喷雾水枪可以驱散、稀释沉积漂浮的混合气体，使液化石油气的体积分数无法达到爆炸极限，降低了爆炸的可能性。

4. 处置液化石油气泄漏事故时要充分发挥社会相关部门和专业技术人员优势，协同配合，共同处置

处置液化石油气泄漏事故，需要消防、公安、武警、医疗救护等救援力量，以及安监、市政、化工、燃气、交通运输、环保等部门共同参与，联合作战，特别是调集专业技术人员到场参与处置非常重要[5]。消防队伍在处置危险化学品事故时，对容器、设备等专业知识比较欠缺，经验不足，必须在地方专业技术人员的指导下科学施救，切忌冒险蛮干。

发生事故后，不仅需要消防部门出动人员进行紧急救援，还需要其他部门的协调配合：交通部门出动进行道路封锁，防止无关人员进入；医疗急救部门出动对伤员进行及时救治；专业技术人员出动，对实际情况进行分析，得出最好的救援方案；运输部门及时为消防人员提供设备支持等。

5. 处置液化石油气泄漏事故指挥员应把握以下环节

（1）倒罐输转要及时。倒罐有两种，一种是靠罐门压差倒罐，即液面高、压力大的罐向空罐倒流，但这种方法由于很容易达到两罐压力平衡，导出来的液体不会很多；另一种是开启泵浦倒罐。无论采取哪种措施，都必须与有关技术人员研究论证，在确认安全、有效的前提下组织实施。实施过程要用喷雾水枪驱散、稀释、掩护。

（2）供水要持续。处置液化石油气泄漏事故，通常需要大量的、不间断的供水，水枪阵地要选在利于进攻、利于撤退的地方，并采用开花或喷雾水枪稀释扩散气体，防止气体达到爆炸极限。

（3）指挥行动要规范。指挥员必须按照危险化学品槽车的交通事故处置程序进行指挥，不能随心所欲或不等增援力量到达即盲目、无防护地开展行动。

第二节　液态烃储罐爆炸事故处置

一、典型案例

1. 案例一

2013年6月2日，中石油大连石化公司位于甘井子区厂区内的一联合车

间 939 号储罐罐体突然发生爆炸，随之着火，由于热辐射相继引起邻近的
936、935 和 937 号储罐着火，事故造成 2 名工人重伤，经全力抢救无效死亡，
另外造成 2 名工人失踪，事故造成直接经济损失 58 万元。

2. 案例二

2015 年 7 月 16 日 7 时 38 分，山东省日照市岚山区石大科技化工有限公
司一座 1000 m³ 液化烃球罐在进行倒罐作业时发生泄漏，随即引发猛烈燃烧
爆炸。据媒体报道，在事发地约 5 km 以外，市民仍然能够感到震感。山东、
江苏两省先后出动 10 个消防支队、7 个企业专职消防队、128 辆消防车、930
余名消防官兵赶赴现场扑救，于 17 日 7 时 24 分才成功将大火扑灭，事故造成
直接经济损失 2812 万元。

3. 案例三

2016 年 8 月 14 日，内蒙古自治区锡林郭勒盟大唐多伦煤化工有限公司一
甲醇储罐发生爆炸火灾事故。接警后，内蒙古公安消防总队立即调集锡林郭
勒、赤峰、乌兰察布 3 个公安消防支队 18 辆消防车、126 名消防官兵共同参
与处置，历经 11h 艰苦奋战，成功扑灭了大火。大唐多伦煤化工有限公司主要
经营年产 46 万吨煤制烯烃项目。该项目以煤为原料生产甲醇，再以甲醇为原
料，经过甲醇制丙烯（MTP）工艺技术生产聚丙烯成品。着火罐区共有 5 个
甲醇储罐，单罐最大容积为 7600m³，起火的甲醇储罐容积为 3500m³。

二、事故特点

1. 物料易燃有毒，热辐射强度高

一般情况下，液态烃及其蒸气都有一定的毒性，虽然轻质油品的毒性比重
质油品的毒性小一些，但是轻质油品挥发性强，因此轻质油品的油蒸气浓度比
较大，造成空气中氧含量减少，对人的危险性较大[6]。研究发现，人在油品
蒸气含量为 2.8‰ 的空气中待 12min 就会感到头晕目眩；如果在含量为
1.13%～2.22% 的环境中就会发生急性中毒；如果油品蒸气含量更高，则会让
人立刻昏倒，不省人事，甚至危及生命。石油库油罐火灾火焰温度高、辐射热
强，一旦发生石油及其制品火灾，其周围环境温度较高，辐射热强烈。如油罐
发生火灾，其火焰中心温度达 1050～1400℃，罐壁温度达 1000℃ 以上。油罐
火灾的热辐射强度与发生火灾的时间成正比。燃烧时间越长，辐射热越强。如
果石油及其制品储存容器发生火灾，伴随着容器的爆炸，油品的沸溢、喷溅、
流散，便会在容器周围发生大面积火灾。如果火灾周围有其他油罐，那后果更

加严重。

2. 储罐爆炸变形，固定设施失灵

罐区通常都存在一定量的液态烃蒸气，随着温度的升高，储罐蒸气压也会升高，挥发性会更强，液态烃蒸气与空气形成混合物，在储罐区形成高浓度的爆炸性混合气体，一旦遇有明火、高温或静电火花就有爆炸危险。液态烃燃烧热值较大，爆炸速度快，爆炸所产生的冲击波超压与同能量的 TNT 爆炸产生的超压相似，瞬间完成化学变化，破坏性极强。

液态烃储罐一般采用拱顶储罐或内浮顶储罐，且配置有固定式泡沫灭火系统。拱顶储罐发生火灾时，液态烃蒸气发生超压爆炸，会将罐顶全部掀开、炸飞，也可能将罐顶局部撕裂；内浮顶储罐发生火灾时，可能会将浮盘击沉或者使浮盘倾斜，浮盘大多采用易熔材料，长时间燃烧浮盘熔化，形成罐内全液面火灾。

3. 复燃复爆多发

容器物理性爆炸后，逸散气体遇火源再次产生化学爆炸。第一次化学爆炸火灾后，气体泄漏未能得到有效控制，遇火源而导致再次爆炸。发生爆炸后，在爆炸的中心区域，火源未被及时控制，使邻近气罐受热，再次发生爆炸。

此外，液态烃储罐发生火灾后，灭火泡沫受热辐射影响，在着火液面上的流动速度较慢，传播距离有限，难以在短时间内形成全液面泡沫覆盖层，无法实现完全灭火。同时，多支消防炮同时高强度、大射流喷射泡沫灭火剂，造成液面的剧烈冲击和搅动，也会破坏泡沫覆盖层，易引发复燃。此外，着火储罐浮盘、罐盖落入罐内，在液面下方形成不规则空间，空间内烃蒸气一旦突破液面，遇空气易发生闪燃，也会引发复燃。

三、处置对策

1. 先控制，后灭火

储罐着火爆炸后，除罐顶被破坏外，保证罐身结构完好，将油品限制在罐内稳定燃烧，不致外泄扩大火势是油罐设计和灭火战术原则的出发点。

油品着火的火焰温度一般高达 1050~1400℃。着火罐燃烧 5min，罐壁温度达 500℃，强度降低一半；燃烧 10min，罐壁温度达 600~700℃，强度降低90%左右，罐体发生变形；超过 10min，罐壁随时可能发生破裂，引起油品散失，造成火势扩大，威胁邻近储罐等建筑物的安全。因此，在做好灭火准备工作之前，应立即组织力量用水冷却着火罐和可能危及的邻近罐，以控制火势，防止蔓延。特别是下风方向的邻近罐，受到火灾的辐射热量强，罐壁温度往往高达 80～90℃。如不用水冷却，很有可能被引燃，扩大火灾，并给消防人员的人身安全带来威胁。实践证明，先用水冷却着火罐和邻近罐，接着进行泡沫灭火是一条成功的灭火战斗原则。

2. 集中优势兵力，速战速决

储油罐着火后，必须在火灾初期集中优势兵力，力图快速一举扑灭火灾。油品着火预燃期短，燃烧速度快，如不能及时扑灭，随着热波厚度增加，扑救会更加困难；当热波触及乳化水层或水垫层时，会引起蒸气的爆喷沸溢现象；如果燃烧时间长，易使罐内油气混合气体浓度达到爆炸极限，造成爆炸或连续爆炸的后果。此外，由于油罐燃烧面积大，特别是大型油罐需要集结一定的消防力量，在规定灭火的短期内用泡沫将油面完全覆盖。因为泡沫的抗热时间一般为 6min，如果没有集中足够的灭火力量有效地投入灭火，迅速将油面封闭，隔绝火源，而是零星进行扑救，火焰将继续燃烧。时间一长，燃烧面积会继续扩大，从而起不到灭火作用。

3. 做好灭火防范措施

在灭火的整个过程中，必须始终把人身安全放在首位，预先考虑到火场可能出现的各种危险情况，将灭火人员布置到适当的位置，既能有效灭火，又处于比较安全的地方，一旦出现危及生命的状况，应及时撤离。

另外，在确定灭火方案时，应根据当时实际情况，在控制火势的同时，判断灭火的可能性和火灾蔓延的危害性。必要时，可放弃灭火，让其在限制范围内燃烧，把重点放在控制和防止火灾蔓延上，以免造成更大的损失。

第三节　危险化学品槽罐车被卡桥涵内泄漏事故处置

随着化学工业的不断发展，对危险化学品的需求量不断增多，危险化学品事故发生的风险越来越大。从事故的形式来看，泄漏是危险化学品事故的主要形式或事故发生的最初状态。从事故发生场所来看，运输阶段所占比例最高。本节以流动源被卡事故为研究对象，结合典型事故案例，分析危险化学品泄漏事故处置的一般规律。

一、典型案例

1. 案例一

2004 年 6 月 26 日 5 时 50 分左右，黑龙江省大庆市一辆吉化公司丙烯腈厂运送丙烯的槽车（载有丙烯23t），行至吉林市龙潭区合肥路公铁立交桥时，罐顶安全阀与桥梁相撞，造成安全阀损坏，丙烯大量泄漏。吉林市消防支队接到报警后，先后调集7个公安消防中队、3个企业专职消防大队共43台消防车、255名指战员前往事故现场救援，在处置过程中，主要采用了现场侦检、喷雾稀释、多种方法堵漏，尤其是制作夹具堵漏的方式，经过5个多小时的援救，成功处置了这起丙烯槽车泄漏事故，保护了现场半径2km范围内600余户居民、16家企业、4所学校、3万余名群众的生命财产安全[7]。

2. 案例二

2005年7月18日17时20分左右，江苏省徐州市陇海铁路邳州段碾庄镇境内，一辆液化气槽车行驶至陇海铁路碾庄镇境内铁路桥下时，槽车顶部与铁路桥下端发生猛烈碰撞，槽车被卡在铁路桥下涵洞里，罐体顶部安全阀破裂形成直径5cm泄漏口，大量液化石油气泄漏扩散，陇海线铁路中断14趟列车，数万名旅客滞留。徐州市消防支队接警后，先后调集邳州消防大队和特勤大队9辆消防车、58名官兵前往救援。在当地政府的组织领导下，在公安、交通、安监等职能部门的大力配合下，主要采取稀释驱散、降低车体高度、捆绑式堵漏、长距离软牵引、倒罐输转、注水排险等措施，经过参战消防官兵近11h的艰苦奋战，于7月19日4时15分，陇海铁路恢复通车[8]。

3. 案例三

2007年2月25日16时许，西安市临潼区发生一起丙烯槽车泄漏事故。一辆丙烯槽车满载23t丙烯，行驶至江苏连云港至新疆霍尔果斯口岸高速公路（简称连霍高速公路）西潼段（西安至临潼）水流村道路，在由东南至西北穿行高速公路涵洞时，撞掉安全阀，导致罐内丙烯向外喷泄。事故发生后共调集9个消防中队、21部消防车、150余名消防官兵，调集公安、消防、安监、交通、建设、技术监督、解放军等有关部门1000余人，在各级政府的领导下，在统一现场指挥下，在各有关单位及专家的配合下，于2月27日11时将事故全部处理完毕。

4. 案例四

2007年3月31日晚22时30分，一辆装载23.5t液化石油气的斯太尔槽罐车在北京市石景山区衙门口桥下发生泄漏，消防总队调度指挥中心接到报警后，立即启动危险化学品事故应急救援预案，先后调集12部消防车、97名消防官兵赶赴现场进行处置。在总指挥部的统一指挥下，经过9个多小时的顽强奋战，4月1日7时05分将槽罐车从桥下拖出成功堵漏，并于4月1日13时，在消防车的掩护下，将车内液化石油气导出并进行点燃排放。

二、事故特点

1. 多为交通枢纽，难进难出

桥涵多为立体交通的枢纽，铁路与公路交汇，公路与公路交汇。平时车流量也较大，发生事故后，会导致交通拥堵，致使救援车辆难以进入，当需要撤离时也难以撤出。同时周围环境也比较复杂，疏散人员的难度也较大。

2. 泄漏口不规则，堵漏困难

由于危险化学品槽罐车罐体顶部被卡时受到桥涵的挤压、刮蹭，多半会伴随危险化学品泄漏的危险。并且，罐顶的阀门由于受到桥涵的推力和压力，泄漏口的形状也极其不规则，加之罐体压力大，使堵漏工作变得很困难。

3. 次生灾害易发，难以控制

由于危险化学品多为有毒易燃易爆的物质，容易引发次生灾害。同时桥涵所在位置周围环境复杂，使得危险化学品的危害影响更大，并且更不利于控制，特别是人员疏散和禁绝火源困难。

4. 桥涵空间狭小，操作受限

被卡桥涵内危险化学品槽罐车泄漏事故由于车体在桥涵内，而桥涵能够提供给消防人员救援作业的空间很小。与平常的危险化学品槽罐车泄漏事故相比较，平时的很多方法由于空间的限制，不能直接进行操作，对事故的妥善处理增加了难度。

三、处置对策

1. 科学调集力量，迅速赶赴现场

（1）加强第一出动。接警出动时调集充足的力量，同时应该联动其他相关部门的力量，在力量上要处于优势，比如抢险救援车、泡沫消防车、水罐消防车、化学洗消车、拖车等。除此之外还应该按照此类事故的特点科学调集力量，例如在夜晚或视线不好的事故地点，要调集照明消防车；处理泄漏遇水会剧烈反应的危险化学品，要调集干粉消防车；情况严重，处置不够及时，已难以控制时还要调集救护车等。

（2）优化行车路线。在迅速赶赴现场时，最主要的就是行车路线的选择。在正常的情况下，可以选择应急车道，从高速公路顺行方向行驶至事故地点。但由于高速公路全封闭、出入口少、相向分隔行驶的特点，一旦发生事故，往

往会造成堵塞。确保消防车在高速公路上的畅通无阻，优化行车路线，保证在最短的时间内到达事故现场，在被卡桥涵内危险化学品槽罐车泄漏事故中就显得非常重要。面对这种交通堵塞情况，可采取"逆向增援"的紧急措施，具体如图 9-1 所示。图中左下箭头表示常规行车路线，右侧箭头表示发生交通堵塞时可选用的逆向行车路线，左上箭头表示禁止选用的行车路线。即从事故车辆的逆行方向行驶至事故地点或从发生泄漏事故车辆相反行车方向行驶至事故地点附近展开救援行动。

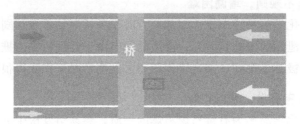

图 9-1　逆向增援

2. 快速侦检，查明泄漏情况

到达事故现场后，要快速进行侦检，划定警戒区域，根据情况确定稀释、禁绝火源、疏散人员等方案。

（1）辨明危险化学品种类。危险化学品事故处置的前提条件就是辨别危险化学品种类，才能对症下药。一般采取询问知情人，观察气味、颜色、泄漏汽化特点等方法进行初步判断。如初步判断不能分辨有毒有害物的种类，可以选择利用侦检纸、气体检测管、水质分析仪等进行初步检测。还是难以准确判断的危险化学品，应及时采样并送有关的毒物分析检测机构或实验室进行检测。

（2）查明泄漏情况。一般被卡桥涵内都是由于危险化学品槽罐车罐体最高点的安全阀与桥涵上沿擦碰破坏致使泄漏，并且泄漏口一般不会过大，多在安全阀位置；根据报警时间、赶赴时间、当时的风力、泄漏的时间，确定泄漏的范围；同时，还要通过询问肇事者或槽罐车所在单位负责人，确定罐体实际承载量。

3. 现场初步控制，引导疏散人员

运用"先控制，后消灭"的战术思想，应先对灾情进行初步控制，防止次生灾害发生，同时引导疏散人员，避免人员伤亡。

（1）现场初步控制。掌握初步情况后，要先对灾情进行初步控制，其中主要的是划定警戒范围，然后根据警戒范围禁绝火源，疏散人员和重要物资，实行交通管制。

（2）引导疏散人员。根据划分的警戒区域，一般情况下，人员和重要物资要疏散到轻度区以外，在疏散人员的过程中要联动公安部门。疏散人员时，要注意快速安全地离开危险区域，一般就近选择疏散方向，在位置比较靠近泄漏中心区域的要向上风方向疏散，在靠近边缘位置，但又距离上风方向安全区较远时，也可以向较近的侧风方向疏散。人员疏散方向如图 9-2 所示。

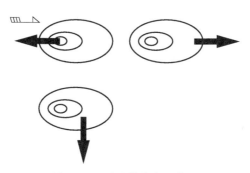

图 9-2　人员疏散方向示意图

4. 实施放气，降低车体高度

危险化学品槽罐车被卡桥涵内，由于车顶卡得比较死，如果要强行拖出，必定会和桥涵顶部发生摩擦，引起点火源，而且费力，还有可能对车顶造成二次破坏，使泄漏口扩大。所以，在拖出车辆前，需要降低车体高度，使其顶部与桥涵留出安全的空间。其中最简单易行的办法就是对车胎放气，降低车体高度。一般选用以下两种方法：

（1）气门芯钥匙放气法。这种放气方法比较保险、安全，一般由专业的槽罐车修理工，使用气门芯钥匙对槽罐车轮胎进行放气。

（2）破坏轮胎放气法。这种方法一般由消防救援人员操作处理，并选配经验比较丰富的人员，使用消防救援队伍统一配备的潜水刀把轮胎割破达到放气的目的。这种方法适用于时间要求紧，缺乏专业放气人员或专业人员难以抵达事故现场的情况。

在对轮胎进行放气时，需要注意的是：① 合理选择放气轮胎，放气后要尽量保持车辆平衡；② 放气要适量，不要把气放完，以免影响拖车；③ 放气速度要缓、均匀，防止高速气流产生静电；④ 降低高度可能使泄漏量加大，做好喷雾水枪的稀释准备。

若车体高度降低后，还不能达到拖出的空间要求，就需要对路面或桥涵上部进行破坏。但是这种方法费力费时，在操作时也不易控制，尽量请专业人员进行处理。

5. 解除制动，拖出事故车辆

（1）解除制动。抱死系统是危险化学品槽罐车上一种应急制动系统，俗称"断气刹"。根据国际标准化组织的汽车行业标准，汽车应当具有三种制动系统，即行车制动、驻车制动、应急制动。其基本功能是在汽车行车、驻车制动失效的情况下仍可将车轮阻滞、抱死，以保证动态汽车及时减速直至停车；或者起到静态汽车制动气压未达起步下限标准则不能起步的安全作用，从而避免交通事故的发生。

国内生产的大、中型汽车通常采用"储能弹簧制动器"。它是通过一个复合制动室完成作用的，它由一个主制动分（气）室和停车制动分（气）室组成，如图 9-3 所示。主制动分室采用常规式膜片制动结构，停车制动分室采用弹簧储能放气制动装置。停车制动分室充气压力通过管路进入气室，作用在活塞上，与弹簧的推力形成相反作用。其中，主（充气）制动气室用于行车制动，储能（放气）气室用于驻车制动，二者作用于同一制动器上。制动时，驾驶员踩下脚制动踏板，操纵脚制动双腔总阀将气体输入主（充气）制动气室，压缩空气作用在皮碗上产生推力，通过推力盘和推杆将推力作用到制动器上，从而产生制动。解除制动时，主制动气室内气体排入大气，推杆在回力弹簧作用下回到原位，从而解除制动。驻车制动时，驾驶员操纵手制动阀，将气体从储能（放气）气室排入大气，在储能弹簧作用下，活塞带动导管作用在皮碗和推力盘上，由推杆将推力输出到制动器，产生制动。相反，将气体输入储能（放气）气室，产生推力压缩储能弹簧，则可解除制动。此外，在无气源的情况下，可调整螺杆将活塞锁在后端，也可解除驻车制动[9]。

基于抱死系统的工作原理，在救援过程中，可以采用以下方法解除抱死系统的制动作用：

① 启动车辆，松手刹解除抱死系统。这种方法最简单易行，但在启动车辆时，尾气排放口会产生火花，有引发爆炸的危险。所以在使用此方法的过程中要注意以下几点：a. 泄漏槽罐车车体损毁严重，不能正常启动的，或应急制动系统管路漏气的，不可使用此方法；b. 在没有易燃易爆气体泄漏的情况下，采用此方法最为安全，此时启动车辆不会发生燃烧爆炸事故；c. 在有易燃易爆气体泄漏的情况下，需先在车辆尾气排放口安装防火罩，消除火源，同时利用喷雾水枪驱散稀释易燃易爆气体，使车辆周围可燃气体的浓度降低，并使用可燃气体检测仪检测周围气体浓度，确保在可燃气体的爆炸下限对应浓度的 20% 以下启动车辆，解除抱死系统，避免发生燃烧爆炸事故。

② 利用气瓶压力，解除抱死系统。这种方法有两种情形：a. 利用同类型槽罐车的气泵通过高压气管与事故车辆停车制动气室相连接，经气泵加压解除

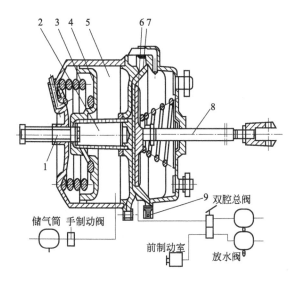

图 9-3　储能弹簧制动气室结构

1—螺杆；2—导杆；3—储能弹簧；4—活塞；
5—储能制动室；6—推力盘；7—皮碗；8—推杆；9—卡箍

事故车辆的抱死系统；b. 利用消防救援队伍配备的空气呼吸器经过减压器，使额定工作压力由 30MPa 降至 600kPa，再通过高压气管与停车制动气室相连接，解除事故车辆抱死系统。

③ 通过旋出弹簧制动缸的顶部螺栓，解除抱死系统。如果救援人员熟悉储能弹簧制动器的结构，可以利用 24mm 的梅花扳手，将中、后桥两侧车轮的弹簧制动缸（刹车分泵）顶部螺栓全部旋出，使弹簧储能装置失效，制动即可解除。如果有易燃易爆气体泄漏时，要注意采取必要的防爆措施，要在充分防护和开花水流掩护下，使用无火花专用工具进行操作。

（2）拖出事故车辆。在解除抱死系统后，就可以将事故车辆拖出。在牵引事故车辆时，常用的方法有以下两种：

a. 软连接牵引。指一辆车用钢丝绳（结实缆索）牵引事故车前进，主要用于方向、制动没有完全失灵的车辆，在实际操作过程中也称为长距离软牵引法。若用钢丝绳，其长度应大于 50m，且能承受事故槽车的拉力；一端固定在牵引车上，另一端固定在槽车挂钩上，若无挂钩，可使用 4 根长度 20m 左右的小钢丝绳，一端固定在车桥上，另一端连接于大钢丝绳上。为了防止操作过程中产生火花，在钢丝绳连接的挂钩、车桥等部位涂抹黄油，并用车胎或湿棉絮包裹；连接时，在地面铺放毡垫，防止工具掉落打出火花。

b. 硬连接牵引。指用钢性杆件将事故车辆固定在牵引车上前进，特别适用于制动失灵的车辆。这种方法，由于金属短杆强度大，在牵引过程中，容易保证牵引的安全。但由于距离近，在启动车辆和牵引过程中，容易产生火源，需要用水枪掩护。

无论采用哪种牵引方式，在牵引时，要注意防火防爆，要一边驱散易燃气体，一边用水幕掩护，一边检测，确保牵引过程的安全进行。

6. 据情封堵，制止泄漏

将事故车辆拖至处置区域后，应根据泄漏口的具体情况，制定堵漏措施，进行堵漏。

（1）据情封堵。被卡桥涵危险化学品槽罐车泄漏事故中，泄漏口大部分为罐体上部的安全阀，所以要想对症下药，必须要熟悉槽罐车及安全阀的结构。安全阀是一种通过自动开启排放气体来降低容器内压力的安全泄压装置，它主要用于保证罐体的压力不至于过高。为防止运行时机械碰撞，设置在罐体顶部气相空间内的尺寸不超过 15cm。安全阀按照结构可分为弹簧式安全阀、杠杆式安全阀和脉冲式安全阀，最普遍应用的是弹簧式安全阀。安全阀主要由阀座、阀瓣和加载机构组成。阀座由螺栓固定在罐体上，阀瓣紧扣其上，阀瓣上面是加载机构。槽罐车罐体及安全阀结构如图 9-4、图 9-5 所示。

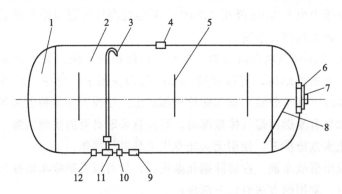

图 9-4　槽罐车罐体

1—封头；2—简体；3—气相管；4—安全阀凸缘；5—防冲板；

6—人孔凸缘；7—人孔盖；8—液面计；9—液相凸缘；

10—压力表凸缘；11—气相凸缘；12—温度计凸缘

（2）制止泄漏。常用的堵漏方法有以下几种：

a. 强磁堵漏法。安全阀在罐体一般上凸，利用磁压堵漏罩进行堵漏。这种方法在操作中由于堵漏罩与罐体之间的巨大磁力，一旦罩歪，没有准确压在

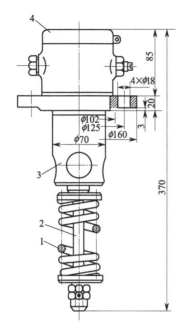

图 9-5 安全阀结构
1—弹簧；2—阀杆；3—阀体；4—阀罩

泄漏口处，会很难拆除。为了充分发挥装备的效能，建议应及时联系厂家技术人员，进行使用培训，使消防人员熟悉装备性能和操作方法，也可以进行适当的改进。

b. 塞楔法。这种方法一般在安全阀被完全撞掉时使用，是最简单易行的首选方法。但是罐车泄漏口的形状多为不规则，使用塞楔很难完全吻合堵漏，并且由于罐内压力较大，很难做到完全堵漏。

c. 外封堵漏捆扎法。使用外封堵漏袋将泄漏口堵住，但由于罐体压力过高，还需使用捆扎法加以固定。由于泄漏口形状多为不规则，此法堵漏效果欠佳。

d. 上罩法。利用金属或非金属材料的罩子将泄漏口部位整个包裹住而止漏，但是罩子本身需要与泄漏口大小吻合，一般需要现场订制，效果虽然好，但是费时费力。

7. 因情施策，完成后续处理

(1) 对人和物的洗消。对人和物，可先用清洁的水进行冲洗；如果普通清水无法彻底洗消干净，可使用一定的化学洗消剂。同时，洗消过程中应按照检测、更衣、喷淋、检测的程序，直到检测合格。

(2) 对剩余危险化学品的处理。对剩余危险化学品的处理一般采取倒罐转输、引流点燃或车辆转移等方法。

在成功堵漏后，一般将车辆行至安全区进行倒罐转输。可以靠两罐自身的压差进行倒罐，但是达到压力平衡时，导出的液体不会很多；还可以使用泵或压缩机进行倒罐，这种方法比较彻底，且效率高。

若无法输转，且介质可燃可用，周围环境比较空旷，可以考虑引流点燃。但要注意安全，一般需要用导管引流至安全区域，且要防止回火，在放空管中加铜网；可用氮气瓶从槽罐车气相阀充氮气。

当危险化学品的毒性较大，堵漏失败，且无法引燃的情况下，要及时将车辆转移至偏远区域，保证危害降到最低，再进行掩埋、洗消等措施。

（3）对环境的洗消。对环境的洗消，应根据洗消面积的大小，在洗消组统一指挥下，集中洗消车辆，将消毒区划分成若干条和块，一次或多次反复作业。同时，要对危险区域洗消。洗消时不宜一次用过多车辆，可以多分几组，轮换作业[10]。

四、启示与建议

1. 加强危险化学品槽罐车运输安全监管

对危险化学品槽罐车运输的安全监管，应该从人、车辆、道路、管理等因素入手。要加强对危险化学品运输企业负责人、驾驶员、押运员的安全培训，保证这些人员懂得危险化学品运输的专业知识，具备上岗资格，使驾驶员、押运员可以按时按规定的路线行驶；对车辆要按时进行检修，有故障要及时修理，对超年限服役或是违法超载导致平时车体较矮、正常装载时导致车体变高等情况要及时发现处理，不能抱有侥幸心理；加强对道路设施的维护，要对未设置限高、限行、禁令等标志及限高防护架的要及时按照有关规定整改，使其符合国家标准；公安、交通、质检、安监等监管部门，应建立起有效的联合监管执法机制，丰富对危险化学品运输车辆的动态监控手段，对危险化学品从业单位是否严格遵守国家有关法律法规加强检查。

2. 加强槽罐车的性能熟悉

消防救援队伍应与槽罐车辆维修厂家保持紧密联系，由技术人员讲解特种车辆的技术性能，使官兵们掌握车辆装置的维修常识，一旦发生此类事故，能利用掌握的技能迅速解除故障装置，为完成救援任务奠定基础。

3. 开展针对性训练

在以往的案例中，可以看出处理人员对槽罐车的结构还不够清楚，同时在对槽罐车进行一些专业技术的操作中，能力不足，而现场请专业技术人员，又耗时耗力。所以应对槽罐车的结构、性能等进行学习，在平时还要开展针对性训练。例如，对车辆抱死系统的解除训练，对车辆进行破拆、降低高度等训练，对车辆进行堵漏、洗消、倒罐等训练。这样可以对简单的槽罐车泄漏实施快速有效的处置或控制，使得救援行动顺利进行。

4. 优化事故处置程序方法

上述被卡桥涵内危险化学品槽罐车泄漏事故的处置程序方法是针对现阶段消防救援队伍的战斗力所提出的，但是随着技术装备的更新、战术的更替，对事故的处置程序方法应该不断优化，不能一直停留在原地。例如，拥有先进的堵漏工具，完全可以在狭小空间内完成堵漏，那么将槽罐车拖出的措施就要放到堵漏后面。所以，对事故处置程序方法还要结合消防救援队伍的实际不断研究，不断优化。

第四节　危险化学品复合事故处置

危险化学品事故具有耦合性以及连锁性，在单一事故的基础上可以演变成复合事故，因此深入分析复合事故处置规律，对于事故的预防和灾害事故处置具有借鉴和指导意义。

一、典型案例

1. 案例一

1993 年 8 月 5 日，深圳市安贸危险物品储运公司清水河化学危险品仓库发生特大爆炸事故。经专家组认定，清水河的干杂仓库被违章改作危险化学品仓库及仓内危险化学品存入严重违章是事故的主要原因。干杂仓库 4 号仓内混存的氧化剂与还原剂接触是事故的直接原因。故"8·5"特大爆炸火灾事故是一起严重的责任事故。

2. 案例二

2015 年 8 月 12 日，位于天津市滨海新区吉运二道 95 号的瑞海公司危险品仓库运抵区最先起火，23 时 34 分 06 秒发生第一次爆炸，23 时 34 分 37 秒发生第二次更剧烈的爆炸。事故现场形成 6 处大火点及数十个小火点，8 月 14 日 16 时 40 分，现场明火被扑灭。2016 年 2 月 5 日，国务院批复了天津港

"8·12" 瑞海公司危险品仓库特别重大火灾爆炸事故调查报告。经国务院调查组调查认定，天津港 "8·12" 瑞海公司危险品仓库火灾爆炸事故是一起特别重大生产安全责任事故。

二、事故特点

1. 伤亡大，损失严重

"8·5" 特大火灾爆炸事故，造成 15 人死亡、873 人受伤（其中重伤 136 人），炸毁 7 栋库房，烧毁 3 栋仓库、化学危险品 3000t，直接财产损失 2.54 亿元。该起事故损失创下了当时我国城市单起火灾损失的记录。

"8·12" 瑞海公司危险品仓库特别重大火灾爆炸事故，造成 165 人遇难，8 人失踪，798 人受伤（伤情重及较重的伤员 58 人、轻伤员 740 人），304 幢建筑物损坏，12428 辆商品汽车、7533 个集装箱受损。

2. 灭火伤亡特别大

"8·5" 爆炸事故中有 69 名消防官兵负伤，其中重伤 15 人。深圳市公安局 2 名副局长和当地派出所副所长当场牺牲。深圳市消防支队政委、2 名副支队长负重伤，支队长被震昏。

"8·12" 瑞海公司危险品仓库特别重大火灾爆炸事故中参与救援处置的公安消防人员 110 人遇难，5 人失踪。

3. 波及面积广，事故复杂，扑救难度特别大

"8·5" 爆炸事故先后发生了 2 次大爆炸，小爆炸连续不断。第二次大爆炸飞火引燃了周边仓库、堆垛、煤场，既有平面火灾又有立体火灾，既有建筑物火灾又有堆垛火灾，既有室内火灾又有室外火灾，燃烧面积达 3.9 万米^2，燃烧区内混合着各种有毒有害气体。经过 16h 奋战，现场明火才被扑灭。

"8·12" 瑞海公司危险品仓库特别重大火灾爆炸事故中心区为此次事故中受损最严重区域，面积约为 54 万米^2。两次爆炸分别形成一个直径 15m、深 1.1m 的月牙形小爆坑和一个直径 97m、深 2.7m 的圆形大爆坑。爆炸冲击波波及区分为严重受损区、中度受损区。严重受损区在不同方向距爆炸中心最远距离为：东 3km，西 3.6km，南 2.5km，北 2.8km。中度受损区在不同方向距爆炸中心最远距离为：东 3.42km，西 5.4km，南 5km，北 5.4km。

4. 环境污染严重

"8·5" 爆炸事故中，仓库存放着大量的过硫酸铵等危险化学品。过硫酸铵遇硫化碱立即产生激烈反应，放热，仓库内存放的大量氧化剂和还原剂发生

了反应，并引起了 30t 有机易燃液体的反应，产生了大量的烟气，造成了一定范围内的大气、水、土壤的污染。

"8·12"瑞海公司危险品仓库特别重大火灾爆炸事故中，通过分析事发时瑞海公司储存的 111 种危险货物的化学组分，确定至少有 129 种化学物质发生爆炸燃烧或泄漏扩散。其中，氢氧化钠、硝酸钾、硝酸铵、氰化钠、金属镁和硫化钠这 6 种物质的质量占总质量的 50%。同时，爆炸还引燃了周边建筑物以及大量汽车、焦炭等普通货物。事故残留的化学品与产生的二次污染物逾百种，对局部区域的大气环境、水环境和土壤环境等造成了不同程度的污染。

三、应急处理

1. "8·5"特大火灾爆炸事故的应急处理

1993 年 8 月 5 日 13 时 26 分，深圳市安贸危险物品储运公司清水河化学危险品仓库发生特大爆炸事故。爆炸引起大火，1h 后着火区又发生第二次强烈爆炸，造成更大范围的破坏和火灾。深圳市政府立即组织 8000 余名消防、公安、武警、解放军指战员及医务人员参加抢险救灾工作。由于决策正确、指挥果断，再加上多方面的全力支持，8 月 6 日凌晨 5 时，终于扑灭这场大火。

2. "8·12"瑞海公司危险品仓库特别重大火灾爆炸事故应急处理

2015 年 8 月 12 日 22 时 52 分，天津市公安局 110 指挥中心接到瑞海公司火灾报警。天津市委、市政府迅速成立事故救援处置总指挥部，确定"确保安全、先易后难、分区推进、科学处置、注重实效"的原则，把全力搜救人员作为首要任务，以灭火、防爆、防化、防疫、防污染为重点，统筹组织协调解放军、武警、公安、安监、卫生、环保、气象等相关部门力量，积极稳妥推进救援处置工作。现场救援处置的人员达 1.6 万多人，动用装备、车辆 2000 多台，其中解放军 2207 人，339 台装备；武警部队 2368 人，181 台装备；公安消防部队 1728 人，195 部消防车；公安其他警种 2307 人；安全监管部门危险化学品处置专业人员 243 人；天津市和其他省区市防爆、防化、防疫、灭火、医疗、环保等方面专家 938 人，以及其他方面的救援力量和装备。公安部先后调集河北、北京、辽宁、山东、山西、江苏、湖北、上海 8 省市公安消防部队的化工抢险、核生化侦检等专业人员和特种设备参与救援处置。公安消防部队会同解放军、武警部队等组成多个搜救小组，反复侦检、深入搜救，针对现场存放的各类危险化学品的不同理化性质，利用泡沫、干沙、干粉进行分类防控灭火。事故现场指挥部组织各方面力量，有力有序、科学有效推进现场清理工作。这次事故涉及危险化学品种类多、数量大，现场散落大量氰化钠和多种易燃易爆危险化学品，不确定危险因素众多，加之现场道路全部阻断，有毒有害气体造成巨大威胁，救援处置工作面临巨大挑战。国务院工作组不惧危险，靠前指挥，科学决策，坚持生命至上，搜救失踪人员，全面组织了伤员救治、现场清理、环境监测、善后处置和调查处理等各项工作。

四、启示与建议

1. 充分做好打"恶仗"的思想准备

每一名消防指挥员在其消防职业生涯中，都可能遇到类似天津港"8·12"、深圳清水河"8·5"的爆炸火灾事故。各级消防指挥员应提高认识，随时做好处置类似事故的准备，认真思考和推演"如果我是'8·12''8·5'爆炸火灾事故处置的第一到场力量，我应该怎么办，我平时应该做好哪些准备工作"；随时掌握灭火救援主动权，将"遭遇战"变成"伏击战"和"歼灭战"，最大限度地减少损失和人员伤亡，特别是灭火战斗人员的伤亡[11]。

2. 全面掌握辖区重大危险源情况

各级应急救援部门应组织力量对辖区内所有易燃易爆危险品单位进行全面调查摸底评估，掌握真实情况。对易燃易爆危险单位至少应掌握收集以下情况：消防审批手续办理情况；主要工艺流程及其火灾危险性和工艺防火防爆措施；主要生产使用、储存危险化学品种类、数量、危险特性、储存方式；各类消防设施情况；消防安全管理情况；应急处置准备情况；单位总平面图、主要生产工艺流程图、主要建筑物平面布置图等。对掌握收集的重大危险源情况，应转换为电子信息，供各级消防部门随时查询，当前在没有新建其他信息系统之前，可先行利用消防安全户籍化系统实现对易燃易爆单位相关信息的收集和查询功能。

3. 强力整治违法行为和事故隐患

对易燃易爆危险品单位检查中发现的消防违法行为和隐患，分类进行登记造册，强化整治、消除隐患，绝不姑息迁就。对未经消防审批或者擅自改建、扩建的，一律严厉查处，坚决予以"三停"；对易燃易爆危险品单位设施不符合消防技术标准或者设施位置不符合消防安全要求，且构成重大火灾隐患的，书面报告地方人民政府，采取果断措施，挂牌督办限期解决；对单位消防安全责任制不落实、消防设施不能保证完好有效等消防安全职责履行不到位的，依法予以处罚，督促及时改正。

4. 落实单位消防安全主体责任

坚持"严格执法"与"消防宣传"两手抓、两手硬，推动单位落实消防安全主体责任。抓消防宣传教育培训，一方面通过典型事故案例宣传，提高单位主要负责人消防安全意识，真正牢固树立"安全第一"的理念；另一方面通过消防知识培训，提高全员消防安全技能，提升单位消防安全管理水平。抓严格监督执法，通过加大执法检查力度，增加单位消防违法成本，切实加大单位消防安全投入，加强应急处置力量和能力建设，提高单位自防自救能力。对生产和储存易燃易爆危险品的大型企业，应依法建立单位专职消防队，配齐消防车辆及装备器材，制定灭火应急救援预案，熟悉本单位危险品生产、储存情况及应急处置措施，及时开展实战演练，增强处置初起火灾的能力。

5. 提高应急处置和科学施救能力

易燃易爆危险品单位火灾爆炸事故是当前消防队伍灭火救援中难度最大、风险最高，也最容易造成救援人员伤亡的事故，处置此类事故要打有准备之仗，充分做好人员、装备器材、药剂和预案等各项准备。应急救援部门应根据掌握收集的危险品单位情况，制定针对性、操作性强的数字化灭火应急救援预案，经常性开展熟悉演练，不断健全完善灭火救援预案。加强对危险化学品事故处置应知应会知识和作战安全要则的学习，提高队伍处置危险化学品事故的能力。建立由石油化工、危险化学品、爆炸物等领域专家组成的危险化学品灭火救援专家组，提升处置专业化水平。根据灭火救援的需要，加强火场侦查装备、远程灭火装备、个人防护装备等特殊装备建设，储备相应的灭火药剂，强化熟悉使用，确保冲得上、打得赢。督促指导危险化学品单位成立由熟知单位危险品性质、工艺流程和处置措施的专业技术人员组成的事故处置技术组，全程协助参与事故处置工作，最大限度地避免伤亡事故发生。

6. 加强地方和部门法定城市规划意识，科学规划合理布局，严格安全准入条件

建立城乡总体规划、控制性详细规划编制的安全评价制度，提高城市本质安全水平；进一步细化编制、调整总体规划、控制性详细规划的规范和要求，切实提高总体规划、控制性详细规划的稳定性、科学性和执行刚性。建立完善高危行业建设项目安全与环境风险评估制度，推行环境影响评价、安全生产评价、职业卫生评价与消防安全评价联合评审制度，提高产业规划与城市安全的协调性。对涉及危险化学品的建设项目，实施住建、规划、发改、国土、工信、消防、环保、卫生、安监等部门联合审批制度，严把安全许可审批关，严格落实规划区域功能。科学规划危险化学品区域，严格控制与人口密集区、公

共建筑物、交通干线和饮用水源地等环境敏感点之间的距离。

7. 理顺危险化学品安全监管体制，完善危险化学品安全监管机制

着力提高危险化学品安全监管法治化水平，针对当前危险化学品生产经营活动快速发展及其对公共安全带来的诸多重大问题，要将相关立法、修法工作置于优先地位，切实增强相关法律法规的权威性、统一性、系统性、有效性。建议立法机关在已有相关条例的基础上，抓紧制定、修订危险化学品管理、安全生产应急管理、民用爆炸物品安全管理、危险货物安全管理等相关法律、行政法规；以法律的形式明确硝化棉等危险化学品的物流、包装、运输等安全管理要求；建立易燃易爆、剧毒危险化学品专营制度，限定生产规模，严禁个人经营硝酸铵、氰化钠等易爆、剧毒物。国务院及相关部门抓紧制定配套规章标准，进一步完善国家强制性标准的制定程序和原则，提高标准的科学性、合理性、适用性和统一性。同时，进一步加强法律法规和国家强制性标准执行的监督检查和宣传培训工作，确保法律法规标准的有效执行。

8. 健全危险化学品安全管理法律法规标准，构建危险化学品监管信息平台

建立健全危险化学品安全监管体制机制，建议国务院明确一个部门或系统承担对危险化学品安全工作的综合监管职能，并进一步明确、细化其他相关部门的职责，消除监管盲区。强化现行危险化学品安全生产监管部际联席会议制度，增补海关总署为成员单位，建立更有力的统筹协调机制，推动落实部门监管职责。全面加强涉及危险化学品的危险货物安全管理，强化口岸港政、海事、海关、商检等检验机构的联合监督、统一查验机制，综合保障外贸进出口危险货物的安全、便捷、高效运行。

利用大数据、物联网等信息技术手段建立全国统一的危险化学品监管信息平台，对危险化学品生产、经营、运输、储存、使用、废弃处置进行全过程、全链条的信息化管理，实现危险化学品来源可循、去向可溯、状态可控，实现企业、监管部门、应急救援队伍及专业应急救援队伍之间信息共享。升级改造面向全国的化学品安全公共咨询服务电话，为社会公众、各单位和各级政府提供化学品安全咨询以及应急处置技术支持服务。

参考文献

[1] 李来保. 灭火救援中消防员伤亡案例引发的思考 [J]. 消防科学与技术, 2009 (4): 209-212.
[2] 吴非. 浅谈危险化学品生产企业标准化工作 [J]. 中国石油和化工标准与质量,

2013（19）： 231.

[3]　马景涛,乔建江,陈德胜．石化企业事故应急管理模糊综合评价方法介绍［J］．石油化工安全环保技术，2010，26（4）：26-32.

[4]　程玉河．浅谈小型危险化学品生产企业安全生产标准化建设［J］．安全、健康和环境，2012（10）：37-38.

[5]　刘畅,宋文华,舒宜,等．危险化学品生产企业安全评价模式建立的研究［J］．天津理工大学学报，2009，25（6）：81-85.

[6]　张启敏．危险化学品生产企业危险源辨识方法研究［J］．中国安全生产科学技术，2012，08（2）：195-199.

[7]　胡忆沩．丙烯槽车特大泄漏事故的应急处置方法［J］．中国安全生产科学技术，2006，2（3）：28-32.

[8]　陈家强．危险化学品槽罐汽车被卡在桥涵内介质泄漏事故及其防范与处置［J］．消防科学与技术，2007，11，26（6）：591-593.

[9]　刘立文．交通事故抢险救援中车辆抱死解除方法研究［J］．武警学院学报，2008，6：5-7.

[10]　李向欣．危险化学品槽罐车道路交通事故应急处置［M］．北京:蓝天出版社，2015.

[11]　俞翔．危险品仓库特大火灾爆炸事故浅析及启示［J］．消防科学与技术，2017，36（1）：116-118.

索　引